JN069826

競技プログラミングの
鉄則

アルゴリズム力と思考力を高める77の技術

米田優峻［著］

マイナビ

はじめに

　本書を手に取ってくださり、ありがとうございます。アルゴリズムを学びたい、自分の技術力を上げたい、AtCoder や情報オリンピックなどのコンテストで勝ちたい、競技プログラミングってなんだか面白そう。本書を手に取ってくださった理由は十人十色だと思いますが、皆さんが競技プログラミングに挑戦しようと思う気持ちを心から応援します。

　さて、皆さんの多くは、競技プログラミングが難しいものだ、一部の超優秀な人のみが参加するものだと思っているのではないでしょうか。たしかに競技プログラミングの世界は奥深く、経験を積んだ上級者が悩む問題も出題されます。

　しかしながら、皆さんの多くが思っているほどハードルは高くありません。多くのコンテストでは初心者が解ける問題も出され、様々な実力の人が楽しむことができます。また、実際にコンテストに参加することで、アルゴリズム力や思考力などを実践的に身につけることができ、それにより自分の技術力アップにも繋がります。

　このような理由で、近年競技プログラミングの人気は急上昇しています。2022 年現在、国内の競技人口は数万人規模にまで広がっています。そして人気の上昇に伴い、競技プログラミングの実力を上げるために必要な、アルゴリズムや思考テクニックを解説した本も数多く出版されるようになっています。しかしその中でも本書は、以下の 2 つの特徴を兼ね備えています。

- 第一の特徴は「わかりやすさ」です。本書では、フルカラーの図を 300 個以上使うなどして、初学者でも理解しやすい工夫を施しています。
- 第二の特徴は「定着しやすさ」です。本書では、全 153 問の演習問題が掲載されており、知識がしっかり身につきやすい構成になっています。さらに、全ての演習問題は自動採点システム、つまり自分のプログラムが正しいかどうかを自動で採点するシステムに対応しています。そのため、間違った理解をしていないかを確認しながら学習することができます。

　最後になりますが、本書「競技プログラミングの鉄則」で紹介する 77 個のトピックが少しでも皆さんの役に立つことを願います。そしてこの本が、皆さんの可能性を広げる一助となれば幸いです。

　では、始めましょう。

2022 年 8 月 30 日　米田優峻

CONTENTS

CONTENTS

6章　考察テクニック

7章　ヒューリスティック

8章 データ構造とクエリ処理

9章 グラフアルゴリズム

CONTENTS

序章

競技プログラミング
入門

序.1 競技プログラミングとは

競技プログラミング（Competitive Programming）は、プログラミングの問題を解くことを競技化したものです。略して「競プロ」と呼ばれることもあります。

日本では約 15 年前から本格的に始まった比較的新しい競技ですが、現在の競技人口は国内だけで 3 万人[*1]を超えており、中高生からプログラマまでの幅広い層が楽しんでいます。また、コーディングスキル向上や教育などの目的などで利用されることも増えています。

コンテストの流れ

競技プログラミングのコンテストは、基本的に下図のような流れで行われます。多くのコンテストでは、上級者向けだけでなく初心者が楽しめる問題も用意されているため、本書で競技プログラミングを始めるという方もご安心ください。

1	2	3
参加者に複数の問題が与えられる	問題を解くプログラムを試験時間内に実装	正解した問題数や得点に応じて順位が決まる

---

*1　2022 年 8 月時点での AtCoder 国内アクティブユーザー数は約 37,300 人です。

序.2 | どんなコンテストがあるのか?

次に、競技プログラミングの大会にはどのようなものがあるのでしょうか。本節では、代表的な例をいくつか紹介します（すべて 2022 年 8 月時点での情報です）。

AtCoder

日本最大手のプログラミングコンテストです。毎週末の 21 時からオンラインでコンテストが開催され、全世界から 5000 人以上が同時に参加します。参加費は無料であり、小学生から社会人まで誰でも参加することができます。

AtCoder 最大の特徴として、コンテストの成績に応じた **レーティング** が付けられるという点があります（下図参照）。レーティングは強さの証明となるため、技術系アルバイトや就職活動などでも利用されることがあります。また、レーティングが 2800 以上の熟練参加者は「レッドコーダー」と呼ばれ、多くの参加者にとって憧れの対象となっています。

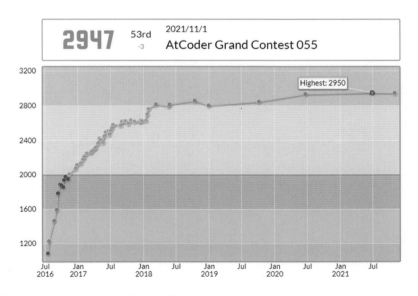

日本情報オリンピック（JOI）

日本情報オリンピックは、高校生以下を対象とするコンテストです。毎年約 1500 人が参加しており、数回の選抜を勝ち抜き上位 4 人に選ばれると、日本代表選手として世界大会（国際情報オリンピック：IOI）に出場することができます。筆者は、この大会をきっかけに競技プログラミングを始めました。参加費は無料であり、最初の一次予選は基本的なプログラムを書けるかどうかを問うレベルですので、プログラミングを始めたばかりの人でも気軽に参加できます。

大学対抗プログラミングコンテスト（ICPC）

　ICPC Foundation が主催する大学生向けのコンテストです。AtCoder などとは異なり 3 人チームで参加するため、戦略とチームワークが重要になります。日本国内で行われる国内予選と、その次のアジア地区予選を勝ち抜いた上位数チームは、世界大会に招待されます。参加費は無料です。

Google Code Jam

　Google 社が毎年開催している競技プログラミングの大会です（参加費無料）。世界各地から毎年 2 万人以上が予選に参加します。予選は 2 時間半で 3 〜 4 問を解く形式で行われ、3 回の予選を勝ち抜いた上位 25 名は、現地で行われる決勝戦に参加できます。なお、2020 年以降は新型コロナウイルスの影響で、オンラインでの決勝戦となっています。

アルゴリズム実技検定（PAST）

　日本初の、アルゴリズム構築能力を測る検定試験です。競技プログラミングのコンテスト運営を手掛ける AtCoder 社が主催しています。検定料は 8800 円ですが、基準点に達した場合は「アルゴリズムができる人材」の証明になるため、市場価値のアップに繋がります。

序.3 | 競技プログラミングで求められること

競技プログラミングで勝つためには、どのようなスキルが求められるのでしょうか。筆者は、プログラミング能力・アルゴリズムの知識・思考力の 3 つが大切だと考えています。

プログラミング能力

競技プログラミングの問題を解くためには、実際にプログラムを書く必要があります。そのため、どれか一つのプログラミング言語について、標準入出力・条件分岐・繰り返し処理といった基本文法を習得している必要があります。

また、学校のテストと同じように、競技プログラミングのコンテストでは「試験時間」が定められているので、素早いコーディングをする能力も求められます。

アルゴリズムの知識

競技プログラミングでは、提出したプログラムが正しい答えを出すだけでは不十分な場合があります。詳しくは 1 章で説明しますが、通常の場合は数秒以内で実行が終わらなければ不正解となってしまいます。

そのため、より効率的に答えを導き出すための典型的なアルゴリズム（計算の手順）を学んでおくことが非常に大切です。アルゴリズムについては、1.0 節で説明します。

思考力・発想力

競技プログラミングで出題される問題は、アルゴリズムの知識だけで解けるとは限りません。問題を上手く分解したり、規則性に着目したり、1 手先を考えたりするなど、発想力やひらめきが要求されることもあります。また、複雑な問題を整理して解き切るために必要な論理的思考力も、欠けてはならない要素です。

本書では、主に「アルゴリズムの知識」と「思考力・発想力」の 2 つを中心に解説していきます。ぜひお楽しみください。

序.4 本書の進め方

　ここでは、本書の第 1 章以降の内容について簡単に説明するとともに、本書のサポートページや推奨する読み進め方などについて記します。

本書の構成

　本書は全部で 10 個の章からなります。まず第 1 章では、競技プログラミングを戦う上での基礎となる「アルゴリズム」や「計算量」といったキーワードについて概観します。同時に、全 5 問の例題を通して競技プログラミングの問題形式に慣れることを目標とします。

　次に、第 2 章から第 9 章までにかけて、競技プログラミングで頻出の「典型アルゴリズム」や「考察テクニック」を扱います。たとえば累積和・二分探索・動的計画法などが解説されています。最後の第 10 章では、競技プログラミングにおける「解法のヒントの見つけ方」を概説した後、これまでに学んだ知識をフル活用して実戦レベルの問題を解きます。

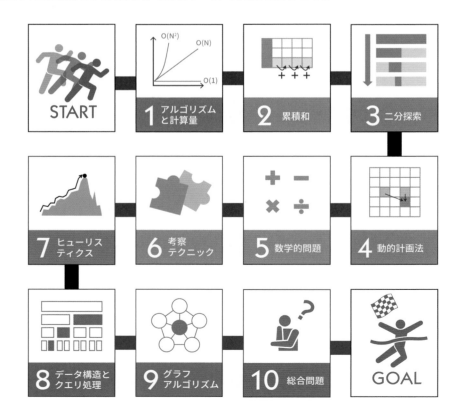

前提となる知識

　まず、数学の知識についてです。本書は、読者が高校 1 ～ 2 年程度の数学の知識を有していることを想定して執筆されました。数学の知識に不安のある方は、筆者が昨年 12 月に出版した書籍『問題解決のための「アルゴリズム×数学」が基礎からしっかり身につく本』を読むことを推奨します。

　また、本書ではいくつかのソースコードを掲載しているため、1 つ以上のプログラミング言語に触れたことがあり、基本的な文法を一通り習得していることが望ましいです。具体的には、以下の内容が理解できていれば十分でしょう。

- 標準入出力
- 基本的な型（整数・小数・文字列など）
- 基本的な演算（四則演算・割り算の余りなど）
- 条件分岐（if 文）
- 繰り返し処理（for 文／while 文）
- 配列・二次元配列（C++ の場合は vector 型を含む）
- 関数
- クラスや構造体

　プログラミングの基本文法を知らない方は、事前に以下のいずれかの教材で学習しておくことをお勧めします（どちらも無料で登録できます）。

APG4b（https://atcoder.jp/contests/APG4b）

　日本最大手のプログラミングコンテストサイト AtCoder が提供する、C++ 入門用教材です。Python など他の言語には対応していませんが、解説は非常に分かりやすいです。このコンテンツで学習する場合、第 1 章・2.01 節・2.02 節・2.03 節・3.04 節まで進めれば十分な知識が身につきます。

ITP1（https://onlinejudge.u-aizu.ac.jp/courses/lesson/2/ITP1/all）

　会津大学の AIZU ONLINE JUDGE が提供する、プログラミング入門用教材です。4 つのプログラミング言語（C++・Python・Java・C）について、解説が掲載されています。このコンテンツで学習する場合、11 章まで進めれば十分な知識が身につきます。

例題・応用問題・力試し問題

　本書のほぼすべての節では、最初に例題が掲載されています。また、本書の大半の節では、最後にヒント付きの応用問題が掲載されています。さらに、第 10 章の直後には、本書で学んだ内容を振り返る「力試し問題」が 20 問用意されています。

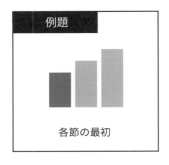

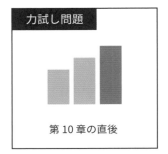

　これらの演習問題の難易度は様々ですが、例題には以下の 6 段階の難易度評価（★ 1 〜 6）が付けられていますので、ぜひご活用ください[2]。なお、応用問題や力試し問題の解説につきましては、以下のサポートページをご覧ください。

https://github.com/E869120/kyopro-tessoku

星の数	難易度の目安	割合
★ 1	基礎的なプログラミングの知識のみで解ける問題です。	約 4%
★ 2	各章のテーマに関する基本的な問題です。	約 21%
★ 3	標準的な難易度です。	約 25%
★ 4	初級者にとっては、このあたりから急激に難しくなります。	約 24%
★ 5	高度なアルゴリズムの知識や、豊富な経験が求められる難易度です。	約 19%
★ 6	★ 5 よりもさらに難しいです。	約 7%

---

[2]　応用問題にはヒントが付いているため、難易度評価を付けていません。しかし、ヒントありでも難しい問題もあるので、解法が分からなかったら解説を見るのも有効です。

本書の学習順序

　まず、2〜9章の内容はほぼ独立しているため、必ずしも前から順番に読む必要はありません。ただし、1章の「アルゴリズムと計算量」は後のすべての章に関わる重要事項ですので、最初に読んでおくことを強く推奨します。

　また、本書はトピックごとに章立てされているため、**前半の章でも難易度の高い例題がいくつかあります（例：4.9 節）**。そのため、1周目は★5以上を飛ばし、2周目で★5以上に挑戦する、といった進め方もおすすめです。

ソースコードについて

　本書ではページ数の都合上、C++ のソースコードしか掲載しておりません。しかし、C++ 以外で学習を進めたい方も多いと思うので、著者のサポートページには3つのプログラミング言語（C++ ／ Python ／ Java）での実装例を掲載しております。

https://github.com/E869120/kyopro-tessoku

　なお、本書で扱うプログラムの多くは基本的な機能しか利用しないため、普段 C++・Python・Java 以外の言語を使っている人も、無理なく読み進めることができると思います。標準ライブラリなどの高級な機能を使っている部分に関しては、脚注などで適宜断ります。

自動採点システムの紹介

　本書の例題・応用問題・力試し問題については、自分の書いたプログラムが正しいかどうかを機械的に判定する **自動採点システム** が提供されています（https://atcoder.jp/contests/tessoku-book）。具体的な仕組みは下図に示す通りです。

　なお、自動採点システムを利用するには、事前に AtCoder に登録しておく必要があります（誰でも無料で登録できます）。AtCoder の登録方法について知りたい方は、筆者が2020年2月に投稿した記事『レッドコーダーが教える、競プロ上達ガイドライン【初級編：競プロを始めよう】』（https://qiita.com/e869120/items/f1c6f98364d1443148b3）の1.3節をご覧ください。

序章
競技プログラミング入門

コードテストの紹介

　競技プログラミングの問題を解くプログラムは、手元にインストールされているエディタを使って実装してもかまいません。しかし、AtCoder の自動採点システムに付属している「コードテスト」を使うと、Web 上で手軽に実装することができます。

　　https://atcoder.jp/contests/tessoku-book/custom_test

　コードテストでは、C++・Python・Java をはじめ、50 以上のプログラミング言語がサポートされています。また、下図の通り、実行時間なども表示されますので非常に便利です。必要に応じてご活用ください。

1章

アルゴリズムと
計算量

1.0 | アルゴリズムと計算量

アルゴリズムは、問題を解くための「計算の手順」のことです。同じ問題を解くとしても複数のアルゴリズムが考えられ、効率の良し悪しが異なる場合もあります。まずは具体例として、1から 50 までの総和を計算する問題を考えましょう。

具体例 (1)：1+2+・・・+50 を計算

最初に考えられる解法は、下図のように「1+2=3」「3+3=6」「6+4=10」と 1 つずつ足していくことです。もちろん、最終的には正しい答え 1275 を出すことができます。しかし、このアルゴリズムでは全部で 49 回の足し算を行う必要があり、とても大変です。

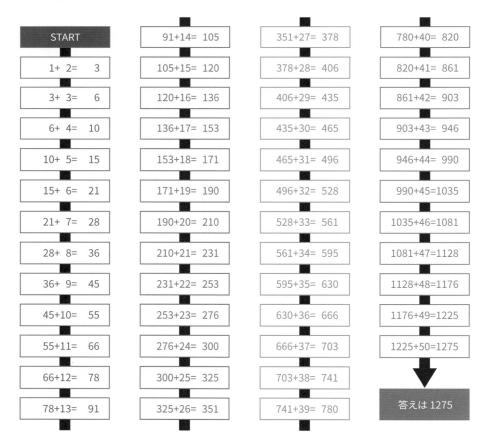

　そこで、より良い解法を考えてみましょう。1 から 50 までの整数を「1 と 50」「2 と 49」「3
と 48」のような規則でペアにすると、全部で 25 個の「合計が 51 であるペア」に分解されます。
したがって、答えが 25 × 51=1275 であると分かります。

　先程のアルゴリズムでは 49 回の計算が必要であったのに対し、このアルゴリズムでは 1 回の
計算しか必要としないため、後者の方が効率的であるといえます[1]。

具体例 (2)：迷路の最短手数

　もう一つの例として、下図の迷路を解くことを考えましょう。スタートからゴールまで最短手
数で移動するにはどうすれば良いのでしょうか。ただし、黒いマスは通ることができず、1 手で
は「上下左右に隣り合うマス」に移動できるものとします。

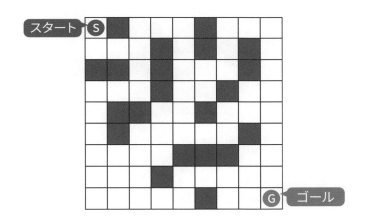

　最初に考えられる解法は、スタート地点から出発する経路を全部調べることです。このような
アルゴリズムは **全探索** と呼ばれています。しかし、全部で 15 万通り以上の経路[2]を調べる必
要があり、コンピュータの力を借りなければ日が暮れてしまいます。

---

[1]　厳密には、25 や 51 という値を出すのにも計算が必要ですが、それでも 1 つずつ足すよりは効率的です。
[2]　ゴールにたどり着かないような経路も数えた値です。

そこで、より良い解法を考えてみましょう。まず、スタート地点に「0」という整数を書き込みます。次に、0 の隣に 1 を書き、1 の隣に 2 を書きます（書かれた整数は **スタート地点からの最短手数** を意味します[3]）。

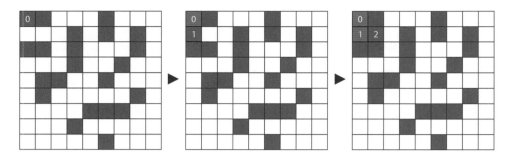

その後も、「2 の隣に 3 を書く」「3 の隣に 4 を書く」「4 の隣に 5 を書く」といった操作を繰り返していきます。すると、マス目は下図のようになります。ゴール地点には 20 という整数が書かれているので、この迷路の最短手数は 20 手です。

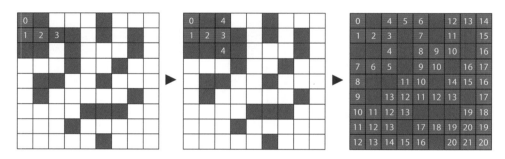

また、具体的な最短経路は、ゴールから考えていくことで求められます。ゴール地点の「20」から出発し、20 → 19 → 18 → 17 → 16 → 15 → ・・・ と 1 つずつ下がる方向に進んでいくと、下図のような 20 手の経路を得ることができます。なお、以上のアルゴリズムは **幅優先探索** と呼ばれています（第 9 章で扱う内容です）。

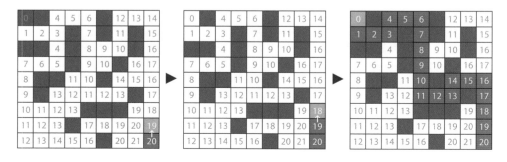

---

[3]　たとえば「2」と書かれたマスの場合、スタートから最短 2 手で移動することができます。

　ここまでは、同じ問題を解くにしても複数のアルゴリズムが考えられ、アルゴリズムによって効率が大きく異なることを見ていきました。

　それでは、アルゴリズムの効率はどのようにして評価することができるのでしょうか。もちろんプログラムの実行時間で比較しても良いのですが、プログラミング言語や使用するコンピュータなどによって実行時間が変わるので、少し不便です。そこで重要な役割を果たすのが、これから説明する**計算量**という概念です。

計算量について

　計算量は、アルゴリズムの効率を評価する 1 つの指標です。通常、O 記法を用いて $O(N)$, $O(N^2)$, $O(2^N)$ などの形で表され[*4]、それぞれ次のような意味を持ちます。

$O(N)$	計算回数が概ね N に比例する
$O(N^2)$	計算回数が概ね N^2 に比例する
$O(2^N)$	計算回数が概ね 2^N に比例する

計算量の例 (1)

　本節の冒頭で説明したように、$1 + 2 + \cdots + N$ の値を「1 つずつ足していく方法」で計算することを考えます。全部で N-1 回の足し算を行うため、アルゴリズムの計算量は $O(N)$ です。

計算量の例 (2)

　次に、$1 + 2 + \cdots + N$ の値を「工夫した解法」で計算することを考えます。N がどのような値であっても高々数回の四則演算しか行わないため、アルゴリズムの計算量は $O(1)$ です[*5]。このように、O 記法では「大まかな計算回数」を表します。

[*4]　厳密には、O 記法は次のような定義になっています。ある定数 c が存在して、入力データの大きさ N に対する計算回数 $T(N)$ が、どのような N に対しても $T(N) \leq c \times P(N)$ を満たすとき、アルゴリズムの計算量を $O(P(N))$ と書くことができます。そのため、計算回数が N 回のアルゴリズムの計算量を $O(N^2)$ と書いても間違いではありません。しかし、実用上は「大まかな計算回数を表すもの」という理解で問題ありません。

[*5]　計算回数が N の値によらない場合は、計算量を $O(1)$ と表します。たとえば、どのような N でも計算回数が常に 5 回以下になる場合、計算量は $O(1)$ です。

計算量の目安

　最後に、「入力データの大きさ N」と「計算回数の目安」の関係を以下に示します。$\log N$ や $\sqrt{N}$ などの増加は緩やかですが、2^N や $N!$ などは急速に増加することが見て取れます。

　なお、**家庭用 PC の計算速度は毎秒 10 億回程度**[*6]であるため、10 億（$= 10^9$）を超える部分は赤色で塗っています。赤色で塗られた部分については、競技プログラミングで正解となる可能性が低いと思っていただいてかまいません。

Nの値	$\log_2 N$	$\sqrt{N}$	$N\log_2 N$	N^2	2^N	$N!$
5	3	3	15	25	32	120
7	3	3	21	49	128	5,040
10	4	4	40	100	1,024	3,628,800
20	5	5	100	400	1,048,576	約 10^{18}
30	5	6	150	900	約 10^9	約 10^{32}
50	6	8	300	2,500	約 10^{15}	約 10^{64}
100	7	10	700	10,000	約 10^{30}	約 10^{158}
250	8	16	2,000	62,500	約 10^{75}	約 10^{493}
1,000	10	32	10,000	1,000,000	約 10^{301}	約 10^{2568}
2,500	12	50	30,000	6,250,000	約 10^{753}	約 10^{7411}
10,000	14	100	140,000	100,000,000	約 10^{3010}	-
25,000	15	159	375,000	625,000,000	約 10^{7526}	-
100,000	17	317	1,700,000	10^{10}	-	-
250,000	18	500	4,500,000	約 10^{11}	-	-
1,000,000	20	1,000	20,000,000	10^{12}	-	-
10^9	30	31,623	約 10^{10}	10^{18}	-	-
10^{12}	40	1,000,000	約 10^{14}	10^{24}	-	-
10^{18}	60	10^9	約 10^{20}	10^{36}	-	-

第 1 章のゴール

　ここまでの内容は理解できましたでしょうか。第 1 章では、全 5 問の例題を通して、アルゴリズムと計算量に関する理解を深めていただくことを目標とします。同時に、競技プログラミングの問題形式に慣れることを目指します。

　例題の多くは全探索で解けるものとなっていますが、1.5 節のチャレンジ問題など、アルゴリズムを工夫しなければならない問題もありますので、ぜひお楽しみください。

＊6　実行環境やプログラミング言語によって、数倍～数十倍変わることがあります。たとえば本書の自動採点システムで C++ を使った場合、毎秒 10 億回程度になります。

1.1 | 導入問題

問題 A01　**The First Problem**　　（ 実行時間制限 1 秒、難易度 ★ 1 ）

整数 N が与えられるので、一辺の長さが N であるような正方形の面積を出力するプログラムを作成してください。

入力形式

N

出力形式

正方形の面積を整数で出力してください。

制約

- N は 1 以上 100 以下の整数である。すなわち、N として 101 や 2.5 のような値が入力されることはない。

入力例 1	出力例 1
2	4

一辺が 2 である正方形の面積は $2 \times 2 = 4$ です。

入力例 2	出力例 2
8	64

一辺が 8 である正方形の面積は $8 \times 8 = 64$ です。

入力例 3	出力例 3
100	10000

導入：本書の問題文の形式

　競技プログラミングの旅へようこそ。今回は最初の問題ですので、まずは本書の問題文の形式を確認しましょう。

問題 ID・実行時間制限

　まず、問題文の冒頭には「A01」のような問題 ID が付けられています。これは本書の自動採点システム（**→ 0.4 節**）における問題番号を表します。また、実行時間制限は、プログラムの実行が何秒以内で終わらなければならないかを意味します。たとえば実行時間制限が 1 秒の場合、計算に 1 秒以上かかったら不正解です。

入力形式・出力形式

　どのようなフォーマットでデータが入力されるか、そしてどのようなフォーマットで答えを出力すべきかが書かれています。入出力形式を間違えると、答えが合っていても不正解となる場合がありますので、ご注意ください。

制約・入力例・出力例

　制約セクションには「入力されるデータの大きさはどの程度か」といった、入力データが満たす条件が書かれています[*7]。また入出力例のセクションには、制約を満たす入力データと、それに対応する出力データの組が書かれています。[*8]

問題を解いてみよう

　それでは例題を解いてみましょう。一辺の長さが N である正方形の面積は $N \times N$ ですので、この値を出力する **解答例** のようなプログラムを書くと、正解（AC）となります。

解答例（C++）

```cpp
#include <iostream>
using namespace std;

int main() {
    int N;
    cin >> N; // 入力
    cout << N * N << endl; // 出力
    return 0;
}
```

補足：自動採点システムの仕様

　本来は $N \times N$ を出力すべきところを間違って $N + N$ にした **コード 1.1** のようなプログラムを提出すると、不正解となってしまいます。なぜなら、入力例 2 では答えが 64 であるところを 16 と出力してしまうからです。

　自動採点システムでは、用意されているすべてのテストケース（入力例だけではない）[*9] に対して正解する必要があります。細かいコーディングミスでも不正解になってしまいますので、厳格にジャッジされることに慣れましょう。

コード 1.1　間違ったプログラムの例

```
1   #include <iostream>
2   using namespace std;
3
4   int main() {
5       int N;
6       cin >> N; // 入力
7       cout << N + N << endl; // 出力
8       return 0;
9   }
```

問題 B01　応用問題

　整数 A と B が与えられるので、$A + B$ の値を出力するプログラムを作成してください。ただし、制約は $1 \le A \le 100$、$1 \le B \le 100$ であるとします。

　ヒント　ページ数の都合上、応用問題では入力形式・出力形式などを省略します。これらの項目を閲覧したい方は、自動採点システムの Web サイト（**→ 0.4 節**）をご覧ください。

[*7]　第 2 章以降の例題や応用問題等では、制約としてデータの範囲だけが書かれることもありますが、特に指定がない場合、**入力される値はすべて整数**です。

[*8]　なお、ページ数の都合上、本書ではすべての入出力例や説明文を掲載しているとは限りません。より多くの入出力例や正確なジャッジの仕様等を確認したい方は、自動採点システムの Web サイト（**→ 0.4 節**）をご覧ください。

[*9]　たとえば本例題では、$N=1$ から $N=100$ までのすべてのケースが用意されています。

1.2 | 全探索 (1)

Linear Search　　　　　　　（ 実行時間制限 1 秒、難易度 ★ 1 ）

N 個の整数 $A_1, A_2, \dots, A_N$ の中に、整数 X が含まれるかどうかを判定するプログラムを作成してください。

入力形式

$$N \quad X$$
$$A_1 \quad A_2 \quad \cdots \quad A_N$$

出力形式

整数 X が含まれるとき Yes、そうでないとき No を出力してください。

制約

* N は 1 以上 100 以下の整数である
* X は 1 以上 100 以下の整数である
* $A_1, A_2, \dots, A_N$ は 1 以上 100 以下の整数である

入力例 1	出力例 1
5 40 10 20 30 40 50	Yes

この入力例では、$N = 5$、$X = 40$、$(A_1, A_2, A_3, A_4, A_5) = (10, 20, 30, 40, 50)$ となっています。A_4 の値が X と一致するため、Yes と出力すれば正解です。

入力例 2	出力例 2
6 28 30 10 40 10 50 90	No

準備：全探索とは

全探索 とは、「あり得るすべてのパターンを調べ上げる」という方針で問題を解く手法です。たとえば、スマートフォンに設定されている 4 桁の暗証番号（PIN）[*10] を入力し、ロック解除することを考えましょう。もちろん番号を覚えていたら面白くないので、完全に忘れたとします。このとき、時間はかかってしまいますが、原理上は 0000 から 9999 までのすべての番号を試すことで、ロック解除に成功します。これが全探索です。

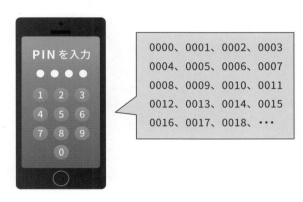

もう一つ例を挙げます。以下の地図における家から駅までの最短経路を探すことを考えましょう。これも手計算では時間がかかりますが、あり得る 6 通りの経路をすべて調べると、答えが分かります。最短経路は「家→地点 B →地点 E →駅」であり、移動距離は 500 メートルです。このように、世の中の多くの問題は、原理的には全探索によって解決することができます。

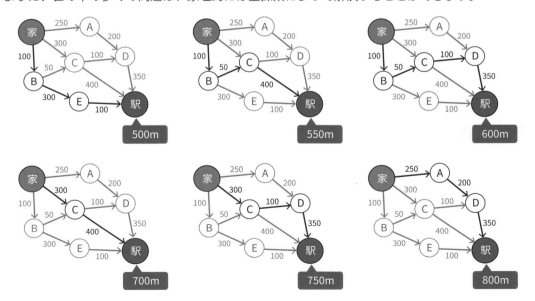

[*10] 実際は、PIN を 30 回連続で間違えると端末が初期化されるなどの処理が行われることもあります。

問題の解説

それでは、整数 $A_1, A_2, \ldots, A_N$ の中に X が含まれるかを判定するにはどうすれば良いのでしょうか。シンプルな解法として、「$A_1 = X$ ですか？」「$A_2 = X$ ですか？」と 1 つずつ調べていく方法があります。これを実装すると **解答例** のようになり、計算量は $O(N)$ です。なお、このようなアルゴリズムは **線形探索法** と呼ばれており、全探索の一種です。

解答例（C++）

```
1   #include <iostream>
2   using namespace std;
3
4   int N, X, A[109];
5   bool Answer = false;
6
7   int main() {
8       // 入力
9       cin >> N >> X;
10      for (int i = 1; i <= N; i++) cin >> A[i];
11
12      // 全探索（変数 Answer は「既に x が見つかったかどうか」を表す）
13      for (int i = 1; i <= N; i++) {
14          if (A[i] == X) Answer = true;
15      }
16
17      // 出力
18      if (Answer == true) cout << "Yes" << endl;
19      else cout << "No" << endl;
20      return 0;
21  }
```

問題 B02 　応用問題

A 以上 B 以下の整数のうち、100 の約数であるものは存在しますか。答えを Yes か No で出力するプログラムを作成してください。

ヒント 繰り返し処理（for 文）を使って全探索しましょう！

1.3 | 全探索 (2)

問題 A03	Two Cards	（実行時間制限 1 秒、難易度 ★ 1 ）

赤いカードが N 枚あり、それぞれ整数 $P_1, P_2, \ldots, P_N$ が書かれています。また、青いカードが N 枚あり、それぞれ整数 $Q_1, Q_2, \ldots, Q_N$ が書かれています。

太郎君は、赤いカードの中から 1 枚、青いカードの中から 1 枚、合計 2 枚のカードを選びます。選んだ 2 枚のカードに書かれた整数の合計が K となるようにする方法は存在しますか。答えを出力するプログラムを作成してください。

入力形式

```
N  K
P₁ P₂ ⋯ Pₙ
Q₁ Q₂ ⋯ Qₙ
```

出力形式

合計を K にする方法が存在するとき Yes、そうでないとき No を出力してください。

制約

- N は 1 以上 100 以下の整数である
- K は 1 以上 100 以下の整数である
- $P_1, P_2, \ldots, P_N$ は 1 以上 100 以下の整数である
- $Q_1, Q_2, \ldots, Q_N$ は 1 以上 100 以下の整数である

入力例 1	出力例 1
3 100 17 57 99 10 36 53	No

この入力例では、3 枚の赤いカードと 3 枚の青いカードがあります。赤いカードにはそれぞれ $17, 57, 99$ が書かれており、青いカードにはそれぞれ $10, 36, 53$ が書かれています。合計を $K \, (= 100)$ にする方法は存在しないので、No が正解です。

問題の解説

　この問題は、あり得るカードの選び方を全探索（→ **1.2 節**）するという方針で解くことができます。たとえば入力例の場合、カードの選び方は下図の $3^2 = 9$ 通りがありますが、いずれも合計が 100 にならないので、答えが No であると分かります。

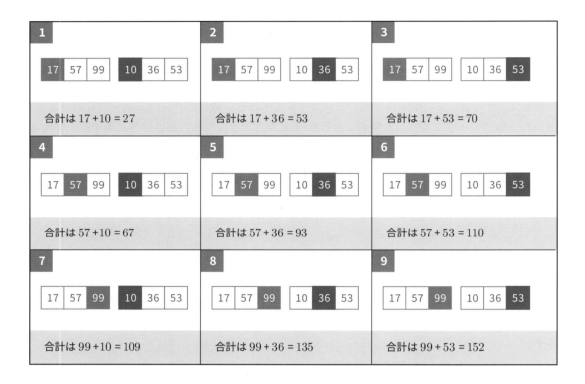

全探索の実装

　全探索は、解答例のように二重の for 文を使うことで実装できます。6 行目の変数 Answer には、合計が K となる選び方が見つかったかどうかを記録しています。また、ループで使う変数 x および y は、次のような意味を持ちます。

- **変数** x：何番目の赤いカードを選んだか
- **変数** y：何番目の青いカードを選んだか

　最後に、この解法は実行時間制限に間に合うのでしょうか。カードの枚数を N とするとき、全探索では N^2 通りを調べる必要があります。そのためプログラムの計算量は $O(N^2)$ です。そして本問題の制約は $N \leq 100$ ですので、計算回数は $100^2 = 10000$ 回程度です。家庭用 PC の計算速度は毎秒 10 億回程度であるため、十分余裕を持って間に合います。

解答例 (C++)

```cpp
1   #include <iostream>
2   using namespace std;
3
4   int N, K;
5   int P[109], Q[109];
6   bool Answer = false;
7
8   int main() {
9       // 入力
10      cin >> N >> K;
11      for (int i = 1; i <= N; i++) cin >> P[i];
12      for (int i = 1; i <= N; i++) cin >> Q[i];
13
14      // 全探索（Answer は「合計が K になる選び方が見つかったか」を示す）
15      for (int x = 1; x <= N; x++) {
16          for (int y = 1; y <= N; y++) {
17              if (P[x] + Q[y] == K) Answer = true;
18          }
19      }
20
21      // 出力
22      if (Answer == true) cout << "Yes" << endl;
23      else cout << "No" << endl;
24      return 0;
25  }
```

1章
アルゴリズムと計算量

問題 B03　応用問題

N 個の商品があり、商品 i $(1 \leq i \leq N)$ の価格は A_i 円です。異なる 3 つの商品を選び、合計価格をピッタリ 1000 円にする方法は存在しますか。答えを Yes か No で出力するプログラムを作成してください。ただし、制約は $3 \leq N \leq 100$ であるとします。

ヒント 三重の for 文を使いましょう！

1.4 | 2 進法

Binary Representation （実行時間制限 1 秒、難易度 ★ 2）

整数 N が 10 進法表記で与えられます。N を 2 進法に変換した値を出力するプログラムを作成してください。なお、2 進法について知らない方は、次ページをご覧ください。

入力形式

N

出力形式

N を 2 進法に変換した値を、10 桁で出力してください。桁数が足りない場合は、左側を 0 で埋めてください（入力例 1・入力例 2 参照）。

制約

- N は 1 以上 1000 以下の整数である

入力例 1	出力例 1
13	0000001101

13 を 2 進法に変換した値は 1101 ですので、左側に 0 を付けて 10 桁にした 0000001101 を出力すれば正解となります。

入力例 2	出力例 2
37	0000100101

37 を 2 進法に変換した値は 100101 です。

入力例 3	出力例 3
1000	1111101000

準備：2進法について

　皆さんは日常的に、0〜9を使って数を表す **10進法** を使っています。10進法では「9」の状態から増やそうとすると繰り上がりが発生します。たとえば49に1を足すと50になります。

　一方、競技プログラミングでは、0と1だけを使って数を表す **2進法** を使って問題を解くことがあります。2進法では「1」の状態から増やそうとすると繰り上がりが発生します。たとえば

- 1001に1を足すと、下1桁が繰り上がって1010
- 1011に1を足すと、下2桁が繰り上がって1100

になります。また、2進法で0から99までを数えてみると、以下の表のようになります。

10進法	2進法	10進法	2進法	10進法	2進法	10進法	2進法
0	0000000	25	0011001	50	0110010	75	1001011
1	0000001	26	0011010	51	0110011	76	1001100
2	0000010	27	0011011	52	0110100	77	1001101
3	0000011	28	0011100	53	0110101	78	1001110
4	0000100	29	0011101	54	0110110	79	1001111
5	0000101	30	0011110	55	0110111	80	1010000
6	0000110	31	0011111	56	0111000	81	1010001
7	0000111	32	0100000	57	0111001	82	1010010
8	0001000	33	0100001	58	0111010	83	1010011
9	0001001	34	0100010	59	0111011	84	1010100
10	0001010	35	0100011	60	0111100	85	1010101
11	0001011	36	0100100	61	0111101	86	1010110
12	0001100	37	0100101	62	0111110	87	1010111
13	0001101	38	0100110	63	0111111	88	1011000
14	0001110	39	0100111	64	1000000	89	1011001
15	0001111	40	0101000	65	1000001	90	1011010
16	0010000	41	0101001	66	1000010	91	1011011
17	0010001	42	0101010	67	1000011	92	1011100
18	0010010	43	0101011	68	1000100	93	1011101
19	0010011	44	0101100	69	1000101	94	1011110
20	0010100	45	0101101	70	1000110	95	1011111
21	0010101	46	0101110	71	1000111	96	1100000
22	0010110	47	0101111	72	1001000	97	1100001
23	0010111	48	0110000	73	1001001	98	1100010
24	0011000	49	0110001	74	1001010	99	1100011

1章 アルゴリズムと計算量

さて、10進法で一の位・十の位・百の位などがあるように、2進法でも各桁に位を付けることができます。1を倍々していくと1→2→4→8→・・・と続くので、下の桁から順に1の位、2の位、4の位、8の位…、と呼ぶことにします。

このとき、2進法を10進法に変換した値は「数字×位」の総和となります。たとえば1011010を10進法に変換すると、**(1 × 64)+(0 × 32)+(1 × 16)+(1 × 8)+(0 × 4)+(1 × 2)+(0 × 1)=90**となります。以下にイメージ図を示します。

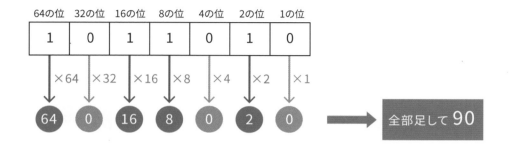

問題の解説

それでは、逆に10進法で表された整数 N を2進法に変換する[*11]にはどうすれば良いのでしょうか。実は、各位の数字は以下のようにして計算することができます（理由は後述）。

- **1の位**：$N ÷ 1$ の商（整数部分）を2で割った余り
- **2の位**：$N ÷ 2$ の商（整数部分）を2で割った余り
- **4の位**：$N ÷ 4$ の商（整数部分）を2で割った余り
- **8の位**：$N ÷ 8$ の商（整数部分）を2で割った余り
- **16の位** 以降も同様

たとえば90という整数を2進法に変換した値は、次の図のようにして1011010と計算されます。

[*11] 10進法を2進法に変換する方法は様々です。たとえば「数がゼロになるまで2で割った余りを書いていき、それを逆順に読む」という方法が有名です。この方法で13を2進法に変換すると、$13 ÷ 2 = 6$ 余り **1**、$6 ÷ 2 = 3$ 余り **0**、$3 ÷ 2 = 1$ 余り **1**、$1 ÷ 2 = 0$ 余り **1** と計算され、太字部分を逆から読んで1101となります。

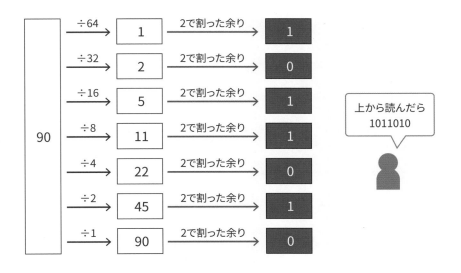

少し難しいですが、この方法で正しく計算できる理由は、以下のようにして説明できます。

- $N \div 1$ の商は、N の2進法表記の下0桁を削ったものである
- $N \div 2$ の商は、N の2進法表記の下1桁を削ったものである
- $N \div 4$ の商は、N の2進法表記の下2桁を削ったものである
- $N \div 8$ の商は、N の2進法表記の下3桁を削ったものである
- $N \div 16$ 以降も同様のことがいえる

$N = 90$ のときのイメージを以下に示します。この図では、各桁の数字（16の位の場合は $N \div$ 16の商を2で割った余り）を赤色で示しています。

したがって、10進法を2進法に変換するプログラムは **解答例** のようになります。なお、解答例11行目の (1 << x) は 2^x を意味します。

解答例（C++）

```cpp
1   #include <iostream>
2   using namespace std;
3
4   int main() {
5       // 入力
6       int N;
7       cin >> N;
8
9       // 上の桁から順番に「2進法に変換した値」を求める
10      for (int x = 9; x >= 0; x--) {
11          int wari = (1 << x); // 2 の x 乗
12          cout << (N / wari) % 2; // 割り算の結果に応じて 0 または 1 を出力
13      }
14      cout << endl; // 最後に改行する
15      return 0;
16  }
```

問題 B04 　応用問題

整数 N（8桁以内）が2進法表記で与えられます。N を10進法に変換した値を出力するプログラムを作成してください。

ヒント 変換方法については36ページを確認しましょう。

1.5 チャレンジ問題

赤・青・白の 3 枚のカードがあります。太郎君は、それぞれのカードに 1 以上 N 以下の整数を書かなければなりません。3 枚のカードの合計を K にするような書き方は何通りありますか。

入力形式

N　K

出力形式

答えを整数で出力してください。

制約

- N は 1 以上 3000 以下の整数である
- K は 3 以上 9000 以下の整数である

入力例 1	出力例 1
3 6	7

合計を 6 にする書き方として、下図の 7 通りが考えられます。

入力例 2	出力例 2
3000 4000	6498498

問題の解説

　この問題を解く方法として、まずは**「3 枚のカードの書き方を全探索すること」**が考えられます。これを実装すると **コード 1.2** のようになり、各変数は次のような意味を持ちます。

- x: 赤色のカードに書き込む整数
- y: 青色のカードに書き込む整数
- z: 白色のカードに書き込む整数

　このプログラムは正しい答えを出力するのですが、致命的な欠点が 1 つあります。これは、計算量が $O(N^3)$ であるということです。制約の上限である $N=3000$ のケースでは、3000 の 3 乗、すなわち 270 億通りを調べる必要があります。家庭用 PC の計算速度は毎秒 10 億回程度（**→ 1.0 節**）ですので、2 秒以内に実行が終わりません。

コード 1.2　書き方を全探索するプログラム

```
1   #include <iostream>
2   using namespace std;
3
4   int main() {
5       // 入力
6       int N, K, Answer = 0;
7       cin >> N >> K;
8
9       // 全探索
10      for (int x = 1; x <= N; x++) {
11          for (int y = 1; y <= N; y++) {
12              for (int z = 1; z <= N; z++) {
13                  if (x + y + z == K) Answer += 1;
14              }
15          }
16      }
17
18      // 出力
19      cout << Answer << endl;
20      return 0;
21  }
```

さて、計算量を削減するにはどうすれば良いのでしょうか。**「2 枚のカードが決まれば残りの 1 枚も決まる」**という性質がヒントになります。具体的には次の通りです。

- 赤色のカードに書き込む整数を x とする
- 青色のカードに書き込む整数を y とする
- このとき、白色のカードには $K - x - y$ が書かれるべきである

したがって、**「3 枚全部ではなく 2 枚の書き方（赤・青）のみを全探索する」**という解法が通用します。計算量は $O(N^2)$ であり、プログラムの実行は 2 秒以内に終わります。下図は入力例 1 での計算過程を示したものであり、確かに正しい答えである 7 通りが求まっています。

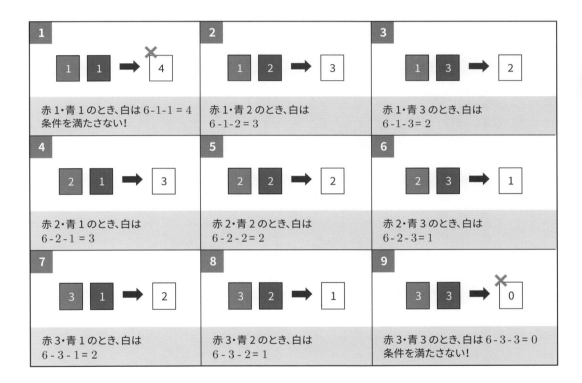

41

解答例 (C++)

```cpp
1  #include <iostream>
2  using namespace std;
3
4  int main() {
5      // 入力
6      int N, K, Answer = 0;
7      cin >> N >> K;
8
9      // 全探索
10     for (int x = 1; x <= N; x++) {
11         for (int y = 1; y <= N; y++) {
12             int z = K - x - y; // 白いカードに書かれるべき整数
13             if (z >= 1 && z <= N) Answer += 1;
14         }
15     }
16
17     // 出力
18     cout << Answer << endl;
19     return 0;
20 }
```

コラム1 ビット演算

皆さんの多くは小学校で、足し算・引き算といった四則演算を学んだと思います。しかし、プログラミングではそれ以外の演算を使う機会も多く、その中でも AND・OR・XOR などの **ビット演算** が有名です。本コラムではそれについて解説します。

ビット演算の基礎：論理演算

まず、**論理演算** は0か1をとる値（**ビット**といいます）の間で行われる演算です。論理演算としては AND・OR・XOR の3種類が有名であり、それぞれの計算結果は下図のようになります。たとえば 1 AND 0 = 0、1 OR 0 = 1、1 XOR 0 = 1 です。

対応表を覚えるのは難しいかもしれませんが、AND が両方、OR が片方、XOR が片方だけと考えると理解しやすいでしょう。

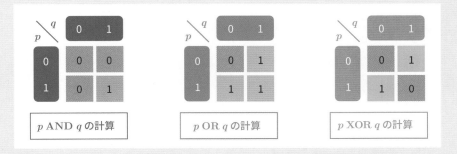

ビット演算（AND・OR・XOR）

次に、ビット演算は2進法で表される値に対して行われる演算です。その中でも AND 演算・OR 演算・XOR 演算については、**整数を2進法で表したときの各桁ごとに論理演算を行う**ものとなっています。具体例を以下に示します[12]。

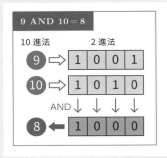
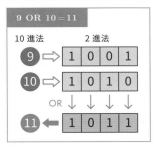
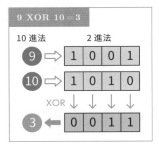

---

[12] ここで、論理演算の AND とビット演算の AND は異なることに注意してください（OR や XOR も同じです）。論理演算は0か1をとる値の間で行われる演算ですが、ビット演算は2つの2進整数の間で行われる演算です。

ビット演算の実装

　C++ や Python などのプログラミング言語では、ビット演算をするために、わざわざ整数を 2 進法に変換する必要はありません。その代わりに、以下のような記号を使えば良いです。

a AND b の計算	a OR b の計算	a XOR b の計算
a & b	a ¦ b	a ^ b

　コード 1.3 は、ビット演算を利用したプログラムの一例です。a AND b、a OR b、a XOR b の値をその順に出力するものとなっています。

コード 1.3　ビット演算を行うプログラム

```
1   #include <iostream>
2   using namespace std;
3
4   int main() {
5       // 入力部分
6       int a, b;
7       cin >> a >> b;
8
9       // 出力部分
10      cout << (a & b) << endl; // a AND b の値を出力
11      cout << (a ¦ b) << endl; // a OR b の値を出力
12      cout << (a ^ b) << endl; // a XOR b の値を出力
13      return 0;
14  }
```

3 つ以上の数に対する AND・OR・XOR

　AND・OR・XOR 演算は 3 つ以上の数に対しても行うことができます。N 個の整数 A_1, A_2, ..., A_N の AND・OR・XOR について、2 進法における各桁は以下のように計算されます。

種類	計算結果	具体例
AND	すべての数について 1 であれば、計算結果は 1	1 AND 1 AND 0 = 0
OR	1 であるような数が 1 つ以上あれば、計算結果は 1	1 OR 1 OR 0 = 1
XOR	1 であるような数が奇数個あれば、計算結果は 1	1 XOR 1 XOR 0 = 0

　3 つ以上の AND・OR・XOR は、たとえば $(((A_1$ OR $A_2)$ OR $A_3)$ ...$)$ OR A_N のように順々にビット演算を適用して計算することもできます。

コラム2 ビット全探索

本格的な全探索の問題として、以下の**部分和問題**を考えましょう。

N 枚のカードがあり、1 から N までの番号が付けられています。カード i には整数 A_i が書かれています。カードの中からいくつかを選び、書かれた整数の合計が S となるようにする方法は存在しますか。

もちろん、N が 20 などの小さい値であれば、全探索で解くことができます。しかし単純に実装すると、N 重の for 文を書く必要があって大変です。一体どうすれば良いのでしょうか。

ステップ1：選び方の整数表現

2 進法を使うと、カードの選び方を 0 以上 2^N-1 以下の整数値に対応させることができます。具体的には、カード i を選ぶとき $c_i=1$、選ばないとき $c_i=0$ とするとき、

- 2 進法の $c_N \cdots c_2 c_1$ を 10 進法に変換した値

に対応させればよいです。$N=3$ のときの対応関係を以下に示します。なお、整数表現からカードの選び方を復元したい場合は、逆の操作（10 進法から 2 進法への変換）を行う必要があることに注意してください（→ **1.4 節**）。

選び方	カード1	カード2	カード3		2進法表記	整数表現
−	選ばない	選ばない	選ばない	→	000	0
1	選ぶ	選ばない	選ばない	→	001	1
2	選ばない	選ぶ	選ばない	→	010	2
1 2	選ぶ	選ぶ	選ばない	→	011	3
3	選ばない	選ばない	選ぶ	→	100	4
1 3	選ぶ	選ばない	選ぶ	→	101	5
2 3	選ばない	選ぶ	選ぶ	→	110	6
1 2 3	選ぶ	選ぶ	選ぶ	→	111	7

1章 アルゴリズムと計算量

ステップ2：プログラムの実装方法

　選び方の整数表現を使うと、部分和問題を解くプログラムを簡単に実装することができます。$i=0$ から $i=2^N-1$ までの範囲でループを回し、それぞれについて「選び方の整数表現が i のとき、書かれた整数の合計はちょうど K かどうか」を調べれば良いです。

　たとえば $N=3$、$K=20$、$(A_1, A_2, A_3) = (5,8,9)$ のとき、計算過程は下図のようになります。合計が20となる選び方は存在しないため、答えはNoです。

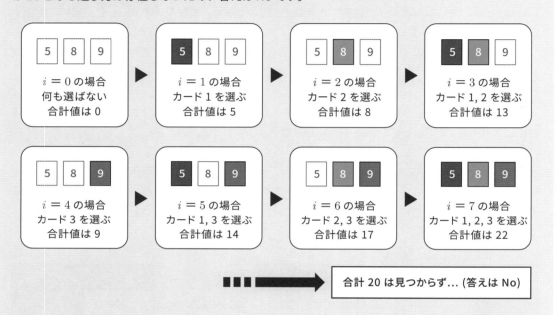

　実装例としては**コード 1.4** が考えられ、計算量は $O(2^N \times N)$ です。なお、競技プログラミングでは、今回のように2進法を使って全探索を実装するテクニックを**ビット全探索**と呼ぶことがあります。

コード 1.4　ビット全探索の実装

```cpp
#include <iostream>
using namespace std;

int main() {
    // 入力
    int N, K, A[22];
    cin >> N >> K;
    for (int i = 1; i <= N; i++) cin >> A[i];

    // 全探索（sum は書かれた整数の合計／Answer は現時点での答え）
    bool Answer = false;
    for (int i = 0; i < (1 << N); i++) {
        int sum = 0;
        for (int j = 1; j <= N; j++) {
            int wari = (1 << (j - 1));
            if ((i / wari) % 2 == 1) sum += A[j];
        }
        if (sum == K) Answer = true;
    }

    // 出力
    if (Answer == true) cout << "Yes" << endl;
    else cout << "No" << endl;
    return 0;
}
```

1章のまとめ

1.0 アルゴリズムと計算量

アルゴリズムとは
問題を解くための「計算の手順」
同じ問題でも複数のアルゴリズムが考えられ、
効率の良し悪しが異なる場合もある

計算量とは
アルゴリズムの効率を評価する一つの指標
通常、$O(1), O(N), O(N^2)$ などで表される

実行時間の目安
1 秒間に 10 億回計算できるとすると
- 計算量 $O(N^2) \rightarrow N \leq 10000$ ならば一瞬
- 計算量 $O(2^N) \rightarrow N \leq 20$ ならば一瞬

1.1 導入問題

本書の問題形式
- 実行時間制限：何秒以内で計算が終わるべきか
- 制約：入力されるデータの大きさはどの程度か

自動採点システムの仕様
制約を満たす様々なケースに対して検証が行われ
そのすべてに正解する必要がある

1.2 全探索

全探索とは
あり得るすべてのパターンをしらみつぶしに調べること

1.4 2 進法

2 進法とは
0 と 1 のみを使って数を表現する方法
$0 \rightarrow 1 \rightarrow 10 \rightarrow 11 \rightarrow 100 \rightarrow 101 \rightarrow \cdots$ と続く

10 進法を 2 進法に変換する方法
2^a の位の値は「$N \div 2^a$ の商を 2 で割った余り」

1.5 全探索と計算量

全探索の注意点
調べるパターン数が多いと、実行時間
制限に間に合わないこともある

対処法
アルゴリズムの効率を改善する

2章

累積和

2.0 | 累積和とは

最初に、以下の計算問題を解いてみましょう。皆さんならどう解きますか。

> **ある遊園地では、1月前半の来場者数が以下の表のようになりました。1月4日から13日までの総来場者数、1月3日から10日までの総来場者数、1月2日から15日までの総来場者数をそれぞれ計算してください。**

	1/1	1/2	1/3	1/4	1/5	1/6	1/7	1/8	1/9	1/10	1/11	1/12	1/13	1/14	1/15
来場者数	62	65	41	13	20	11	18	44	53	12	18	17	14	10	39

　まず考えられる方法は、直接計算することです。たとえば1月4日から13日までの総来場者数については、13+20+11+18+44+53+12+18+17+14 の値を根気強く計算すれば、正しい答えが分かります。しかし、計算がとても面倒です。

	1/1	1/2	1/3	1/4	1/5	1/6	1/7	1/8	1/9	1/10	1/11	1/12	1/13	1/14	1/15
来場者数	62	65	41	13	20	11	18	44	53	12	18	17	14	10	39

> 13+20+11+18+44+53+12+18+17+14=220

　さらに悪いことに、この問題では1月4日から13日までだけでなく、他にも2つの期間の総来場者数も求めなければなりません。このままでは気が遠くなってしまいます。

アルゴリズムの効率化

　そこで以下の表のように、1月1日からの累計来場者数を前もって計算しましょう。たとえば1月3日の欄には 62+65+41=168 を書き込みます。

	1/1	1/2	1/3	1/4	1/5	1/6	1/7	1/8	1/9	1/10	1/11	1/12	1/13	1/14	1/15
来場者数	62	65	41	13	20	11	18	44	53	12	18	17	14	10	39
累計来場者数	62	127	168	181	201	212	230	274	327	339	357	374	388	398	437

+65 +41 +13 +20 +11 +18 +44 +53 +12 +18 +17 +14 +10 +39

すると、問題の答えをたった 1 回の引き算で求めることができます。たとえば **1 月 4 日から 13 日までの総来場者数**は、「1 月 13 日までの累計来場者数」から「1 月 3 日までの累計来場者数」を引いた値ですので、388-168=220 と計算できます。

	1/1	1/2	1/3	1/4	1/5	1/6	1/7	1/8	1/9	1/10	1/11	1/12	1/13	1/14	1/15
来場者数	62	65	41	13	20	11	18	44	53	12	18	17	14	10	39
累計来場者数	62	127	168	181	201	212	230	274	327	339	357	374	388	398	437

388-168=220

また、**1 月 3 日から 10 日までの総来場者数**は、「1 月 10 日までの累計来場者数」から「1 月 2 日までの累計来場者数」を引いた値ですので、339-127=212 と計算できます。

	1/1	1/2	1/3	1/4	1/5	1/6	1/7	1/8	1/9	1/10	1/11	1/12	1/13	1/14	1/15
来場者数	62	65	41	13	20	11	18	44	53	12	18	17	14	10	39
累計来場者数	62	127	168	181	201	212	230	274	327	339	357	374	388	398	437

339-127=212

さらに、**1 月 2 日から 15 日までの総来場者数**は、「1 月 15 日までの累計来場者数」から「1 月 1 日までの累計来場者数」を引いた値ですので、437-62=375 と計算できます。

	1/1	1/2	1/3	1/4	1/5	1/6	1/7	1/8	1/9	1/10	1/11	1/12	1/13	1/14	1/15
来場者数	62	65	41	13	20	11	18	44	53	12	18	17	14	10	39
累計来場者数	62	127	168	181	201	212	230	274	327	339	357	374	388	398	437

437-62=375

このように、累計来場者数を前もって計算することで、答えを効率的に求めることができました。そして一般に、配列の先頭からの累計値を記録した **累積和** を前もって計算しておくと、配列の特定の範囲の合計をすぐに求められるようになります。次節では、具体的な問題に対して累積和を実装していきます。

2.1 一次元の累積和 (1)

How Many Guests? （実行時間制限 1 秒、難易度 ★ 2）

ある遊園地では N 日間にわたるイベントが開催され、i 日目には A_i 人が来場しました。以下の Q 個の質問に答えるプログラムを作成してください。

- 質問 1：L_1 日目から R_1 日目までの総来場者数は？
     ：
- 質問 Q：L_Q 日目から R_Q 日目までの総来場者数は？

入力形式

$$N \quad Q$$
$$A_1 \quad A_2 \quad \cdots \quad A_N$$
$$L_1 \quad R_1$$
$$\quad \vdots$$
$$L_Q \quad R_Q$$

出力形式

Q 行にわたって出力してください。j 行目には、質問 j の答えを出力してください。

制約

- $1 \leq N \leq 100000$
- $1 \leq Q \leq 100000$
- $1 \leq A_i \leq 10000$
- $1 \leq L_j \leq R_j \leq N$

入力例 1	出力例 1
15 3	220
62 65 41 13 20 11 18 44 53 12 18 17 14 10 39	212
4 13	375
3 10	
2 15	

52

問題の解説

まず、2.0 節で扱った問題では、初日からの累計来場者数を前もって計算しました。そして 1 月 4 日から 13 日までの総来場者数を求めるために、以下の値を計算しました。

（1月13日までの累計来場者数）－（1月3日までの累計来場者数）

2.0 節の問題を一般化した例題「How Many Guests?」でも、同じようなテクニックを使うことができます。L 日目から R 日目までの総来場者数は

（ R 日目までの累計来場者数）－（ L-1 日目までの累計来場者数）

という式で表されます。そのため、1 日目から i 日目までの累計来場者数（累積和）を S_i とするとき、質問 j の答えは $S_{Rj} - S_{L_j-1}$ という式で表されます。それでは、累積和 S_i はどうやって計算すれば良いのでしょうか。

累積和の計算方法 (1)：直接計算

まず考えられる方法は、直接計算することです。たとえば $A = [11,46,47,77,80]$ の場合、累積和 S の値は以下のようにして計算することができます。

- $S_1 = 11$
- $S_2 = 11 + 46 = 57$
- $S_3 = 11 + 46 + 47 = 104$
- $S_4 = 11 + 46 + 47 + 77 = 181$
- $S_5 = 11 + 46 + 47 + 77 + 80 = 261$

この程度の配列の大きさであれば、手計算でも簡単です。しかし配列の長さを N とするとき、S_1 を求めるのに 1 個の数の足し算、S_2 を求めるのに 2 個の数の足し算、$\cdots$、S_N を求めるのに N 個の数の足し算をする必要があります。

合計計算回数は $0 + 1 + 2 + \cdots + (N - 1) = N(N - 1)/2$ 回となり[1]、$N = 100000$ では約 50 億

---

[1] ここでは、2 個の数の足し算をするのに 1 回の計算が必要であると考えています（このとき、n 個の数の足し算をするのに $n - 1$ 回の計算が必要です）。

回となります。このままでは実行時間制限に間に合いません。

累積和の計算方法 (2)：工夫して計算

そこで計算方法を工夫しましょう。以下のような手順にしたがうと、累積和 S の値を計算量 $O(N)$ で求めることができます。

- $S_0 = 0$ とする[*2]
- $i = 1, 2, 3, \dots, N$ の順に、$S_i = S_{i-1} + A_i$ とする

たとえば $A = [11, 46, 47, 77, 80]$ の場合、累積和は次のように計算されます。

- $S_0 = 0$
- $S_1 = 0 + 11 = 11$
- $S_2 = 11 + 46 = 57$
- $S_3 = 57 + 47 = 104$
- $S_4 = 104 + 77 = 181$
- $S_5 = 181 + 80 = 261$

以上の内容を踏まえると、例題を解くプログラムは **解答例** のように実装することができます。累積和の前計算に $O(N)$、質問に答える処理に $O(Q)$ かかるので、プログラム全体の計算量は $O(N + Q)$ です。

日付	0	1	2	3	4	5
来場者数 A		11	46	47	77	80
累計来場者数 S	0	11	57	104	181	261

+11　+46　+47　+77　+80

[*2] S_0 を用意する理由は、$L_j = 1$ の質問が来ても正しく答えられるようにするためです。

解答例（C++）

```
1   #include <iostream>
2   using namespace std;
3
4   int N, A[100009], S[100009];
5   int Q, L[100009], R[100009];
6
7   int main() {
8       // 入力
9       cin >> N >> Q;
10      for (int i = 1; i <= N; i++) cin >> A[i];
11      for (int j = 1; j <= Q; j++) cin >> L[j] >> R[j];
12
13      // 累積和の計算
14      S[0] = 0;
15      for (int i = 1; i <= N; i++) S[i] = S[i - 1] + A[i];
16
17      // 質問に答える
18      for (int j = 1; j <= Q; j++) {
19          cout << S[R[j]] - S[L[j] - 1] << endl;
20      }
21      return 0;
22  }
```

2章

累積和

問題 B06　応用問題

太郎君はくじを N 回引き、i 回目の結果は A_i でした。$A_i = 1$ のときアタリ、$A_i = 0$ のときハズレを意味します。「L 回目から R 回目までの中では、アタリとハズレどちらが多いか？」という形式の質問が Q 個与えられるので、それぞれの質問に答えるプログラムを作成してください。計算量は $O(N + Q)$ であることが望ましいです。

ヒント アタリの数・ハズレの数それぞれについて、累積和を計算してみましょう。

2.2 一次元の累積和 (2)

Event Attendance （実行時間制限 1 秒、難易度 ★ 3）

ある会社では D 日間にわたってイベントが開催され、N 人が出席します。参加者 i $(i = 1, 2, ..., N)$ は L_i 日目から R_i 日目まで出席する予定です。各日の出席者数を出力するプログラムを作成してください。

入力形式

> D
> N
> L_1 R_1
> $\quad$:
> L_N R_N

出力形式

D 行にわたって出力してください。 d 行目には、d 日目の出席者数を出力してください。

制約

- $1 \leq D \leq 100000$
- $1 \leq N \leq 100000$
- $1 \leq L_i \leq R_i \leq D$

入力例 1	出力例 1
8	1
5	2
2 3	4
3 6	3
5 7	4
3 7	3
1 5	2
	0

具体例から考えよう

まずは具体例から入りましょう。イベントの期間が 15 日間であり、出席者数が 3 人である場合を考えます。参加者 1 は 2 〜 10 日目に出席し、参加者 2 は 3 〜 6 日目に出席し、参加者 3 は 9 〜 14 日目に出席します。このとき、各日の出席者数は何人になるのでしょうか。

この問題を解く最も単純な方法は、それぞれの日について「どの参加者が出席するか」を調べていくことです。1 〜 3 日目について調べると、以下のようになります。

- **1 日目**：誰も出席しないので、答えは 0 人
- **2 日目**：参加者 1 だけが出席するので、答えは 1 人
- **3 日目**：参加者 1・2 だけが出席するので、答えは 2 人

しかし、15 日目まで調べるのは大変です。もっと効率的な方法はないのでしょうか。

効率的な解法

そこで以下の表に、**出席者数の前日比** を記録することを考えます。まず、参加者 1 は 2 〜 10 日目に出席するので、2 日目の前日比を 1 増やし、11 日目の前日比を 1 減らします（青色）。

また、参加者 2 は 3 〜 6 日目に出席するので、3 日目の前日比を 1 増やし、7 日目の前日比を 1 減らします（黄色）。そして、参加者 3 は 9 〜 14 日目に出席するので、9 日目の前日比を 1 増やし、15 日目の前日比を 1 減らします（赤色）。

すると、**前日比の累積和を計算することで、各日の出席者数が求められます**。次の表の通り、出席者数は 1 日目から順に 0, 1, 2, 2, 2, 2, 1, 1, 2, 2, 1, 1, 1, 1, 0 となります。

なお、累積和で出席者数が求められる理由は、1日目の出席者数が「1日目の前日比」と一致することと、d (≥2) 日目の出席者数が「d - 1日目の出席者数と d 日目の前日比を足した値」と一致することから分かります。

日付	1	2	3	4	5	6	7	8	9	10	11	12	13	14	15
前日比	0	+1	+1	0	0	0	-1	0	+1	0	-1	0	0	0	-1
累計和(出席者数)	0	1	2	2	2	2	1	1	2	2	1	1	1	1	0

累積和を計算していく

問題の解説

先程の具体例を一般化した例題「Event Attendance」でも、同じような方法を使うことができます。まず、出席者数の前日比を記録した配列 B を定義します。この配列 B は、次のような手順にしたがって計算することができます。

- 参加者 1 を考える。B_{L_1} の値を 1 増やし、B_{R_1+1} の値を 1 減らす。
- 参加者 2 を考える。B_{L_2} の値を 1 増やし、B_{R_2+1} の値を 1 減らす。
- 参加者 3 を考える。B_{L_3} の値を 1 増やし、B_{R_3+1} の値を 1 減らす。
- 参加者 $4, 5, \ldots, N$ についても同様のことを行う。

すると、配列 B の累積和が答えとなるので、**解答例** のような実装により正解を出すことができます[3]。前日比の計算に $O(N)$ かかり、累積和の計算に $O(D)$ かかるので、プログラム全体の計算量は $O(N + D)$ です。

＊3　今回のように、差分（前日比など）を計算した後に累積和をとるテクニックは、競技プログラミングでは **いもす法** と呼ばれています。

解答例 (C++)

```
1   #include <iostream>
2   using namespace std;
3
4   int N, L[100009], R[100009];
5   int Đ, B[100009];
6   int Answer[100009];
7
8   int main() {
9       // 入力
10      cin >> Đ >> N;
11      for (int i = 1; i <= N; i++) cin >> L[i] >> R[i];
12
13      // 前日比に加算
14      for (int i = 1; i <= N; i++) {
15          B[L[i]] += 1;
16          B[R[i] + 1] -= 1;
17      }
18
19      // 累積和をとる→出力
20      Answer[0] = 0;
21      for (int d = 1; d <= Đ; d++) Answer[d] = Answer[d - 1] + B[d];
22      for (int d = 1; d <= Đ; d++) cout << Answer[d] << endl;
23      return 0;
24  }
```

2
章

累積和

問題 B07 応用問題

あるコンビニは時刻 0 に開店し、時刻 T に閉店します。このコンビニでは N 人の従業員が働いており、i 人目の従業員の出勤時刻は L_i、退勤時刻は R_i です（L_i, R_i は整数）。

$t = 0, 1, \ldots, T - 1$ について、時刻 $t + 0.5$ には何人の従業員が働いているかを出力するプログラムを作成してください。計算量は $O(N + T)$ であることが望ましいです。

ヒント 前日比の代わりに「前の時刻より従業員がどれだけ増えたか」を記録しましょう。

2.3 | 二次元の累積和（1）

Two Dimensional Sum （実行時間制限 5 秒、難易度 ★ 4 ）

$H \times W$ のマス目があります。上から i 行目、左から j 列目にあるマス (i,j) には、整数 $X_{i,j}$ が書かれています。入力例（後述）でのマス目の状態を以下に示します。

(1,1) 2	(1,2) 0	(1,3) 0	(1,4) 5	(1,5) 1
(2,1) 1	(2,2) 0	(2,3) 3	(2,4) 0	(2,5) 0
(3,1) 0	(3,2) 8	(3,3) 5	(3,4) 0	(3,5) 2
(4,1) 4	(4,2) 1	(4,3) 0	(4,4) 0	(4,5) 6
(5,1) 0	(5,2) 9	(5,3) 2	(5,4) 7	(5,5) 0

これについて、以下の Q 個の質問に答えるプログラムを作成してください。

- 質問 1：左上 (A_1, B_1) 右下 (C_1, D_1) の長方形領域に書かれた整数の総和は？
- 質問 2：左上 (A_2, B_2) 右下 (C_2, D_2) の長方形領域に書かれた整数の総和は？
     ：
- 質問 Q：左上 (A_Q, B_Q) 右下 (C_Q, D_Q) の長方形領域に書かれた整数の総和は？

入力形式

$$H \quad W$$
$$X_{1,1} \quad X_{1,2} \quad \cdots \quad X_{1,W}$$
$$\vdots$$
$$X_{H,1} \quad X_{H,2} \quad \cdots \quad X_{H,W}$$
$$Q$$
$$A_1 \quad B_1 \quad C_1 \quad D_1$$
$$\vdots$$
$$A_Q \quad B_Q \quad C_Q \quad D_Q$$

出力形式

Q 行にわたって出力してください。i 行目には、質問 i の答えを出力してください。

制約

- $1 \leq H \leq 1500$
- $1 \leq W \leq 1500$
- $1 \leq Q \leq 100000$
- $0 \leq X_{i,j} \leq 9$
- $1 \leq A_i \leq C_i \leq H$
- $1 \leq B_i \leq D_i \leq W$

入力例 1	出力例 1
5 5 2 0 0 5 1 1 0 3 0 0 0 8 5 0 2 4 1 0 0 6 0 9 2 7 0 2 2 2 4 5 1 1 5 5	25 56

二次元累積和とは

累積和は一次元の配列だけでなく、二次元のマス目に対して考えることもできます。二次元の累積和 $Z_{i,j}$ は、マス $(1,1)$ を左上とし、マス (i,j) を右下とする長方形領域の総和です。

たとえば下図左側のマス目について $Z_{3,3}$ の値を計算することを考えます。マス $(1,1)$ を左上とし、マス $(3,3)$ を右下とする長方形領域には整数 2,0,0,1,0,3,0,8,5 が書かれており、これらをすべて足すと 19 ですので、$Z_{3,3} = 19$ です。

2	0	0	5	1
1	0	3	0	0
0	8	5	0	2
4	1	0	0	6
0	9	2	7	0

元々のマス目 X

2	2	2	7	8
3	3	6	11	12
3	11	19	24	27
7	16	24	29	38
7	25	35	47	56

二次元累積和 Z

このように、二次元の累積和は直接計算してもかまいません。しかし、「横方向の累積和をとった後、縦方向の累積和をとる」というアルゴリズムを使うと、効率的に計算できます。

たとえば入力例のマス目（白色）に対して、二次元の累積和を計算することを考えましょう。まずは横方向の累積和をとると、黄色のマス目のようになります。

2	0	0	5	1
1	0	3	0	0
0	8	5	0	2
4	1	0	0	6
0	9	2	7	0

2	2	2	7	8
1	1	4	4	4
0	8	13	13	15
4	5	5	5	11
0	9	11	18	18

次に縦方向の累積和をとると、赤色のマス目のようになります（これが二次元累積和です）。マス (3, 3) の値は 19 であり、たしかに先程求めた $Z_{3,3} = 19$ と一致しています[*4]。

2	2	2	7	8
1	1	4	4	4
0	8	13	13	15
4	5	5	5	11
0	9	11	18	18

→

2	2	2	7	8
3	3	6	11	12
3	11	19	24	27
7	16	24	29	38
7	25	35	47	56

問題の解説：具体例

それでは二次元累積和を使って、長方形領域の合計値を求めてみましょう。まずは具体例として、マス (2,2) を左上とし、マス (4,5) を右下とする長方形領域の総和を計算することを考えます（次図の太枠で示された領域です）。

少し衝撃的かもしれませんが、次図の赤色部分に相当する $Z_{4,5}$ と $Z_{1,1}$ を足し、青色部分に相当する $Z_{1,5}$ と $Z_{4,1}$ を引くと、正しい答え 38 + 2 - 8 - 7 = 25 が得られます。

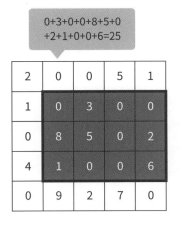

0+3+0+0+8+5+0
+2+1+0+0+6=25

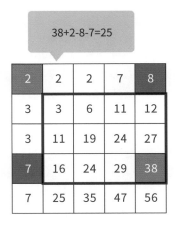

38+2-8-7=25

[*4] このようなアルゴリズムで二次元累積和を正しく計算できる理由は、横方向だけの累積和をとった状態を考えると理解しやすいです。たとえば $Z_{3,3}$ の値は、横方向の累積和をとった時点でのマス (1,3),(2,3),(3,3) の値を足したものです。また、その時点においてマス (1,3) の値は $X_{1,1} + X_{1,2} + X_{1,3}$ であり、マス (2,3) の値は $X_{2,1} + X_{2,2} + X_{2,3}$ であり、マス (3,3) の値は $X_{3,1} + X_{3,2} + X_{3,3}$ です。これらをすべて足すと $X_{1,1}$ から $X_{3,3}$ までの総和となり、たしかに累積和の定義と一致しています。

さて、なぜこの方法で計算できるのでしょうか。$Z_{4,5} + Z_{1,1} - Z_{1,5} - Z_{4,1}$ が指す累積和の範囲は、以下の図の ①〜④ のようになります。これを見ると、計算したい範囲のマス（太枠部分）は 1 回ずつ加算されていますが、それ以外のすべてのマスは、加算された回数と減算された回数が等しくなっています。

たとえば太枠部分の外のマス (1,3) の場合、①では加算されており、③では減算されており、②・④では加算も減算もされていないため、たしかに相殺されています。これが、正しく計算される理由となっています。

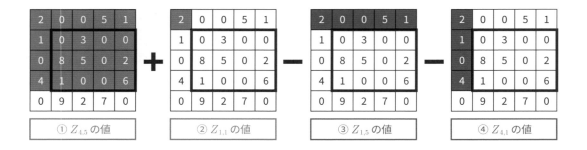

問題の解説：一般の場合

次に、一般のケースでも同じように考えてみましょう。マス (a,b) を左上とし、マス (c,d) を右下とする長方形領域に書かれた整数の総和は、次式で計算できます。

$$Z_{c,d} + Z_{a-1,b-1} - Z_{a-1,d} - Z_{c,b-1}$$

したがって、例題「Two Dimensional Sum」を解くプログラムは **解答例** のように実装することができます。なお、二次元累積和を計算するのに $O(HW)$ かかり、質問に答えるのに $O(Q)$ かかるので、プログラム全体の計算量は $O(HW + Q)$ です。

解答例（C++）

```
1    #include <iostream>
2    using namespace std;
3
4    int H, W, Q;
5    int X[1509][1509], Z[1509][1509];
6    int A[100009], B[100009], C[100009], D[100009];
7
8    int main() {
9        // 入力
```

```
10      cin >> H >> W;
11      for (int i = 1; i <= H; i++) {
12          for (int j = 1; j <= W; j++) cin >> X[i][j];
13      }
14      cin >> Q;
15      for (int i = 1; i <= Q; i++) cin >> A[i] >> B[i] >> C[i] >> Đ[i];
16
17      // 配列 Z の初期化
18      for (int i = 0; i <= H; i++) {
19          for (int j = 0; j <= W; j++) Z[i][j] = 0;
20      }
21
22      // 横方向に累積和をとる
23      for (int i = 1; i <= H; i++) {
24          for (int j = 1; j <= W; j++) Z[i][j] = Z[i][j - 1] + X[i][j];
25      }
26
27      // 縦方向に累積和をとる
28      for (int j = 1; j <= W; j++) {
29          for (int i = 1; i <= H; i++) Z[i][j] = Z[i - 1][j] + Z[i][j];
30      }
31
32      // 答えを求める
33      for (int i = 1; i <= Q; i++) {
34          cout << Z[C[i]][Đ[i]] + Z[A[i]-1][B[i]-1] - Z[A[i]-1][Đ[i]] - Z[C[i]]
              ➡ [B[i]-1] << endl;
35      }
36      return 0;
37  }
```

問題 B08 ┃ 応用問題

二次元平面上に N 個の点があります。i 個目の点の座標は (X_i, Y_i) です。『x 座標が a 以上 c 以下
であり、y 座標が b 以上 d 以下であるような点は何個あるか？』という形式の質問が Q 個与えら
れるので、それぞれの質問に答えるプログラムを実装してください。

$N \le 100000, Q \le 100000, 1 \le X_i, Y_i \le 1500$ を満たすケースで、1 秒以内に実行が終わること
が望ましいです。なお、入力される値はすべて整数です。

ヒント 各座標に何個の点があるかを、二次元配列を使って記録しましょう。

2.4 二次元の累積和（2）

問題 A09　Winter in ALGO Kingdom　（実行時間制限 5 秒、難易度 ★ 4）

ALGO 王国は $H \times W$ のマス目で表されます。最初は、どのマスにも雪が積もっていませんが、これから N 日間にわたって雪が降り続けます。

上から i 行目・左から j 列目のマスを (i, j) とするとき、t 日目には「マス (A_t, B_t) を左上とし、マス (C_t, D_t) を右下とする長方形領域」の積雪が 1cm だけ増加することが予想されています。最終的な各マスの積雪を出力するプログラムを作成してください。

入力形式

```
H  W  N
A₁  B₁  C₁  D₁
 :
A_N  B_N  C_N  D_N
```

$$H \quad W \quad N$$
$$A_1 \quad B_1 \quad C_1 \quad D_1$$
$$\vdots$$
$$A_N \quad B_N \quad C_N \quad D_N$$

出力形式

マス (i, j) の最終的な積雪を $Z_{i,j}$ とするとき、以下の形式で出力してください。

$$Z_{1,1} \quad Z_{1,2} \cdots Z_{1,W}$$
$$\vdots$$
$$Z_{H,1} \quad Z_{H,2} \cdots Z_{H,W}$$

制約

- $1 \leq H, W \leq 1500$
- $1 \leq N \leq 100000$
- $1 \leq A_t \leq C_t \leq H$
- $1 \leq B_t \leq D_t \leq W$

入力例 1	出力例 1
5 5 2 1 1 3 3 2 2 4 4	1 1 1 0 0 1 2 2 1 0 1 2 2 1 0 0 1 1 1 0 0 0 0 0 0

この入力例では、以下のように積雪が変化していきます。

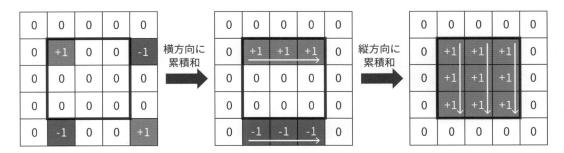

0	0	0	0	0
0	0	0	0	0
0	0	0	0	0
0	0	0	0	0
0	0	0	0	0

1日目 →

1	1	1	0	0
1	1	1	0	0
1	1	1	0	0
0	0	0	0	0
0	0	0	0	0

2日目 →

1	1	1	0	0
1	2	2	1	0
1	2	2	1	0
0	1	1	1	0
0	0	0	0	0

解説の概要

2.2 節では、一次元の配列に対して、前の要素との差分（前日比など）を計算した後、その累積和をとるというテクニックを紹介しました。実は、二次元のマス目に対しても、同様のテクニックを適用することができます。

N=1 の場合を考える：具体例

まずは具体例として、マス (2,2) を左上とし、マス (4,4) を右下とする長方形領域の積雪を 1cm 増やすことを考えましょう。

下図のように、マス (2,2) およびマス (5,5) の値を +1 し、マス (2,5) およびマス (5,2) の値を -1 すると、二次元累積和をとった後の長方形領域内の積雪が 1 (cm) となります。

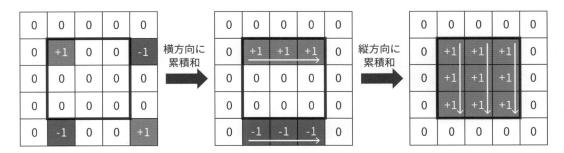

イメージが湧かない方は、+1 がアクセルの役割を果たし、-1 がブレーキの役割を果たすと考えればよいでしょう。たとえば 2 行目で横方向の累積和をとる際は、マス (2,2) がアクセルとなり、その後は +1 が続きます。しかし、マス (2,5) がブレーキとなるため、+1 の部分はマス (2,4) で終わります。

符号が逆のときも同様に、-1 がアクセルの役割を果たし、+1 がブレーキの役割を果たすと考えることができます。

また一般に、マス (a,b) を左上とし、マス (c,d) を右下とする長方形領域の積雪を 1cm 増やす場合も、ここまで説明してきた方法が使えます。

- マス (a,b) およびマス $(c+1,d+1)$ を +1 する
- マス $(a,d+1)$ およびマス $(c+1,b)$ を -1 する

という処理を行った後、二次元累積和をとれば良いです。

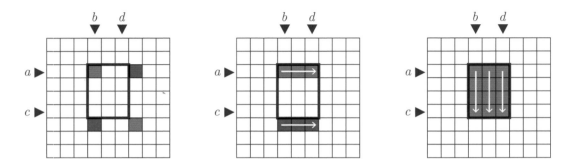

N が 2 以上のケースを考える

それでは、同じような方法は N が 2 以上のときも上手くいくのでしょうか。答えは Yes です。たとえば以下のようなケースを考えます（入力例と同じケースです）。

- **1 日目**：左上 $(1,1)$ 右下 $(3,3)$ の長方形領域の積雪を 1cm 増やす
- **2 日目**：左上 $(2,2)$ 右下 $(4,4)$ の長方形領域の積雪を 1cm 増やす

まず 1 日目については、マス $(1,1)$ およびマス $(4,4)$ の値を +1 し、マス $(1,4)$ およびマス $(4,1)$ の値を -1 します。

また 2 日目については、マス $(2,2)$ およびマス $(5,5)$ の値を +1 し、マス $(2,5)$ およびマス $(5,2)$ の値を -1 します。この時点でのマス目は下図のようになります。

0	0	0	0	0
0	0	0	0	0
0	0	0	0	0
0	0	0	0	0
0	0	0	0	0

1 日目 →

+1	0	0	-1	0
0	0	0	0	0
0	0	0	0	0
-1	0	0	+1	0
0	0	0	0	0

2 日目 →

+1	0	0	-1	0
0	+1	0	0	-1
0	0	0	0	0
-1	0	0	+1	0
0	-1	0	0	+1

このとき、二次元累積和をとった後のマス目の状態は次の図のようになり、たしかに正しい答えを出せています。なお、入力例のケースだけでなく、一般のケースでもこの方法は上手くいきます。厳密な証明はしませんが、興味のある方はぜひ考えてみてください。

実装について

以上のアルゴリズムを実装すると **解答例** のようになります。このプログラムでは、最初に「長方形領域の四隅に +1 や -1 を加算する」という前計算を行った後、二次元累積和をとっています。

最後に計算量を評価します。前計算に $O(N)$ かかり、二次元累積和をとる処理に $O(HW)$ かかるので、プログラム全体の計算量は $O(HW + N)$ です。

解答例（C++）

```
#include <iostream>
using namespace std;

int H, W, N;
int A[100009], B[100009], C[100009], D[100009];
int X[1509][1509], Z[1509][1509];

int main() {
    // 入力
    cin >> H >> W >> N;
    for (int t = 1; t <= N; t++) cin >> A[t] >> B[t] >> C[t] >> D[t];

    // 各日について加算
    for (int t = 1; t <= N; t++) {
        X[A[t]][B[t]] += 1;
        X[A[t]][D[t]+1] -= 1;
        X[C[t]+1][B[t]] -= 1;
        X[C[t]+1][D[t]+1] += 1;
    }
```

```
21      // 二次元累積和をとる
22      for (int i = 0; i <= H; i++) {
23          for (int j = 0; j <= W; j++) Z[i][j] = 0;
24      }
25      for (int i = 1; i <= H; i++) {
26          for (int j = 1; j <= W; j++) Z[i][j] = Z[i][j-1] + X[i][j];
27      }
28      for (int j = 1; j <= W; j++) {
29          for (int i = 1; i <= H; i++) Z[i][j] = Z[i-1][j] + Z[i][j];
30      }
31
32      // 出力
33      for (int i = 1; i <= H; i++) {
34          for (int j = 1; j <= W; j++) {
35              if (j >= 2) cout << " ";
36              cout << Z[i][j];
37          }
38          cout << endl;
39      }
40      return 0;
41  }
```

問題 B09   応用問題

二次元平面上に N 枚の紙があります。それぞれの紙は、各辺が x 軸または y 軸に平行であるような長方形となっています。また、i 枚目の紙の左下座標は (A_i, B_i) であり、右上座標は (C_i, D_i) です。1 枚以上の紙が置かれている部分の面積を求めてください。

$N \leq 100000, 0 \leq A_i < C_i \leq 1500, 0 \leq B_i < D_i \leq 1500$ を満たすケースで、1 秒以内に実行が終わることが望ましいです。なお、入力される値はすべて整数です。

ヒント 「各座標に何枚の紙が重なっているか」を二次元累積和で計算しよう！

あるリゾートホテルには、1 号室から N 号室までの N 個の部屋があります。i 号室は A_i 人部屋です。このホテルでは D 日間にわたって工事が行われることになっており、d 日目は L_d 号室から R_d 号室までの範囲を使うことができません。

$d = 1, 2, \ldots, D$ について、d 日目に使える中で最も大きい部屋は何人部屋であるか、出力するプログラムを作成してください。

入力形式

N
$A_1 \quad A_2 \cdots A_N$
D
$L_1 \quad R_1$
$\quad \vdots$
$L_D \quad R_D$

出力形式

D 行にわたって出力してください。d 行目には、d 日目に使える中で最も大きい部屋は何人部屋であるかを出力してください。

制約

- $3 \leq N \leq 100000$
- $1 \leq D \leq 100000$
- $1 \leq A_i \leq 100$
- $2 \leq L_d \leq R_d \leq N - 1$

入力例 1	出力例 1
7 1 2 5 5 2 3 1 2 3 5 4 6	3 5

単純な解法

まず考えられる方法は、for 文を使って人数の最大値を直接計算する方法です。これを実装すると **コード 2.1** のようになり、たしかに正しい出力をします。しかし、計算量は $O(ND)$ と遅く、残念ながら実行時間制限に間に合いません。

コード 2.1　答えを直接計算するプログラム

```
1  for (int d = 1; d <= D; d++) {
2      int Answer = 0;
3
4      // for 文で最大値を計算する（変数 i は部屋番号を表す）
5      for (int i = 1; i <= N; i++) {
6          if (L[d] <= i && i <= R[d]) continue;
7          Answer = max(Answer, A[i]);
8      }
9      cout << Answer << endl;
10 }
```

工夫した解法：ステップ1

そこで計算方法を工夫してみましょう。まず、L 号室から R 号室まで以外の部屋が使えるとき、「最も大きい部屋は何人部屋か」は次式によって計算できます。

$$\max(1 \sim (L-1) \text{ 号室の最大人数}, (R+1) \sim N \text{ 号室の最大人数})$$

たとえば $N = 7$ であり、3 号室から 5 号室まで以外の部屋が使えるとき、「最も大きい部屋は何人部屋か」は次式によって計算できます。

$$\max(1 \sim 2 \text{ 号室の最大人数}, 6 \sim 7 \text{ 号室の最大人数})$$

そのため、1 号室から i 号室までの最大人数 P_i、および i 号室から N 号室までの最大人数 Q_i が求まった場合、d 日目の答えは $\max(P_{L_d-1}, Q_{R_d+1})$ と計算されます。

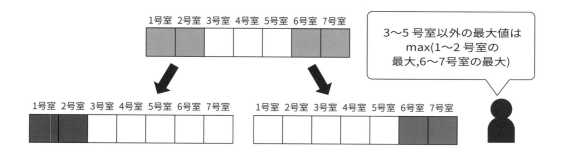

工夫した解法：ステップ2

最後に、P_i, Q_i を求めるにはどうすれば良いのでしょうか。2.1 節で累積和を求めた際は、先頭要素から累積的に足し算をしましたが、それと同じようなアイデアが使えます。

P_i については先頭要素 A_1 から累積的に最大値を計算し、Q_i については最終要素 A_N から累積的に最大値を計算すると、計算量 $O(N)$ でそれぞれの値が求まります。

$A = [1,2,5,5,2,3,1]$ のときの例を以下に示します。これまで累積和だったものが、累積 max になったと考えるとイメージしやすいでしょう。

	1号室	2号室	3号室	4号室	5号室	6号室	7号室
A_i	1	2	5	5	2	3	1
P_i	1	2	5	5	5	5	5

左から順に累積 max を計算
例：$P_3 = \max(P_2, A_3) = \max(2,5) = 5$

	1号室	2号室	3号室	4号室	5号室	6号室	7号室
A_i	1	2	5	5	2	3	1
Q_i	5	5	5	5	3	3	1

右から順に累積 max を計算
例：$Q_6 = \max(Q_7, A_6) = \max(1,3) = 3$

解答例（C++）

```cpp
#include <iostream>
#include <algorithm>
using namespace std;

int N, A[100009], P[100009], Q[100009];
int Ð, L[100009], R[100009];

int main() {
    // 入力
    cin >> N;
    for (int i = 1; i <= N; i++) cin >> A[i];
    cin >> Ð;
    for (int d = 1; d <= Ð; d++) cin >> L[d] >> R[d];

    // P[i] を求める
    P[1] = A[1];
    for (int i = 2; i <= N; i++) P[i] = max(P[i - 1], A[i]);

    // Q[i] を求める
    Q[N] = A[N];
    for (int i = N - 1; i >= 1; i--) Q[i] = max(Q[i + 1], A[i]);

    // それぞれの日について答えを求める
    for (int d = 1; d <= Ð; d++) {
        cout << max(P[L[d]-1], Q[R[d]+1]) << endl;
    }
    return 0;
}
```

2
章

累
積
和

コラム③ アルゴリズムで使う数学

　第3章以降で学ぶアルゴリズムを理解するには、ある程度の数学の知識が必要です。本コラムでは、アルゴリズムを扱う場面で重要となる数学の知識について、高校数学レベルの内容に絞って簡潔に説明します。数学が得意な方は、読み飛ばしてもかまいません。

べき乗

a を b 回掛けた値を「a の b 乗」といい、a^b と書きます。たとえば $5^3 = 5 \times 5 \times 5 = 125$ です。べき乗に関しては、以下の3つの公式が常に成り立ちます。

法則	例（累乗表記）	例（整数表記）
$a^n \times a^m = a^{n+m}$	$10^3 \times 10^2 = 10^5$	$1000 \times 100 = 100000$
$a^n \div a^m = a^{n-m}$	$10^3 \div 10^2 = 10^1$	$1000 \div 100 = 10$
$(a^n)^m = a^{nm}$	$(10^3)^2 = 10^6$	$1000^2 = 1000000$

また、べき乗は b が負の整数の場合でも、$a^{-b} = \dfrac{1}{a^b}$ という公式にしたがって計算することができます。たとえば $10^{-3} = 0.001,\ 10^{-2} = 0.01,\ 10^{-1} = 0.1$ となります。

b の値が1増えることは「10 で掛けること」に対応するのに対し、b の値が1減ることは「10 で割ること」に対応すると考えると、イメージしやすいでしょう。なお、本書では扱いませんが、べき乗は b の値が整数でなくても計算することができます。

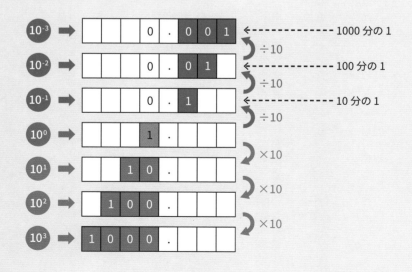

74

指数関数

$y = a^x$ の形で表される関数を **指数関数** といい、a を **指数関数の底**、x を **指数** といいます。指数関数のグラフは、a が 1 より大きいとき **単調増加である**、すなわち x が増えると y も増えるという性質があります。たとえば $y = 2^x$ のグラフは以下の通りです。

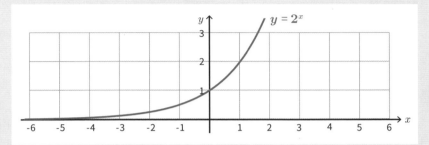

対数関数

まず、**対数** $\log_a b$ は「a を何乗したら b になるか」を表します。特に $a = 10$ の場合、$\log_a b$ は b の 10 進法でのおおよその桁数となります。具体例を以下に示します。

- $\log_{10} 10 = 1$（$10^1 = 10$ であるため）
- $\log_{10} 100 = 2$（$10^2 = 100$ であるため）
- $\log_{10} 1000 = 3$（$10^3 = 1000$ であるため）

対数に関しては、以下の 4 つの公式（対数法則）が常に成り立ちます。

法則	例（対数表記）	例（整数表記）
$\log_a MN = \log_a M + \log_a N$	$\log_{10} 1000 = \log_{10} 100 + \log_{10} 10$	$3 = 2 + 1$
$\log_a \dfrac{M}{N} = \log_a M - \log_a N$	$\log_{10} 10 = \log_{10} 100 - \log_{10} 10$	$1 = 2 - 1$
$\log_a (M^r) = r \log_a M$	$\log_{10} (100^3) = 3 \log_{10} 100$	$6 = 3 \times 2$
$\log_a b = \dfrac{\log_c b}{\log_c a}$	$\log_9 729 = \dfrac{\log_3 729}{\log_3 9}$	$3 = \dfrac{6}{2}$

また、$y = \log_a x$ の形で表される関数を **対数関数** といいます。対数関数のグラフも単調増加ですが、指数関数と比べて増加ペースが遅いという特徴があります。たとえば $y = \log_{10} x$ のグラフは次ページに示す通りです。

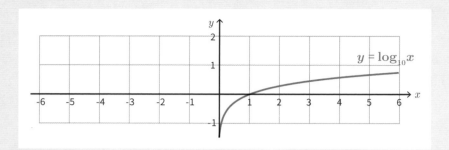

集合の基本

いくつかのモノ（**要素**）の集まりを**集合**といいます。集合は通常、含まれる要素を中カッコに入れる形で書かれます。たとえば 5 以下の正の整数の集合を S とするとき、$S = \{1,2,3,4,5\}$ と表記します。また、10 以下の素数の集合を T とするとき、$T = \{2,3,5,7\}$ と表記します。さらに、1 以上 80 以下の 100 の倍数の集合を U とするとき、$U = \{\}$ と表記します。

集合に関する用語

次に、集合に関する重要な用語を次表に示します。たとえば $S = \{1,2,3,4,5\}, T = \{2,3,5,7\}$ の場合、和集合および積集合は下図のようになります。

用語	表記	意味
空集合	$\{\}$ [*5]	何も含まれていない集合
A と B の和集合	$A \cup B$	少なくとも A,B の片方に含まれる要素を集めたもの
A と B の積集合	$A \cap B$	A,B 両方に含まれる要素を集めたもの
集合 A の要素数	$|A|$	A に含まれている要素の個数

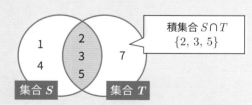

＊5　空集合は $\varnothing$ と表記することもあります。

和の公式

アルゴリズムを扱う場面では、以下の和の公式をよく使います。ぜひ覚えておきましょう。なお、e は**自然対数の底**であり、その値は約 2.718 です。

公式	例
$1 + 2 + \cdots + N = \dfrac{N(N+1)}{2}$	$1 + 2 + \cdots + 100 = \dfrac{100 \times 101}{2} = 5050$
$a^0 + a^1 + a^2 + \cdots = \dfrac{1}{1-a}\ (0 < a < 1)$	$1 + 0.5 + 0.25 + 0.125 + \cdots = 2$
$\dfrac{1}{1} + \dfrac{1}{2} + \cdots + \dfrac{1}{N}$ の値は約 $\log_e N$	$\dfrac{1}{1} + \dfrac{1}{2} + \cdots + \dfrac{1}{10000} = 9.78\cdots$

階乗

1 から N までの整数の積を「N の階乗」といい、$N!$ と書きます。たとえば $4! = 1 \times 2 \times 3 \times 4 = 24$ です。1.0 節でも見た通り、$N!$ の値は N が増えると爆発的に増加します。

場合の数に関する公式

まず、n 個のモノを並び替える方法の数は、$n!$ と一致します。たとえば文字 A・B・C を並び替える方法の数は、$3! = 1 \times 2 \times 3 = 6$ 通りです（下図左側）。

また、n 個のモノの中から r 個を選ぶ方法の数 ${}_nC_r$ は、$\dfrac{n!}{r!(n-r)!}$ と一致します。たとえば 5 人の生徒から 2 人の代表を選ぶ方法の数は $\dfrac{5!}{2!3!} = 10$ 通りです（下図右側）。

さらに、n 個のモノの中から r 個を選び、並び順まで決める方法の数 ${}_nP_r$ は、$n \times (n-1) \times \cdots \times (n-r+1) = \dfrac{n!}{(n-r)!}$ と一致します。たとえば 5 人の生徒から代表と副代表を選ぶ方法の数は $5 \times 4 = 20$ 通りです。ここで、${}_nP_r$ は ${}_nC_r$ の $r!$ 倍になっています。

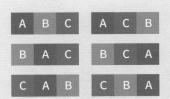
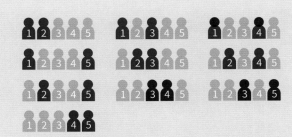

2章のまとめ

2.1　一次元の累積和 (1)

累積和とは

長さ N の配列 $[A_1, A_2, ..., A_N]$ に対し、
累積和 $S_i = A_1 + A_2 + \cdots + A_i$

累積和の求め方

$S_0 = 0$ とし、$i \geq 1$ に対して $S_i = S_{i-1} + A_i$
と計算する

2.2　一次元の累積和 (2)

累積和の応用例

「L から R までの範囲に 1 を足す」
といった操作をたくさん行う場合

アルゴリズムの流れ

B_L に +1 を、B_{R+1} に -1 を加算する
その後、累積和をとる

2.3　二次元の累積和 (1)

二次元累積和とは

左上マス $(1, 1)$、右下マス (i, j) の長方形
領域の総和

二次元累積和を求める手順

1. 横方向に累積和をとる
2. 縦方向に累積和をとる

2.4　二次元の累積和 (2)

二次元累積和の応用例

$A \leq x \leq C, B \leq y \leq D$ を満たすマス (x, y) に 1 を足したい場合…
- (A, B) に +1 を加算
- $(A, D + 1)$ に -1 を加算
- $(C + 1, B)$ に -1 を加算
- $(C + 1, D + 1)$ に +1 を加算

その後、二次元累積和をとる

2.5　累積的に考えるテクニック

累積和の拡張

累積和のアイデアは「総和」以外でも使える
累積的に max/min を求めることで上手く
いく問題も

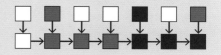

3章

二分探索

3.0 | 二分探索とは

最初に、以下の問題を解いてみましょう。皆さんならどう解きますか。

太郎君は 1 以上 64 以下の整数を思い浮かべています。あなたは Yes/No で答えられる質問を 6 回まで行うことができます。太郎君の思い浮かべている整数を当ててください。

まず考えられる戦略は、「1 ですか？」「2 ですか？」「3 ですか？」「4 ですか？」と一つずつ聞いていくことです。この戦略では、もし太郎君の思い浮かべている数が 64 であった場合、64 回の質問をすることになり、ゲームに負けてしまいます。

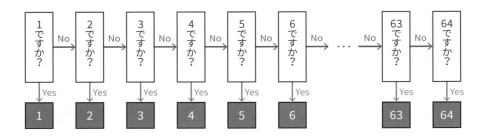

しかし、あり得る候補の中央で区切る質問を繰り返すと、確実に 6 回で当てることができます。まずは 1 回目の質問を考えます。最初の時点では 1 から 64 までのすべての整数が候補として考えられ、その中央は 32 ですので、「32 以下ですか？」という質問をします。

すると、返答が Yes の場合は 1 〜 32 に、No の場合は 33 〜 64 に候補が絞られます。どちらの場合も、これまで 64 通りだった候補が半分の 32 通りに絞られています。

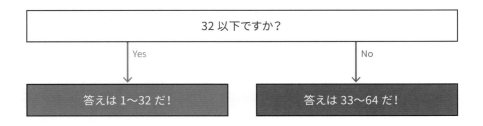

　次に 2 回目の質問を考えます。もし 1 回目の質問が Yes であった場合、範囲は 1 〜 32 に絞られますので、その中央である「16 以下ですか？」という質問をします。

　すると、返答が Yes の場合は 1 〜 16 に、No の場合は 17 〜 32 に候補が絞られます。どちらの場合も、これまで 32 通りだった候補が半分の 16 通りに絞られています。

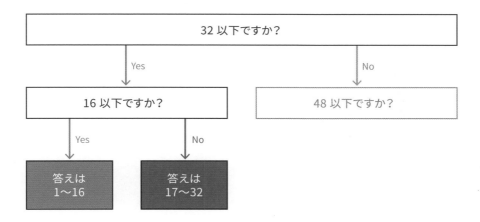

　3 回目以降も同じような質問を繰り返すと、下図の通り 6 回で当てることができます。この図では、太郎君が 23 を思い浮かべているときの例を示しています。

　最後に、6 回で当てられたのはまぐれなのでしょうか。それとも、23 以外のケースでも確実に 6 回で当てることができるのでしょうか。答えは後者です。なぜなら、この戦略では 1 回の質問で候補の数が半減し、64 → 32 → 16 → 8 → 4 → 2 → 1 と減っていくからです。そして候補の数が 1 になれば、答えを特定することができるからです。

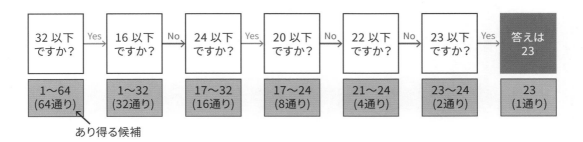

　このように、中央で区切ることで探索範囲を半分ずつにしていくアルゴリズムを **二分探索法** といいます。次節では、具体的な問題に対して二分探索法を実装していきます。

3.1 配列の二分探索

問題 A11 **Binary Search 1** （実行時間制限 1 秒、難易度 ★ 2）

小さい順に並べられている、要素数 N の配列 $A = [A_1, A_2, \dots, A_N]$ があります。要素 X は配列 A の何番目に存在するかを出力してください。

なお、この問題は単純な全探索（→ **1.2 節**）でも解けますが、ここでは二分探索法を使って実装してください。

入力形式

$N \quad X$
$A_1 \quad A_2 \cdots A_N$

出力形式

要素 X は配列 A の何番目に存在するかを出力してください。

制約

- $1 \leq N \leq 100000$
- $1 \leq A_1 < A_2 < \cdots < A_N \leq 10^9$
- 整数 X は $A_1, A_2, \dots, A_N$ のいずれかである

入力例 1	出力例 1
15 47 11 13 17 19 23 29 31 37 41 43 47 53 59 61 67	11

A_{11} の値が **47** になっています。

入力例 2	出力例 2
10 80 10 20 30 40 50 60 70 80 90 100	8

問題の解説

探索範囲を半減させていく二分探索法は、配列の中から要素を探す問題にも適用することができます。手始めに、以下の配列の中から $X = 47$ を探すケースを考えましょう。

1	2	3	4	5	6	7	8	9	10	11	12	13	14	15
11	13	17	19	23	29	31	37	41	43	47	53	59	61	67

まず、配列の中央である 8 番目の要素「37」と比較します。X は 37 より大きいので、X は配列の右半分にあたる 9 〜 15 番目にあることが分かります。

1	2	3	4	5	6	7	8	9	10	11	12	13	14	15
11	13	17	19	23	29	31	37	41	43	47	53	59	61	67

次に、探索範囲の中央である 12 番目の要素「53」と比較します。X は 53 より小さいので、X は探索範囲の左半分にあたる 9 〜 11 番目にあることが分かります。

1	2	3	4	5	6	7	8	9	10	11	12	13	14	15
11	13	17	19	23	29	31	37	41	43	47	53	59	61	67

最後に、探索範囲の中央である 10 番目の要素「43」と比較します。X は 43 より大きいので、X は探索範囲の右半分、すなわち 11 番目にあると分かります。このように二分探索法を使うと、たった 3 回の比較で X の値を探すことができました。

1	2	3	4	5	6	7	8	9	10	11	12	13	14	15
11	13	17	19	23	29	31	37	41	43	47	53	59	61	67

それでは二分探索法を実装しましょう。まず、現時点での探索範囲の左端を L 番目、右端を R 番目とするとき、以下のような処理によって探索範囲を半分に絞ることができます。

- $M = (L+R)/2$ とする（割り切れない場合は切り捨てる）
- $X < A_M$ の場合：探索範囲を左半分にする（R の値を $M-1$ にする）
- $X = A_M$ の場合：答えは M である
- $X > A_M$ の場合：探索範囲を右半分にする（L の値を $M+1$ にする）

したがって、二分探索法を実装すると **解答例** のようになります。なお、二分探索法では 1 回で探索範囲が約半分になるので、配列の長さを N とするとき、およそ $\log_2 N$ 回の比較を行います。そのため、入出力部分を除いた計算量は $O(\log N)$ です。なお、対数 $\log$ については **コラム 3** を参照してください。

解答例（C++）

```cpp
#include <iostream>
using namespace std;

int N, X, A[100009];

// 整数 x が何番目に存在するかを返す
int search(int x) {
    int L = 1, R = N;
    while (L <= R) { // 探索範囲がなくなるまで、比較を続ける
        int M = (L + R) / 2;
        if (x < A[M]) R = M - 1;
        if (x == A[M]) return M;
        if (x > A[M]) L = M + 1;
    }
    return -1; // 整数 x が存在しない（注：この問題の制約で -1 が返されることはない）
}

int main() {
    // 入力
    cin >> N >> X;
    for (int i = 1; i <= N; i++) cin >> A[i];

    // 二分探索を行う
    int Answer = search(X);
    cout << Answer << endl;
    return 0;
}
```

補足：二分探索の条件とソート

この問題では、配列が小さい順になっているという制約がありますが、そうでない場合は二分探索が上手くいくとは限りません。たとえば以下のケースで $X = 90$ を探すことを考えます。

1	2	3	4	5	6	7	8	9	10	11	12	13	14	15
12	35	24	23	49	36	68	93	55	72	71	40	90	85	95

最初に比較されるのは 8 番目の要素「93」であり、X は 93 より小さいので、探索範囲は左半分に絞られます。しかし、X の値は配列の右半分（13 番目）に存在するため、残念ながら二分探索が失敗してしまいます。

1	2	3	4	5	6	7	8	9	10	11	12	13	14	15
12	35	24	23	49	36	68	93	55	72	71	40	90	85	95

そのため、小さい順とは限らない配列に対して二分探索を行いたい場合は、配列を小さい順に整列する **ソート** を行う必要があります。

配列をソートする方法は様々ですが、C++ の場合は sort 関数を使うと簡単に実装できます。計算量は $O(N \log N)$ であり、N の値が数十万程度であっても 1 秒以内でソートが終わります。応用問題ではソートを使う必要があるので、ぜひこの機会に慣れておきましょう。

コード 3.1 $A[1], A[2], ..., A[N]$ を小さい順に出力するプログラム

```cpp
#include <iostream>
#include <algorithm>
using namespace std;

int main() {
    // 入力
    int N, A[100009];
    cin >> N;
    for (int i = 1; i <= N; i++) cin >> A[i];

    // 配列のソート
    // ここで、関数 sort(A+L, A+R) では A[L] から A[R-1] までの部分をソートする
    sort(A + 1, A + N + 1);

    // 出力
    for (int i = 1; i <= N; i++) cout << A[i] << endl;
    return 0;
}
```

3 章

二分探索

補足：二分探索と標準ライブラリ

解答例では二分探索をそのまま実装しましたが、C++ や Python などで用意されている標準ライブラリを使うと、さらに簡単に実装することができます。

たとえば C++ の場合は lower_bound 関数が有名です。配列 A が小さい順にソートされている場合、int pos = lower_bound(A+L, A+R, X) - A と書くと、変数 pos には $A_i \geq X$ $(L \leq i < R)$ を満たす最小の整数 i が記録されます。ただし X の値が A_{R-1} よりも大きい場合は R が記録されます。

したがって、解答例 6 〜 16 行目の search 関数は、**コード 3.2** のように書き換えることができます。

コード 3.2 lower_bound を使った二分探索の実装

```
1    // 整数 x が何番目に存在するかを返す
2    int search(int x) {
3        int pos = lower_bound(A + 1, A + N + 1, x) - A;
4        if (pos <= N && A[pos] == x) return pos;
5        return -1;
6    }
```

また、Python の場合は bisect モジュールを使うと、同じような処理を行うことができます。本書では詳しく扱いませんが、興味のある方はぜひ調べてみてください。

問題 B11 **応用問題**

小さい順に並んでいるとは限らない、要素数 N の配列 $A = [A_1, A_2, \ldots, A_N]$ が与えられます。それについて、以下の Q 個の質問に答えるプログラムを作成してください。

- 1 個目の質問：配列 A には X_1 より小さい要素が何個あるか？
- 2 個目の質問：配列 A には X_2 より小さい要素が何個あるか？
  :
- Q 個目の質問：配列 A には X_Q より小さい要素が何個あるか？

$N, Q \leq 100000$ を満たすケースで、1 秒以内に実行が終わることが望ましいです。

ヒント 配列をソートして lower_bound 関数を使いましょう。

N 台のプリンターがあり、1 から N までの番号が付けられています。プリンター i は A_i 秒ごとにチラシを 1 枚印刷します。すなわち、スイッチを入れてから A_i 秒後、$2A_i$ 秒後、$3A_i$ 秒後・・・に印刷します。すべてのプリンターのスイッチを同時に入れたとき、K 枚目のチラシが印刷されるのは何秒後でしょうか。

入力形式

N　K
A_1　A_2　$\cdots$　A_N

出力形式

K 枚目のチラシが印刷されるまでの時間を、秒単位で出力してください。

制約

- $1 \leq N \leq 100\,000$
- $1 \leq K \leq 10^9$
- $1 \leq A_i \leq 10^9$
- 答えは 10^9 以下である

入力例 1	出力例 1
4 10 1 2 3 4	6

以下の表は、チラシが印刷される時刻にマルを付けたものとなっています。

経過時間 (秒)	1	2	3	4	5	6	7	8	9	10	11	12
プリンター 1	○	○	○	○	○	○	○	○	○	○	○	○
プリンター 2		○		○		○		○		○		○
プリンター 3			○			○			○			○
プリンター 4				○				○				○

解法の概要

3.1 節では、配列に対して二分探索を行う方法を紹介しました。これは、一回の質問で探索範囲を半分にするといったものでした。一方この問題では、配列ではなく **答えに対して二分探索を行うテクニック** が役立ちます。たとえば入力例で、答えが 1 秒後から 8 秒後までのいずれかであると分かっているケースを考えましょう。

入力例で考えてみよう

まず、答えの候補の中央は 4 秒後ですので、「答えが 4 秒以下か？」という質問を考えます。4 秒後までに印刷されるチラシの枚数は 8 枚であり、$K = 10$ 枚未満なので質問の答えは No です。この時点で、答えの候補が 5 秒後から 8 秒後までの範囲に絞られます。なお、下図の $[x]$ は x 以下の最大の整数を意味します（**床関数** といいます）。

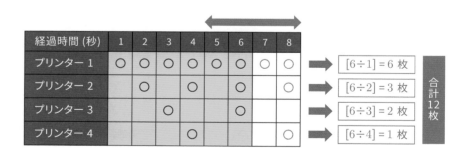

次に、現時点での答えの候補の中央は 6 秒後ですので、「答えは 6 秒以下か？」という質問を考えます。6 秒後までに印刷されるチラシの枚数は 12 枚であり、$K = 10$ 枚以上なので質問の答えは Yes です。この時点で、答えの候補が 5 秒後から 6 秒後までの範囲に絞られます。

　最後に、現時点での答えの候補の中央は 5 秒後ですので、「答えは 5 秒以下か？」という質問を考えます。5 秒後までに印刷されるチラシの枚数は 9 枚であり、$K = 10$ 枚未満なので質問の答えは No です。このようにして、入力例に対する答えが「6 秒後」であると分かります。

経過時間 (秒)	1	2	3	4	5	6	7	8		
プリンター 1	○	○	○	○	○	○	○	○	→ $[5 \div 1] = 5$ 枚	
プリンター 2		○		○		○		○	→ $[5 \div 2] = 2$ 枚	合計 9 枚
プリンター 3			○			○			→ $[5 \div 3] = 1$ 枚	
プリンター 4				○				○	→ $[5 \div 4] = 1$ 枚	

実装と計算回数

　以上のアルゴリズムを実装すると **解答例** のようになります。このプログラムは、答えが x 以下かどうかを判定する関数 check(x) が基礎となっています。

　それでは、どのくらいの計算回数が必要なのでしょうか。まず、関数 check(x) は計算量 $O(N)$ で動作します。また、制約に「答えは 10^9 以下である」と書かれているので、関数 check(x) はおよそ $\log_2(10^9) \fallingdotseq 30$ 回実行されます。したがって、プログラムの計算回数は、ざっくり見積もって $30N$ 回程度となります。

二分探索が使える条件

　最後に、答えで二分探索するテクニックは、「答えが x 以上か？」という質問に答えられる場合に利用することができます。代表的な例としては、単調増加または単調減少である関数 $f(x)$ があったときに、$f(x) = N$ となるような値 x を求める問題が挙げられます。詳しくは応用問題をご覧ください。

解答例（C++）

```cpp
1   #include <iostream>
2   using namespace std;
3
4   long long N, K;
5   long long A[100009];
6
7   // 答えが x 以下かを判定し、Yes であれば true、No であれば false を返す
8   bool check(long long x) {
9       long long sum = 0;
10      for (int i = 1; i <= N; i++) sum += x / A[i]; // 「x ÷ A[i]」の小数点以下切り捨て
11      if (sum >= K) return true;
12      return false;
13  }
14
15  int main() {
16      // 入力
17      cin >> N >> K;
18      for (int i = 1; i <= N; i++) cin >> A[i];
19
20      // 二分探索
21      // Left は探索範囲の左端を、Right は探索範囲の右端を表す
22      long long Left = 1, Right = 1'000'000'000;
23      while (Left < Right) {
24          long long Mid = (Left + Right) / 2;
25          bool Answer = check(Mid);
26          if (Answer == false) Left = Mid + 1; // 答えが Mid+1 以上であることが分かる
27          if (Answer == true) Right = Mid;     // 答えが Mid 以下であることが分かる
28      }
29
30      // 出力（このとき Left=Right になっている）
31      cout << Left << endl;
32      return 0;
33  }
```

問題 B12　応用問題

正の整数 N が与えられます。$x^3 + x = N$ を満たす正の実数 x を出力してください。ただし、絶対誤差が 0.001 以下であれば正解とします。

ヒント $f(x) = x^3 + x$ は単調増加な関数です。x が増えると $f(x)$ も増えます。

3.3 | しゃくとり法

N 個の整数が黒板に書かれています。書かれている整数は小さい順に $A_1, A_2, \ldots, A_N$ です。異なる 2 つの整数のペアを選ぶ方法は全部で $N(N\text{-}1)/2$ 通りありますが、その中で差が K 以下であるような選び方は何通りありますか。

入力形式

$$N \quad K$$
$$A_1 \quad A_2 \cdots A_N$$

出力形式

差が K 以下であるような選び方の個数を出力してください。

制約

- $1 \leq N \leq 100000$
- $1 \leq K \leq 10^9$
- $1 \leq A_1 < A_2 < \cdots < A_N \leq 10^9$

入力例 1	出力例 1
7 10 11 12 16 22 27 28 31	11

差が 10 以下である整数のペアの選び方は、以下の 11 通りです。

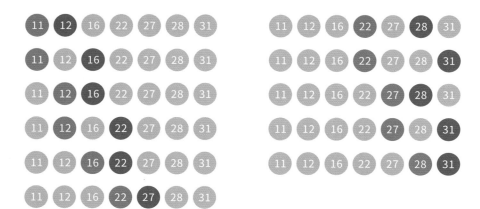

単純な解法

まず考えられる解法は全探索です。すべてのペアについて差を計算すると、もちろん正しい答えを出すことができます。たとえば $A = [11,12,16,22,27,28,31]$, $K = 10$ の場合、以下の表のようにして答えが 11 であると分かります。しかし、計算量は $O(N^2)$ と遅いです。

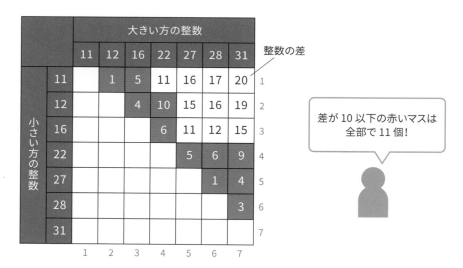

差が 10 以下の赤いマスは全部で 11 個!

解法 (1)：二分探索

それでは、どうすれば効率的に答えを計算できるのでしょうか。まず、$A_t \le A_i + K$ を満たす最大の t を R_i とします。この値は表の i 行目について、何列目までが赤色になっているのかに対応します。たとえば R_2 の値は 4 です。

		大きい方の整数							
		11	12	16	22	27	28	31	
小さい方の整数	11		1	5	11	16	17	20	1
	12			4	10	15	16	19	2
	16				6	11	12	15	3
	22					5	6	9	4
	27						1	4	5
	28							3	6
	31								7
		1	2	3	4	5	6	7	

整数の差

2 行目は 4 列目までが赤なので $R_2 = 4$

このとき、小さい方の整数として A_i を選ぶようなペアの個数は $(R_i - i)$ 通りです。たとえば小さい方の整数として $A_2 = 12$ を選ぶ方法の数は 4 - 2 = 2 通りです。したがって、本問題の答えは次式で表されます。

$$(R_1 - 1) + (R_2 - 2) + \cdots + (R_{N-1} - (N - 1))$$

そこで、R_i の値は配列の二分探索（**→ 3.1 節**）によって計算量 $O(\log N)$ で求めることができます。この解法を使った場合、アルゴリズム全体の計算量は $O(N \log N)$ となり、もちろん実行時間制限に間に合います。

解法 (2)：しゃくとり法

しかし、$R_1, R_2, \ldots, R_{N-1}$ の値はさらに効率よく求めることができます。以下のアルゴリズムで R_i の値を計算することを考えます。

手順 1　$i = 1$ であれば $R_i = 1$ から、そうでなければ $R_i = R_{i-1}$ からスタートする[*1]

手順 2　差分 $A_{R_i} - A_i$ が K を超えないギリギリまで、R_i を 1 増やす操作を繰り返す

たとえば $A = [11, 12, 16, 22, 27, 28, 31]$, $K = 10$ のケースでは、アルゴリズムの流れが次の図のようになります。青い丸は現在の R_i の値を示しています。

[*1]　ここで $R_i = R_{i-1}$ からスタートして良い理由は、R_i が R_{i-1} よりも小さくなることはないことから説明できます。

3 章 二分探索

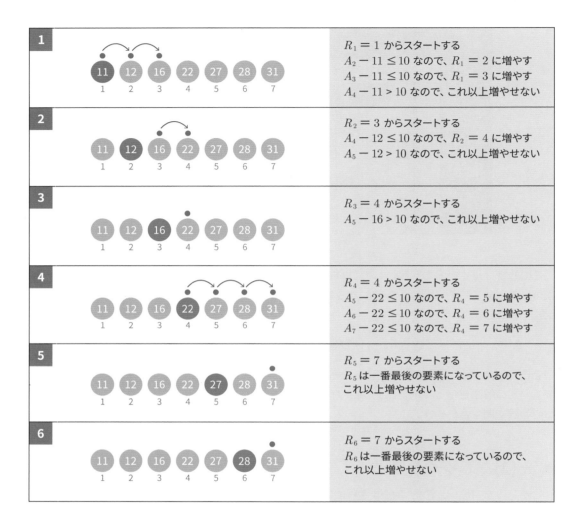

このとき、$R_1, R_2, ..., R_{N-1}$ すべての値を求めるのに計算量 $O(N)$ かかります。なぜなら、R_i を増やす操作は合計 $N-1$ 回以下しか行われないからです。したがって **解答例** のような実装をすると、二分探索よりも速い計算量 $O(N)$ で正解を出すことができます。なお、以上のアルゴリズムは、しゃくとり虫の動きにたとえて **しゃくとり法** と呼ばれています。

解答例（C++）

```cpp
#include <iostream>
using namespace std;

int N, K;
int A[100009], R[100009];

int main() {
    // 入力
    cin >> N >> K;
    for (int i = 1; i <= N; i++) cin >> A[i];

    // しゃくとり法
    for (int i = 1; i <= N-1; i++) {
        // スタート地点を決める
        if (i == 1) R[i] = 1;
        else R[i] = R[i-1];

        // ギリギリまで増やしていく
        while (R[i] < N && A[R[i]+1]-A[i] <= K) {
            R[i] += 1;
        }
    }

    // 出力（答えは最大 50 億程度になるので long long 型を使う必要があります）
    long long Answer = 0;
    for (int i = 1; i <= N-1; i++) Answer += (R[i] - i);
    cout << Answer << endl;
    return 0;
}
```

3章 二分探索

問題 B13　応用問題

KYOPRO 商店には N 個の品物が売られており、i 番目の品物は A_i 円です。連続する番号の品物を買う方法は全部で $N(N+1)/2$ 通りありますが、この中で合計価格が K 円以内となるような買い方は何通りでしょうか。計算量 $O(N)$ で求めてください。

ヒント 累積和としゃくとり法を組み合わせましょう。

3.4 | 半分全列挙

A・B・C・D の 4 つの箱があります。各箱には、以下の N 枚のカードが入っています。

- 箱 A には整数 $A_1, A_2, \ldots, A_N$ が書かれたカードがある。
- 箱 B には整数 $B_1, B_2, \ldots, B_N$ が書かれたカードがある。
- 箱 C には整数 $C_1, C_2, \ldots, C_N$ が書かれたカードがある。
- 箱 D には整数 $D_1, D_2, \ldots, D_N$ が書かれたカードがある。

あなたはそれぞれの箱から 1 枚ずつカードを取り出します。取り出した 4 枚のカードに書かれた整数の合計が K となる可能性はあるか、判定してください。

入力形式

```
N  K
A_1  A_2  …  A_N
B_1  B_2  …  B_N
C_1  C_2  …  C_N
D_1  D_2  …  D_N
```

出力形式

合計が K となる可能性がある場合 Yes、そうでない場合 No を出力してください。

制約

- $1 \le N \le 1000$
- $1 \le K \le 10^8$
- $1 \le A_x, B_y, C_z, D_w \le 10^8$

入力例 1	出力例 1
3 50 3 9 17 4 7 9 10 20 30 1 2 3	Yes

解説の概要

　この問題を解く最も単純な方法は、4枚のカードの選び方を全探索することです。しかし、カードの選び方は全部で N^4 通りあります。$N = 1000$ のケースでは 10^{12} 通りとなり、このままでは実行時間制限に間に合いません。そこで **半分全列挙** と呼ばれるアルゴリズムを使うと、問題を効率的に解くことができます。

半分全列挙：ステップ1

　まず、箱Aと箱Bから1枚ずつカードを取り出したときの合計として考えられるすべての値を、紙Pに書き込みます。たとえば $A = [3,9,17], B = [4,7,9]$ の場合は下図のようになります。

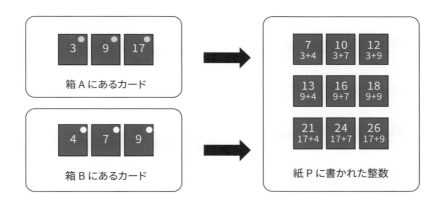

　次に、箱Cと箱Dから1枚ずつカードを取り出したときの合計として考えられるすべての値を、紙Qに書き込みます。たとえば $C = [10,20,30], D = [1,2,3]$ の場合は下図のようになります。

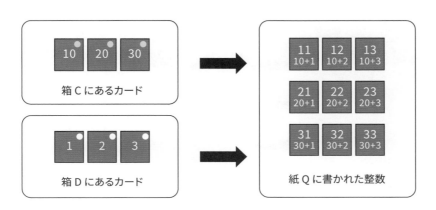

すると、例題は「紙 P と紙 Q に書かれた整数を 1 つずつ選び、合計が K となるかどうかを判定する問題」に言い換えることができます。それでは、言い換えられた後の問題は、どうやって解けば良いのでしょうか。

半分全列挙：ステップ2

　まず、紙 P に書かれた整数を配列 $P = [P_1, P_2, \ldots, P_{N^2}]$ で表します。また、紙 Q に書かれた整数を配列 $Q = [Q_1, Q_2, \ldots, Q_{N^2}]$ で表します。このとき、言い換えられた後の問題は、以下のような小問題に分解することができます。

- **小問題1**：配列 Q の中に要素 $K\text{-}P_1$ は存在するか？
- **小問題2**：配列 Q の中に要素 $K\text{-}P_2$ は存在するか？
- **小問題3**：配列 Q の中に要素 $K\text{-}P_3$ は存在するか？
- **小問題4** 以降も同様に考える

　小問題のうちどれか 1 つでも Yes となった場合、答えは Yes です。$A = [3,9,17]$, $B = [4,7,9]$, $C = [10,20,30]$, $D = [1,2,3]$ のときのイメージ図を以下に示します。

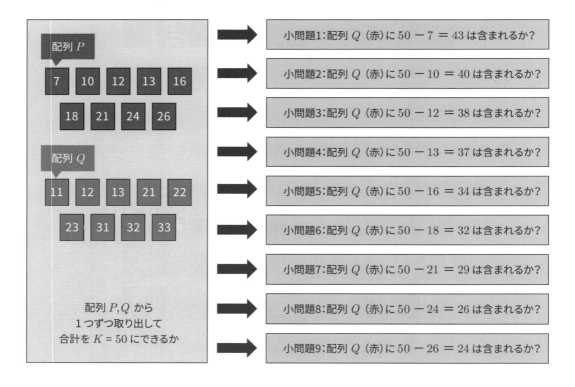

そこで、小問題の答えが Yes であるかどうか、すなわち要素が配列 Q の中に存在するどうかは、3.1 節で説明したように、配列をソートしてから二分探索を使用することで高速に判定できます。したがって半分全列挙のアルゴリズムは、**解答例** のように実装することができます。

計算量について

最後にアルゴリズムの計算量を評価します。まず **ステップ 1** では、紙 P と紙 Q にそれぞれ N^2 個の要素が書かれるので計算量は $O(N^2)$ となります。また **ステップ 2** では二分探索を N^2 回行うので、計算量は $O(N^2 \log N)$ となります[*2]。したがって、アルゴリズム全体の計算量は、**ステップ 2** がボトルネックとなり $O(N^2 \log N)$ です。

このように、4 枚のカードを半分（2 枚ずつ）に分割し、それぞれに対して全探索を行い、その結果を組み合わせる「半分全列挙」を使うと、本問題を効率的に解くことができます。

解答例（C++）

```
1   #include <iostream>
2   #include <algorithm>
3   using namespace std;
4
5   int N, K, A[1009], B[1009], C[1009], Ð[1009];
6   int P[1000009], Q[1000009];
7
8   int main() {
9       // 入力
10      cin >> N >> K;
11      for (int x = 1; x <= N; x++) cin >> A[x];
12      for (int y = 1; y <= N; y++) cin >> B[y];
13      for (int z = 1; z <= N; z++) cin >> C[z];
14      for (int w = 1; w <= N; w++) cin >> Ð[w];
15
16      // 配列 P を作成
17      for (int x = 1; x <= N; x++) {
18          for (int y = 1; y <= N; y++) P[(x-1)*N+y] = A[x] + B[y];
19      }
20
21      // 配列 Q を作成
22      for (int z = 1; z <= N; z++) {
23          for (int w = 1; w <= N; w++) Q[(z-1)*N+w] = C[z] + Ð[w];
24      }
```

＊2 配列 Q の要素数は N^2 ですので、計算量が $O(N^2 \log N^2)$ であると思うかもしれません。しかし、$\log N^2 = 2\log N$ が成り立つので、計算量 $O(N^2 \log N)$ と書くことができます。

```
25      // 配列 Q を小さい順にソート
26      sort(Q+1, Q+(N*N)+1);
27
28      // 二分探索
29      for (int i = 1; i <= N*N; i++) {
30          int pos1 = lower_bound(Q+1, Q+(N*N)+1, K-P[i]) - Q;
31          if (pos1 <= N*N && Q[pos1] == K-P[i]) {
32              cout << "Yes" << endl;
33              return 0;
34          }
35      }
36
37      // 見つからなかった場合
38      cout << "No" << endl;
39      return 0;
40  }
```

問題 B14　応用問題

N 枚のカードがあり、i 枚目 $(1 \le i \le N)$ のカードには整数 A_i が書かれています。0 枚以上のカードを選ぶ方法は全部で 2^N 通りありますが、選んだカードの合計がちょうど K となるようにする方法は存在しますか。$N \le 30$ を満たす入力で 1 秒以内に実行が終わることが望ましいです。

ヒント「前半 $N/2$ 個のカードの合計として何があり得るか？」「後半 $N/2$ 個のカードの合計として何があり得るか？」といったことを考えてみましょう。

3.5 チャレンジ問題

| 問題 A15 | Compression | （実行時間制限 1 秒、難易度 ★ 3 ） |

配列 $A = [A_1, A_2, \ldots, A_N]$ が与えられます。大小関係を崩さないように、配列をできるだけ圧縮してください[3]。

ここで圧縮とは、以下の条件をすべて満たす配列 $B = [B_1, B_2, \ldots, B_N]$ を求める操作です。なお、このような配列 B は 1 通りに決まります。

条件 1 $B_1, B_2, \ldots, B_N$ は 1 以上の整数である。
条件 2 $A_i < A_j$ であるような組 (i, j) については、$B_i < B_j$ である。
条件 3 $A_i = A_j$ であるような組 (i, j) については、$B_i = B_j$ である。
条件 4 $A_i > A_j$ であるような組 (i, j) については、$B_i > B_j$ である。
条件 5 条件 1 〜 4 を満たす中で、配列 B の最大値をできるだけ小さくする。

入力形式

N
$A_1 \quad A_2 \cdots A_N$

出力形式

整数 $B_1, B_2, \ldots, B_N$ を空白区切りで出力してください。

制約

- $1 \le N \le 100000$
- $1 \le A_i \le 10^9$

入力例 1	出力例 1
5 46 80 11 77 46	2 4 1 3 2

$A = [46, 80, 11, 77, 46]$ の大小関係を崩さずに圧縮すると、$B = [2, 4, 1, 3, 2]$ になります。

---

[3] このような操作は **座標圧縮** と呼ばれています。

配列 B はどうなるか？

　手始めに、配列 $A = [46,80,11,77,46]$ を圧縮してみましょう。大小関係を保ったまま、配列 B の最大値をできるだけ小さくするにはどうすれば良いのでしょうか。

　まず、最小の要素 $A_3 = 11$ に対応する値 B_3 は、明らかに 1 にするのが最適です。その後も小さい要素から順番に考えていくと、下図のようにして $B = [2,4,1,3,2]$ が得られます。

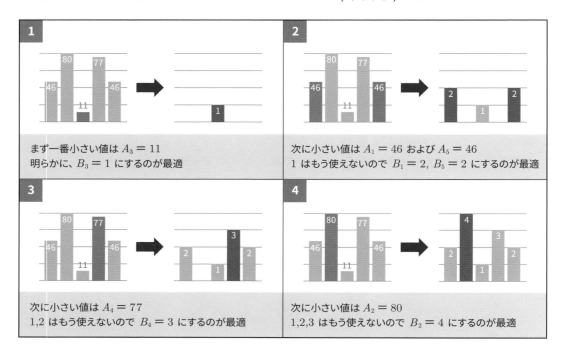

　他のケースでも同様に考えると、B_i の値は「$A_1, A_2, \ldots, A_N$ の中で A_i 以下である整数の種類数」となることが分かります。具体例を以下に示します。

- $A = [13,28,28,13,28,13,28]$ のとき $B = [1,2,2,1,2,1,2]$
- $A = [70,50,30,10,20,40,60]$ のとき $B = [7,5,3,1,2,4,6]$

配列 B をどう計算するか？

　それでは、配列 B はどのようにして効率的に計算するのでしょうか。まず、配列 A を小さい順にソートし、重複を消した配列 X を作ります。

このとき B_i の値は、「A_i が配列 X の何番目に存在するか」と同じ値になります。たとえば $A =$ $[46,80,11,77,46]$ のケースで B_4 の値を求めることを考えます。上の図では $A_4 = 77$ が配列 X の 3 番目に存在するため、$B_4 = 3$ です。

さらに、「A_i が配列 X の何番目に存在するか」については、二分探索によって計算量 $O(\log N)$ で求めることができます（→**3.1節**）。したがって **解答例** のように実装すると、計算量 $O(N \log N)$ で配列を圧縮することができます。

解答例（C++）

```cpp
#include <iostream>
#include <vector>
#include <algorithm>
using namespace std;

int main() {
    // 入力
    int N, A[100009], B[100009];
    cin >> N;
    for (int i = 1; i <= N; i++) cin >> A[i];

    // 配列 T の作成
    vector<int> T;
    for (int i = 1; i <= N; i++) T.push_back(A[i]);
    sort(T.begin(), T.end());

    // 配列 T の重複を消す
    // erase 関数・unique 関数は本書の範囲外ですが、ぜひ調べておきましょう
    T.erase(unique(T.begin(), T.end()), T.end());

    // 答えを求める
    for (int i = 1; i <= N; i++) {
        // vector 型の lower_bound は以下のような形式で書く
        // vector 型の添字は 0 番目から始まるので、1 を足す必要があることに注意
        B[i] = lower_bound(T.begin(), T.end(), A[i]) - T.begin();
        B[i] += 1;
    }

    // 答えを空白区切りで出力
    for (int i = 1; i <= N; i++) {
        if (i >= 2) cout << " ";
        cout << B[i];
    }
    cout << endl;
    return 0;
}
```

3章のまとめ

3.1 配列の二分探索

二分探索とは
"あり得る範囲の中央"との比較を繰り返し、範囲を半減させていくアルゴリズム

どんな問題が解けるか
ソートされた配列 $A = [A_1, A_2, ..., A_N]$ について、x が何番目に存在するかを計算量 $O(\log N)$ で求められる

3.2 答えで二分探索

二分探索の拡張
「答えは〇〇以下ですか？」という判定問題が解けるとき、答えで二分探索ができる

応用例
方程式の解を
求めるなど

3.3 しゃくとり法

アルゴリズム
- 左端を $1, 2, ..., N$ の順に動かす
- 右端は、条件を満たすギリギリまで「1 増やす」という操作を行うことで動かす

計算量
右端を 1 増やす操作は合計 $N - 1$ 回しか行われないので、計算量は $O(N)$

3.4 半分全列挙

アルゴリズム
- 要素を半分ずつに分割
- それぞれについて全列挙
- 最後に 2 つの結果を組み合わせる

具体例
4 枚のカードの選び方を全探索する場合、2 枚ずつに分けて考える

4章

動的計画法

4.0 動的計画法とは

　動的計画法は、**より小さい問題の結果を利用して問題を解く方法**を指します。英語では Dynamic Programming と書くため、略して DP と呼ばれることもあります。まずは具体的な例題を通して、動的計画法のイメージをつかんでいきましょう。

あるダンジョンには 5 つの部屋があります。このダンジョンでは、通路を介して 1 つ先または 2 つ先の部屋に移動することができます。各通路における移動時間は下図の通りです。部屋 1 から部屋 5 まで移動するのに、最短何分かかるかを求めてください。

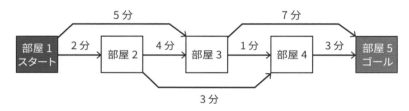

　この問題を解く最もシンプルな方法は、移動経路を全探索することです。部屋の数が 5 個と少ないので、あり得る経路は以下の 5 通りしかなく、簡単に答えを求めることができます。

- 部屋 1 → 部屋 2 → 部屋 3 → 部屋 4 → 部屋 5
- 部屋 1 → 部屋 2 → 部屋 3 → 部屋 5
- 部屋 1 → 部屋 2 → 部屋 4 → 部屋 5
- 部屋 1 → 部屋 3 → 部屋 4 → 部屋 5
- 部屋 1 → 部屋 3 → 部屋 5

　しかし部屋の数が増えると、移動経路の数は指数関数的に増加するため[*1]、あまり効率の良い方法ではありません。そこで動的計画法を使ってみましょう。いきなり「部屋 1 から部屋 5 までの最短時間」を求めるのは難しいので、以下のような順序で考えていきます。

- 部屋 1 から部屋 1 までの最短時間 $dp[1]$ は何分？
- 部屋 1 から部屋 2 までの最短時間 $dp[2]$ は何分？
- 部屋 1 から部屋 3 までの最短時間 $dp[3]$ は何分？
- 部屋 1 から部屋 4 までの最短時間 $dp[4]$ は何分？
- 部屋 1 から部屋 5 までの最短時間 $dp[5]$ は何分？

---

*1　たとえば部屋の数が 100 個の場合、移動経路の数は 3 垓 5422 京 4848 兆 1792 億 6191 万 5075 通りとなります。

　すると、下図のような計算により、答えが **8分** であると分かります。このように、dp[1] や dp[2] といった「小さい問題の結果」から計算する手法を動的計画法といいます。

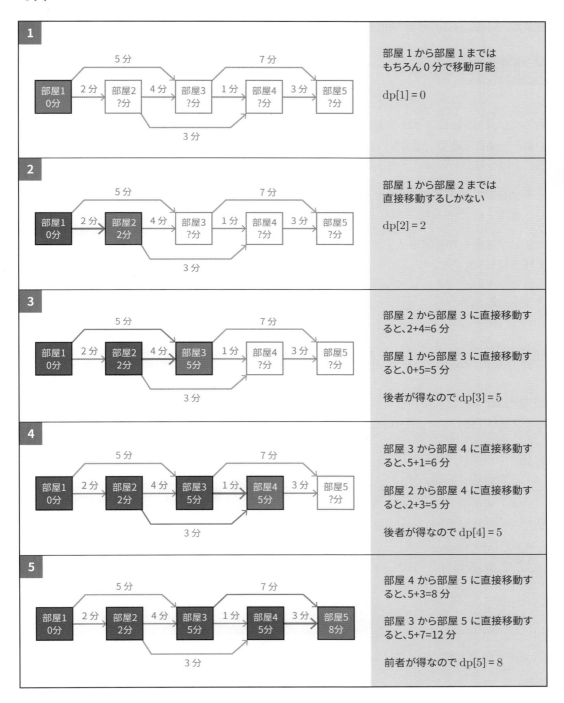

1

部屋1 から部屋1 までは
もちろん 0 分で移動可能

$dp[1] = 0$

2

部屋1 から部屋2 までは
直接移動するしかない

$dp[2] = 2$

3

部屋 2 から部屋 3 に直接移動すると、2+4=6 分

部屋 1 から部屋 3 に直接移動すると、0+5=5 分

後者が得なので $dp[3] = 5$

4

部屋 3 から部屋 4 に直接移動すると、5+1=6 分

部屋 2 から部屋 4 に直接移動すると、2+3=5 分

後者が得なので $dp[4] = 5$

5

部屋 4 から部屋 5 に直接移動すると、5+3=8 分

部屋 3 から部屋 5 に直接移動すると、5+7=12 分

前者が得なので $dp[5] = 8$

動的計画法の基本

Dungeon 1 （実行時間制限 1 秒、難易度 ★ 2 ）

あるダンジョンには N 個の部屋があり、1 から N までの番号が付けられています。このダンジョンは**一方通行**であり、通路を介して 1 つ先または 2 つ先の部屋に移動することができます。各通路における移動時間は以下の通りです。

- 部屋 $i-1$ から部屋 i に向かう通路を通るのに A_i 分 $(2 \leq i \leq N)$ かかる
- 部屋 $i-2$ から部屋 i に向かう通路を通るのに B_i 分 $(3 \leq i \leq N)$ かかる

太郎君が部屋 1 から部屋 N に移動するのに、最短何分かかりますか。答えを求めるプログラムを作成してください。

入力形式

N
$A_2 \quad A_3 \quad A_4 \cdots A_N$
$B_3 \quad B_4 \cdots B_N$

出力形式

答えを整数で出力してください。

制約

- $3 \leq N \leq 100000$
- $1 \leq A_i \leq 100 \ (2 \leq i \leq N)$
- $1 \leq B_i \leq 100 \ (3 \leq i \leq N)$

入力例 1	出力例 1
5 2 4 1 3 5 3 7	8

4.0 節の図と同じ例になっています。

解法の概要

　この問題は 4.0 節を一般化した問題です。そのため 4.0 節と同様に、部屋 1 から部屋 i までの最短時間を $dp[i]$ とし、$dp[1] \to dp[2] \to \cdots \to dp[N]$ の順に 1 つずつ計算すると、答えを出すことができます。それでは、$dp[i]$ の値はどうやって計算するのでしょうか。

配列 dp の計算

　まず、部屋 1 から部屋 1 までは移動しなくても行けるので、$dp[1] = 0$ となります。次に、部屋 1 から部屋 2 まで行くには「直接移動する」しかないので、$dp[2] = A_2$ となります。

　しかし、$dp[3]$ 以降は少し難しいので、最後の行動で場合分けをしてみましょう。太郎君が部屋 i まで移動するとき、最後の行動としては以下の 2 つだけが考えられます。

方法 A	部屋 i-1 まで移動した後、1 本の通路を通って部屋 i に行く
方法 B	部屋 i-2 まで移動した後、1 本の通路を通って部屋 i に行く

　ここで、方法 A を選んだときの合計タイムは $dp[i-1] + A_i$ 分であり、方法 B を選んだときの合計タイムは $dp[i-2] + B_i$ 分です。タイムの短い方が得なので、$dp[i]$ の値は次式で表されます[*2]。

- $dp[i] = \min(dp[i-1] + A_i, dp[i-2] + B_i)$

　したがって、この式の通りに前から一つずつ計算していけば、本問題の答えである $dp[N]$ の値が分かります。計算量は $O(N)$ です。

解答例（C++）

```
1    #include <iostream>
2    #include <algorithm>
3    using namespace std;
4
5    int N, A[100009], B[100009];
6    int dp[100009];
7
8    int main() {
9        // 入力
10       cin >> N;
11       for (int i = 2; i <= N; i++) cin >> A[i];
12       for (int i = 3; i <= N; i++) cin >> B[i];
13
```

---

*2　ここで $\min(x, y)$ は x と y のうち小さい方を意味します。たとえば $\min(37, 53) = 37$ です。

```
14      // 動的計画法
15      dp[1] = 0;
16      dp[2] = A[2];
17      for (int i = 3; i <= N; i++) {
18          dp[i] = min(dp[i - 1] + A[i], dp[i - 2] + B[i]);
19      }
20
21      // 出力
22      cout << dp[N] << endl;
23      return 0;
24  }
```

問題 B16 応用問題

N 個の足場があり、左から i 番目の足場（以下、足場 i とする）の高さは h_i です。カエルは以下の 2 種類の行動を繰り返すことで、足場 1 から足場 N に移動したいです。

- 足場 $i-2$ から足場 i に、コスト $|h_{i-2} - h_i|$ かけて移動する。
- 足場 $i-1$ から足場 i に、コスト $|h_{i-1} - h_i|$ かけて移動する。

移動にかかる合計コストの最小値を出力するプログラムを作成してください。計算量は $O(N)$ であることが望ましいです。

ヒント 例題と同じように「足場 1 から足場 i までの最小コスト」を $\mathrm{dp}[i]$ としましょう！

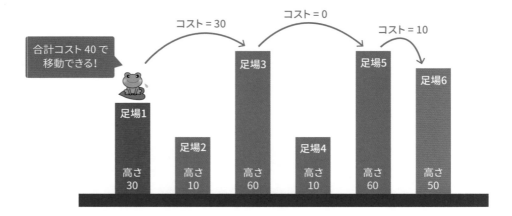

4.2 | 動的計画法の復元

| 問題 A17 | Dungeon 2 | （ 実行時間制限 1 秒、難易度 ★ 3 ） |

4.1 節で扱った「Dungeon 1」では最短何分かかるかを計算しましたが、今度は**最短時間で移動する方法**を 1 つ出力するプログラムを作成してください。
あり得る答えが 2 通り以上ある場合、そのうち 1 つを出力すれば正解となります。

入力形式

N
A_2 A_3 $A_4 \cdots A_N$
B_3 $B_4 \cdots B_N$

出力形式

部屋 $P_1 \rightarrow$ 部屋 $P_2 \rightarrow \cdots \rightarrow$ 部屋 P_K という経路で移動する場合、以下の形式で出力してください。
特に、$P_1 = 1$、$P_K = N$ でなければならないことに注意してください（詳しくは入出力例へ）。

K
P_1 $P_2 \cdots P_K$

制約

- $3 \leq N \leq 100000$
- $1 \leq A_i \leq 100 \ (2 \leq i \leq N)$
- $1 \leq B_i \leq 100 \ (3 \leq i \leq N)$

入力例 1	出力例 1
5 2 4 1 3 5 3 7	4 1 2 4 5

部屋 1 → 2 → 4 → 5 という経路を通ると、8 分でゴールにたどり着けます。

問題の解説

4.1 節では動的計画法を使って、部屋 1 から部屋 N まで行くための最短時間を計算することができました。しかし、ここからどうすれば最適な経路が 1 つ得られるのでしょうか。実は、ゴールから考えていくと上手くいきます。手始めに、入力例のケースで考えてみましょう（下図は部屋 1 から各部屋までの最短時間を示したものとなっています）。

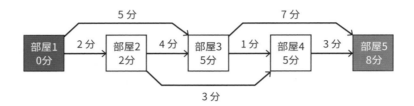

まず、ゴール地点である部屋 5 には、どこから移動するのが最適なのでしょうか。選択肢として考えられるものは以下の 2 つです。

- **方法 A**：部屋 4 から部屋 5 に直接移動する
- **方法 B**：部屋 3 から部屋 5 に直接移動する

ここで **方法 A** を使ったときの合計移動時間は 5 + 3 = 8 分ですが、**方法 B** を使ったときの合計移動時間は 5 + 7 = 12 分です。**方法 A** の方が短いので、部屋 4 から部屋 5 に移動するのが最適であると分かります。以下にイメージ図を示します。

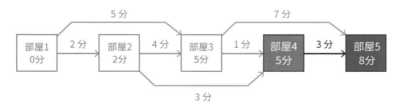

次に、部屋 4 にはどこから移動するのが最適なのでしょうか。選択肢として考えられるものは以下の 2 つです。

- **方法 A**：部屋 3 から部屋 4 に直接移動する
- **方法 B**：部屋 2 から部屋 4 に直接移動する

ここで **方法 A** を使ったときの合計移動時間は 5 + 1 = 6 分ですが、**方法 B** を使ったときの合計移動時間は 2 + 3 = 5 分です。**方法 B** の方が短いので、部屋 2 から部屋 4 に移動するのが最適であると分かります。

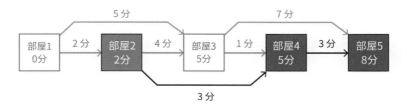

　最後に、部屋 2 に移動する方法としては「部屋 1 から直接移動する」しかないので、部屋 1 →
部屋 2 → 部屋 4 → 部屋 5 という経路が得られます。このように、ゴール地点から考えていくこ
とで、最適な経路のうち 1 つを求めることができます。

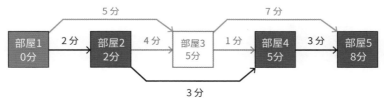

実装について

　このアルゴリズムを実装すると **解答例** のようになります。最初に動的計画法で答えを計算し、
その後に最適解の 1 つを復元するという順序になっています。

　ここで復元を行う方法は様々です。たとえば前述の説明では、方法 A と方法 B のうち時間が短
い方を選ぶという、比較をベースとした復元を行っていました。

　しかし 4.1 節の式より、$dp[x]$ の値が $dp[x-1] + A_x$（方法 A を使ったとき）と $dp[x-2] + B_x$（方
法 B を使ったとき）のいずれかであることに着目すると、以下のように最適解を復元することも
可能です。

- $dp[x] = dp[x-1] + A_x$ **の場合**：方法 A を選ぶ
- $dp[x] = dp[x-2] + B_x$ **の場合**：方法 B を選ぶ

　解答例では後者の方法をとっていることに注意してください。なお、上の 2 つの条件両方を満
たす場合は、方法 A・方法 B どちらを選んでもかまいません。

解答例（C++）

```cpp
1   #include <iostream>
2   #include <vector>
3   #include <algorithm>
4   using namespace std;
5   int N, A[100009], B[100009], dp[100009];
```

```
 6     vector<int> Answer;
 7
 8     int main() {
 9         // 入力
10         cin >> N;
11         for (int i = 2; i <= N; i++) cin >> A[i];
12         for (int i = 3; i <= N; i++) cin >> B[i];
13
14         // 動的計画法
15         dp[1] = 0;
16         dp[2] = A[2];
17         for (int i = 3; i <= N; i++) dp[i] = min(dp[i-1]+A[i], dp[i-2]+B[i]);
18
19         // 答えの復元
20         // 変数 Place は現在位置（ゴールから進んでいく）
21         // たとえば入力例の場合、Place は 5→4→2→1 と変化していく
22         int Place = N;
23         while (true) {
24             Answer.push_back(Place);
25             if (Place == 1) break;
26
27             // どこから部屋 Place に向かうのが最適かを求める
28             if (dp[Place-1] + A[Place] == dp[Place]) Place = Place - 1;
29             else Place = Place - 2;
30         }
31
32         // 変数 Answer は「ゴールからの経路」になっているので、逆順にする
33         // たとえば入力例の場合、Answer = {5, 4, 2, 1} を {1, 2, 4, 5} にする
34         reverse(Answer.begin(), Answer.end());
35
36         // 答えを出力
37         cout << Answer.size() << endl;
38         for (int i = 0; i < Answer.size(); i++) {
39             if (i >= 1) cout << " ";
40             cout << Answer[i];
41         }
42         cout << endl;
43         return 0;
44     }
```

問題 B17 **応用問題**

4.1 節の応用問題（Frog 1）について、具体的にどう移動すれば合計コストが最小になるかを出力するプログラムを作成してください。あり得る答えが 2 通り以上ある場合、そのうち 1 つを出力すれば正解となります。

ヒント 足場 N から逆向きに移動してみよう！

4.3 二次元の DP（1）： 部分和問題

| 問題 A18 | Subset Sum | （ 実行時間制限 1 秒、難易度 ★ 3 ） |

N 枚のカードが一列に並べられており、左から i 番目のカード（以下、カード i とする）には整数 A_i が書かれています。カードの中からいくつかを選んで、書かれた整数の合計が S となるようにする方法は存在しますか。

なお、この問題は**「部分和問題」**と呼ばれている有名な問題です。コラム 2 でも扱いました。

入力形式

N S
A_1 A_2 $\cdots$ A_N

出力形式

書かれた整数の合計が S となるようなカードの選び方が存在すれば Yes、そうでなければ No と出力してください。

制約

- $1 \leq N \leq 60$
- $1 \leq S \leq 10000$
- $1 \leq A_i \leq 10000$

入力例 1	出力例 1
3 7 2 2 3	Yes

たとえばカード 1・カード 2・カード 3 を選んだ場合、書かれた整数の合計は 2 + 2 + 3 = 7 となります。したがって、Yes と出力すれば正解です。

単純な解法

まず考えられる解法は、カードの選び方 2^N 通りを全探索することです。$N = 20$ などの小さいケースであれば、この解法でも上手くいきます。しかし $N = 60$ のケースでは、全部で 2^{60} 通り、すなわち約 115 京通りを調べる必要があります。このままでは実行時間制限の 1 秒どころか、1 日経っても実行が終わりません。

動的計画法を考える

そこで動的計画法を検討します。この問題では、以下の二次元配列を用意します。

> $\mathrm{dp}[i][j]$：カード $1, 2, ..., i$ の中から何枚かを選び、選んだカードに書かれた整数の合計を j にすることは可能か。

二次元配列のイメージが湧かない方は、以下のような表を想像すると良いです。たとえば上から 2 行目・左から 7 列目の $\mathrm{dp}[2][7]$ には、「カード $1, 2$ の中から合計が 7 になるように選べるか」をマルかバツで書き込みます。

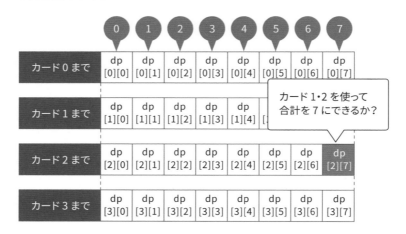

116

配列 dp を計算しよう

それでは、dp[i][j] の値を計算しましょう。まず、$i = 0$ の場合は選んだカードの合計値が必ず 0 になるので、dp[0][0] に丸を付け、dp[0][1] 以降にバツを付ければ良いです。

次に、$i \geq 1$ の場合は難しいですが、最後の行動で場合分けすると見通しが良くなります。dp[i][j] の状態になる方法、すなわちカード i までの中から合計値が j になるように選ぶ方法としては、以下の 2 つだけが考えられます。

方法 A	カード $i - 1$ の時点で合計が j であり、カード i を選ばない
方法 B	カード $i - 1$ の時点で合計が $j - A_i$ であり、カード i を選ぶ

ここで、もし方法 A・B のうち少なくとも一方が実行可能であれば、dp[i][j] の状態になることができます。そのため、

- 方法 A に対応する dp[$i - 1$][j]
- 方法 B に対応する dp[$i - 1$][$j - A_i$]

のうち少なくとも一方がマルである場合に限り、dp[i][j] にマルを付ければ良いです。以下に入力例での計算過程を示します。$N = 3$、$(A_1, A_2, A_3) = (2, 2, 3)$ というケースです。

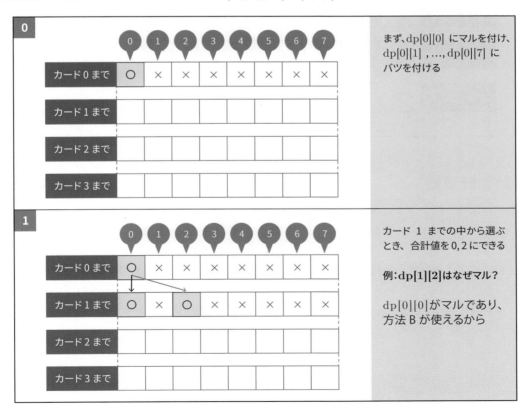

まず、dp[0][0] にマルを付け、dp[0][1] , ..., dp[0][7] にバツを付ける

カード 1 までの中から選ぶとき、合計値を 0, 2 にできる

例：dp[1][2]はなぜマル？

dp[0][0]がマルであり、方法 B が使えるから

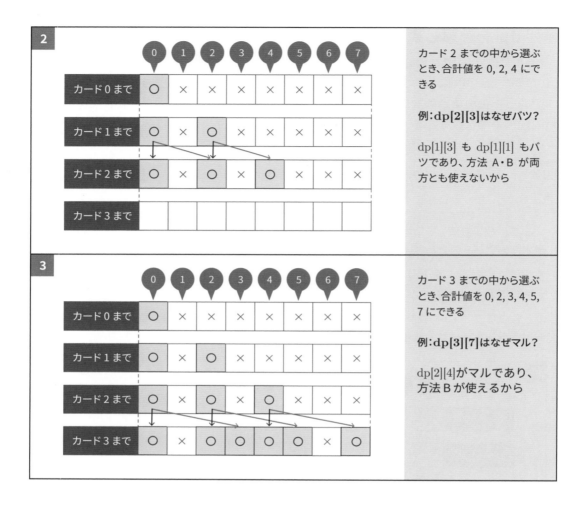

2

カード2までの中から選ぶ
とき、合計値を 0, 2, 4 にで
きる

例：dp[2][3]はなぜバツ？

dp[1][3] も dp[1][1] もバ
ツであり、方法 A・B が両
方とも使えないから

3

カード3までの中から選ぶ
とき、合計値を 0, 2, 3, 4, 5,
7 にできる

例：dp[3][7]はなぜマル？

dp[2][4]がマルであり、
方法 B が使えるから

実装と計算量

　動的計画法を実装すると **解答例** のようになります。二次元配列 $dp[i][j]$ については、マルが
true、バツが false に対応しています。特に $dp[N][S]$ が true であるとき、この問題の答え
は Yes です。

　最後に、アルゴリズムの計算量を評価しましょう。計算で使った表は、縦の長さが $N+1$、横
の長さが $S+1$ であるため、全部でおよそ NS 個のマスがあります。また、1 つのマスへの書き
込みは計算量 $O(1)$ で行えます。したがって、全体の計算量は $O(NS)$ です。

解答例（C++）

```cpp
#include <iostream>
using namespace std;

int N, S, A[69];
bool dp[69][10009];

int main() {
    // 入力
    cin >> N >> S;
    for (int i = 1; i <= N; i++) cin >> A[i];

    // 動的計画法 (i = 0)
    dp[0][0] = true;
    for (int i = 1; i <= S; i++) dp[0][i] = false;

    // 動的計画法 (i >= 1)
    for (int i = 1; i <= N; i++) {
        for (int j = 0; j <= S; j++) {
            if (j < A[i]) {
                if (dp[i-1][j]==true) dp[i][j] = true;
                else dp[i][j] = false;
            }
            if (j >= A[i]) {
                if (dp[i-1][j]==true || dp[i-1][j-A[i]]==true) dp[i][j] = true;
                else dp[i][j] = false;
            }
        }
    }

    // 出力
    if (dp[N][S] == true) cout << "Yes" << endl;
    else cout << "No" << endl;
    return 0;
}
```

問題 B18 　応用問題

N枚のカードが一列に並べられており、左からi番目（$1 \le i \le N$）のカードには整数A_iが書かれています。合計がSになるようにカードを選ぶ方法を1つ出力するプログラムを作成してください。すなわち、部分和問題について、動的計画法の復元（→ 4.2 節）を行ってください。

ヒント ゴール地点 $dp[N][S]$ から考えましょう。N番目のカードは選ぶべきですか？

宝箱には N 個の品物が入っており、それぞれ 1 から N までの番号が付けられています。品物 i の重さは整数値 w_i であり、価値は整数値 v_i です。

太郎君はいくつかの品物を選んで持ち帰りたいと考えています。しかし彼のナップザックには容量制限があるので、重さの合計が W 以下になるようにする必要があります。価値の合計としてあり得る最大の値はいくつですか。

入力形式

$$
\begin{array}{ll}
N & W \\
w_1 & v_1 \\
\quad : \\
w_N & v_N
\end{array}
$$

出力形式
答えを整数で出力してください。

制約

- $1 \le N \le 100$
- $1 \le W \le 100000$
- $1 \le w_i \le W$
- $1 \le v_i \le 10^9$

入力例 1	出力例 1
4 7 3 13 3 17 5 29 1 10	40

たとえば品物 1・品物 2・品物 4 を選んだ場合、価値の合計は 13 + 17 + 10 = 40 となります。価値の合計を 41 以上にする方法は存在しません。

単純な解法

この問題を解く最も単純な方法は、品物の選び方 2^N 通りを全探索することです。たとえば入力例の場合、$2^4 = 16$ 通りの選び方を調べると、答えが 40 であると分かります。

しかし $N = 100$ のケースでは、全部で 2^{100} 通り、すなわち 10^{30} 通りを調べる必要があります。家庭用 PC はもちろん、スパコン富岳を使ってもなお、厳しい計算回数です。

重さ3／価値13

重さ3／価値17

重さ5／価値29

重さ1／価値10

動的計画法を考える

そこで以下の二次元配列に対して、動的計画法を適用させましょう。

$\mathrm{dp}[i][j]$：**品物** $1, 2, \ldots, i$ **の中から、重さの合計が** j **となるように選ぶことを考える。このとき、合計価値としてあり得る最大値はいくつか。**

まず、$i = 0$ の場合は何も選べないので、重さや価値の合計は必ず 0 になります。そのため、$\mathrm{dp}[0][0] = 0$ とし、他の値についてはバツと書いておきます。

	0	1	2	3	4	5	6	7
品物 0 まで	0	×	×	×	×	×	×	×
品物 1 まで								
品物 2 まで								
品物 3 まで								
品物 4 まで								

次に、$i \geq 1$ の場合は難しいですが、最後の行動で場合分けすると、見通しが良くなります。$dp[i][j]$ の状態になる方法、すなわち品物 i までの中から重さの合計が j になるように選ぶ方法としては、以下の 2 つだけが考えられます。

選び方	合計価値の最大値
方法 A：品物 i-1 の時点で合計が j であり、品物 i を選ばない	$dp[i-1][j]$
方法 B：品物 i-1 の時点で合計が j-w_i であり、品物 i を選ぶ	$dp[i-1][j-w_i] + v_i$

したがって $dp[i][j]$ の値は、$dp[i-1][j]$ と $dp[i-1][j-w_i] + v_i$ のうち大きい方の値となります（注：$j < w_i$ のときは方法 B をとれません）。 入力例での計算過程を以下に示します。

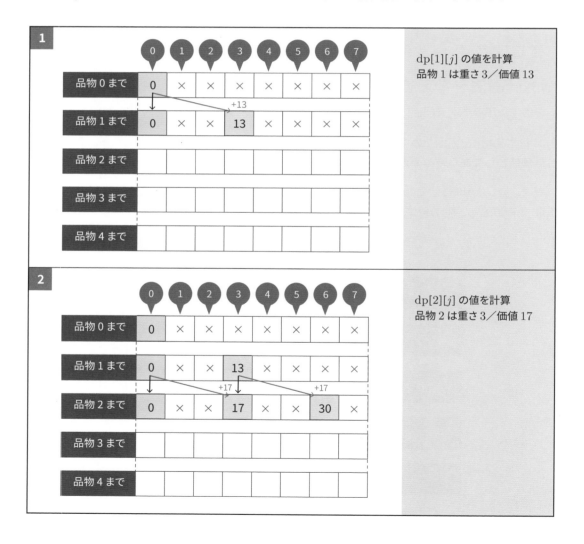

122

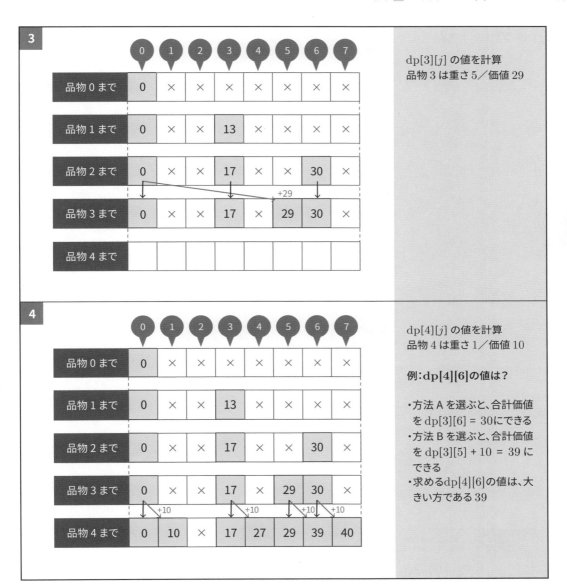

3

dp[3][j] の値を計算
品物 3 は重さ 5／価値 29

4

dp[4][j] の値を計算
品物 4 は重さ 1／価値 10

例：dp[4][6]の値は？

・方法 A を選ぶと、合計価値
を dp[3][6] = 30にできる
・方法 B を選ぶと、合計価値
を dp[3][5] + 10 = 39 に
できる
・求めるdp[4][6]の値は、大
きい方である 39

実装と計算量

動的計画法を実装すると **解答例** のようになり、計算量は $O(NW)$ です。配列 $dp[i][j]$ において
バツとなった部分については、-10^{15} などの非常に小さい値[*3] に初期化しておくと、追加の場合分
けをする必要がなくなり、実装が楽になります。

なお、求める答えは $dp[N][0], dp[N][1], ..., dp[N][W]$ の最大値であることに注意してください。
重さの合計がちょうど W のとき価値が最大になるとは限らないので、たとえば $dp[N][W]$ の値
をそのまま出力すると、一部のテストケースで不正解となってしまいます。

解答例（C++）

```cpp
1   #include <iostream>
2   #include <algorithm>
3   using namespace std;
4
5   long long N, W, w[109], v[109];
6   long long dp[109][100009];
7
8   int main() {
9       // 入力・配列の初期化
10      cin >> N >> W;
11      for (int i = 1; i <= N; i++) cin >> w[i] >> v[i];
12      for (int i = 0; i <= N; i++) {
13          for (int j = 0; j <= W; j++) dp[i][j] = -1'000'000'000'000'000LL;
14      }
15
16      // 動的計画法
17      dp[0][0] = 0;
18      for (int i = 1; i <= N; i++) {
19          for (int j = 0; j <= W; j++) {
20              if (j < w[i]) dp[i][j] = dp[i-1][j];
21              else dp[i][j] = max(dp[i-1][j], dp[i-1][j-w[i]] + v[i]);
22          }
23      }
24
25      // 答えの出力
26      long long Answer = 0;
27      for (int i = 0; i <= W; i++) Answer = max(Answer, dp[N][i]);
28      cout << Answer << endl;
29      return 0;
30  }
```

問題 B19　応用問題

例題「Knapsack 1」について、以下の制約を満たすケースで 2 秒以内に実行が終わるプログラムを作成してください。w_i が大きくなる代わりに v_i が小さくなっています。

- $1 \leq N \leq 100$
- $1 \leq W \leq 10^9$
- $1 \leq w_i \leq W$
- $1 \leq v_i \leq 1000$

ヒント　制約 $v_i \leq 1000$ に着目しましょう。$\mathrm{dp}[i][j]$ の j をどうすれば良いのでしょうか。

---

* 3　本問題の答えは 10^{11} 以下なので、-10^{11} より小さければまず十分です。

4.5 二次元の DP(3)：最長共通部分列問題

| 問題 A20 | **LCS** | （実行時間制限 1 秒、難易度 ★ 4） |

文字列 S および T が与えられます。S の部分列かつ T の部分列（共通部分列といいます）であるような文字列のうち、最長のものは何文字かを出力するプログラムを作成してください。

ただし、文字列 X の部分列とは、X から一部の文字だけを取り出して、その順に並べたものを指します。たとえば grain は programming の部分列です（4,5,6,9,10 文字目を取り出す）。

入力形式

S
T

出力形式

最長の共通部分列は何文字か、整数で出力してください。

制約

- S の文字数は 1 以上 2000 以下
- T の文字数は 1 以上 2000 以下
- S,T は英小文字からなる

入力例 1	出力例 1
mynavi monday	3

3 文字の文字列 mna は、mynavi と monday 両方の部分列となっています。4 文字以上の共通部分列は存在しないため、3 と出力すれば正解となります。

入力例 2	出力例 2
tokyo kyoto	3

問題の解説：ステップ1

　文字列とマス目は全く関係ないように思えるかもしれません。しかし最長共通部分列を求める問題では、マス目を考えると一気に見通しが良くなります。たとえば tokyo と kyoto の共通部分列を求める場合、下図のようなマス目を考えます。

　このマス目の構造は次のようになっています。青い矢印は右方向と下方向に伸びており、赤い矢印は右下方向に伸びています。そして赤い矢印はすべて、対応する文字が同じであるマスに向かうものとなっています。たとえばマス (3,1) に向かう赤い矢印については、tokyo の 3 文字目と kyoto の 1 文字目が同じ「k」になっています。

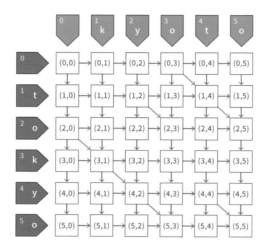

　このとき、**左上マスから右下マスに向かう経路は、1 つの共通部分文字列に対応します**。たとえば下図の経路は、tokyo の 2・5 文字目を取り出し、kyoto の 3・5 文字目を取り出した共通部分列「oo」に対応します（赤い矢印を 2 本通っています）。

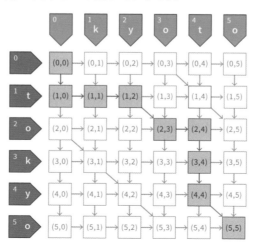

また下図の経路は、tokyo の 3・4・5 文字目を取り出し、kyoto の 1・2・3 文字目を取り出した共通部分列「kyo」に対応します（赤い矢印を 3 本通っています）。

このように、「通った赤い矢印の本数」が共通部分列の長さになります。したがって、例題「LCS」の答えは、**左上マスから右下マスまで移動するときに通る、赤い矢印の最大本数となります。**

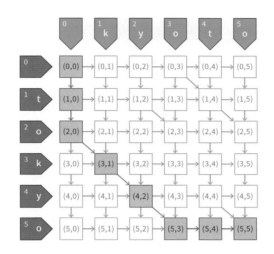

解説：ステップ 2

それでは、赤い矢印の最大本数はどうやって求めれば良いのでしょうか。以下の値を計算する動的計画法を考えます。

- $\mathrm{dp}[i][j]$：マス (i,j) に到達するまでに通る、赤い辺の本数の最大値

まず、スタート地点は左上なので、初期条件は明らかに $\mathrm{dp}[0][0] = 0$ です。次に状態遷移を考えます。マス (i,j) に到達する前の最後の行動として考えられるものは以下の 3 つです。ただし方法 C は、S の i 文字目と T の j 文字目が一致しているときにしか選べません。

移動方法	通る赤い辺の本数
方法 A：マス $(i-1,j)$ から、下方向の青辺で移動する	$\mathrm{dp}[i-1][j]$
方法 B：マス $(i,j-1)$ から、右方向の青辺で移動する	$\mathrm{dp}[i][j-1]$
方法 C：マス $(i-1,j-1)$ から、赤辺で移動する	$\mathrm{dp}[i-1][j-1]+1$

そのため、dp[i][j] の値は次のようにして計算することができます。ただし $i = 0$ または $j = 0$ のときは方法 A・B を選べないこともあるので、さらなる場合分けが必要です。

S の i 文字目と T の j 文字目が一致する場合

- dp[i][j] = max(dp[i-1][j], dp[i][j-1], dp[i-1][j-1]+1)

S の i 文字目と T の j 文字目が一致しない場合

- dp[i][j] = max(dp[i-1][j], dp[i][j-1])

たとえば S = tokyo、T = kyoto のとき、計算結果は下図のようになります。右下マスに書かれた値 dp[5][5] は 3 ですので、最長共通部分列の長さは 3 であると分かります。

以上のアルゴリズムを実装すると **解答例** のようになります。S の文字数を $|S|$ とし、T の文字数を $|T|$ とするとき、計算量は $O(|S| \times |T|)$ であるため、本問題の実行時間制限には余裕を持って間に合います。

なお、dp[i][j] の値は、「S の最初の i 文字」と「T の最初の j 文字」の最長共通部分列の長さにもなっています。

解答例（C++）

```cpp
1   #include <iostream>
2   #include <string>
3   #include <algorithm>
4   using namespace std;
5
6   int N, M, dp[2009][2009];
7   string S, T;
8
9   int main() {
10      // 入力
11      cin >> S; N = S.size();
12      cin >> T; M = T.size();
13
14      // 動的計画法
15      dp[0][0] = 0;
16      for (int i = 0; i <= N; i++) {
17          for (int j = 0; j <= M; j++) {
18              if (i >= 1 && j >= 1 && S[i-1] == T[j-1]) {
19                  dp[i][j] = max({dp[i-1][j], dp[i][j-1], dp[i-1][j-1]+1});
20              }
21              else if (i >= 1 && j >= 1) {
22                  dp[i][j] = max(dp[i-1][j], dp[i][j-1]);
23              }
24              else if (i >= 1) {
25                  dp[i][j] = dp[i-1][j];
26              }
27              else if (j >= 1) {
28                  dp[i][j] = dp[i][j-1];
29              }
30          }
31      }
32
33      // 出力
34      cout << dp[N][M] << endl;
35      return 0;
36  }
```

問題 B20 応用問題

文字列 S および T が与えられます。あなたは、文字列 S に対して以下の 3 種類の操作を行うことができます。最小何回の操作で、文字列 S を T に一致させることができますか。

- S 中の文字を 1 つ選び、削除する。
- S 中の文字を 1 つ選び、別の文字に変更する。
- S 中の適当な位置に、文字を 1 つ挿入する。

ヒント 難しい知識問題です。「編集距離」で検索してみましょう。

4.6 二次元のDP(4)：区間DP

問題 A21　Block Game　（ 実行時間制限 1 秒、難易度 ★ 4 ）

N個のブロックが並べられており、左から順に $1, 2, \ldots , N$ と番号が付けられています。あなたは、以下の2種類の操作を何回か行うことで、すべてのブロックを取り除きたいです。

- 今ある中で **一番左** のブロックを取り除く。
- 今ある中で **一番右** のブロックを取り除く。

ブロック $i\,(1 \le i \le N)$ をブロック P_i より先に取り除いた場合、A_i 点が得られます。合計得点としてあり得る最大値を出力するプログラムを作成してください。

入力形式

N
$P_1 \quad A_1$
$\qquad \vdots$
$P_N \quad A_N$

出力形式

合計得点の最大値を、整数で出力してください。

制約

- $2 \le N \le 2000$
- $1 \le P_i \le N$
- $P_i \neq i$
- $1 \le A_i \le 100$

入力例 1	出力例 1
4 4　20 3　30 2　40 1　10	60

問題の解説：ステップ１

この問題では、どんな操作をしても、残っているブロックは **連続した番号** になります。たとえば、ブロック 1,2,3,4 だけが残っていることはあり得ますが、ブロック 1,3,5 だけが残っていることは絶対にあり得ません。

そのため、ブロックの状態は、左端の番号 l、右端の番号 r という 2 つの整数の組で表現することができます。そこで、以下の値を計算する動的計画法を考えましょう。

> $\mathrm{dp}[l][r]$：l 番目から r 番目までのブロックが残っているような状態を考える。この状態になるまでに、最大何点を稼ぐことができるか。ただし、得点はブロックが取り除かれたときに加算されるものとする。

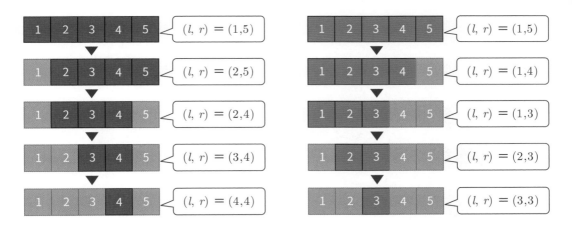

問題の解説：ステップ２

まず初期条件は $\mathrm{dp}[1][N] = 0$ となります。これは、最初の時点で 1 番目から N 番目までのすべてのブロックが残っていることから分かります。

次に状態遷移を考えます。$\mathrm{dp}[l][r]$ が指す状態になるための最後の行動として考えられるものは、以下の 2 つだけです。

方法1	$\mathrm{dp}[l-1][r]$ の状態から、左端のブロックを取り除く
方法2	$\mathrm{dp}[l][r+1]$ の状態から、右端のブロックを取り除く

したがって、動的計画法の式は以下のようになります。ただし、方法 1 で得られるスコア score_1 は、$l \le P_{l-1} \le r$ の場合 A_{l-1} 点、そうでない場合 0 点です。また、方法 2 で得られるスコア score_2 は、$l \le P_{r+1} \le r$ の場合 A_{r+1} 点、そうでない場合 0 点です。

$$dp[l][r] = \max(dp[l-1][r] + score_1, dp[l][r+1] + score_2)$$

たとえば入力例のケースで、この式の通りに計算すると、下図のようになります。$dp[l][r]$ の値を計算するには $dp[l-1][r]$ と $dp[l][r+1]$ の2つが求まっている必要があるので、$r-l$ の大きい順に計算しなければならないことに注意してください。

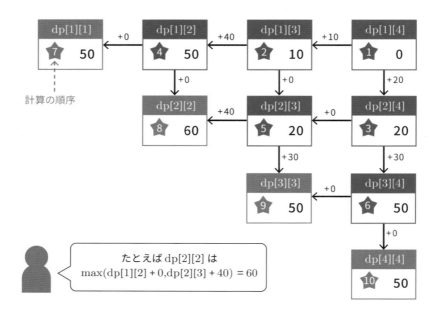

たとえば $dp[2][2]$ は
$\max(dp[1][2] + 0, dp[2][3] + 40) = 60$

実装と計算量

　最後に、残っているブロックが1個になったらスコアはもう増えないので、この問題の答えは $dp[1][1], dp[2][2], \ldots, dp[N][N]$ の最大値です。たとえば上の図では $\max(50, 60, 50, 50) = 60$ となります。したがって、この問題を解くプログラムは **解答例** のように実装することができます。計算量は $O(N^2)$ です。

解答例 (C++)

```
1   #include <iostream>
2   #include <algorithm>
3   using namespace std;
4
5   int N, P[2009], A[2009];
6   int dp[2009][2009];
7
8   int main() {
9       // 入力
```

```
10      cin >> N;
11      for (int i = 1; i <= N; i++) cin >> P[i] >> A[i];
12
13      // 動的計画法 (LEN は r-l の値)
14      dp[1][N] = 0;
15      for (int LEN = N - 2; LEN >= 0; LEN--) {
16          for (int l = 1; l <= N - LEN; l++) {
17              int r = l + LEN;
18
19              // score1 の値 (l-1 番目のブロックを取り除くときの得点) を求める
20              int score1 = 0;
21              if (l<=P[l-1] && P[l-1]<=r) score1 = A[l-1];
22
23              // score2 の値 (r+1 番目のブロックを取り除くときの得点) を求める
24              int score2 = 0;
25              if (l<=P[r+1] && P[r+1]<=r) score2 = A[r+1];
26
27              // dp[l][r] を求める
28              if (l == 1) {
29                  dp[l][r] = dp[l][r+1]+score2;
30              }
31              else if (r == N) {
32                  dp[l][r] = dp[l-1][r]+score1;
33              }
34              else {
35                  dp[l][r] = max(dp[l-1][r]+score1, dp[l][r+1]+score2);
36              }
37          }
38      }
39
40      // 出力
41      int Answer = 0;
42      for (int i = 1; i <= N; i++) Answer = max(Answer, dp[i][i]);
43      cout << Answer << endl;
44      return 0;
45  }
```

問題 B21　応用問題

長さ $N\ (\leq 1000)$ の文字列 S が与えられます。太郎君は、S の中からいくつかの（連続するとは限らない）文字を取り除き、残った文字を順番通りに連結することで、回文を作りたいです。最長何文字の回文を作ることができますか。

ヒント これも難しいですが、$dp[l][r]$ を「文字列 S の l 文字目から r 文字目までの部分における最長回文の長さ」としてみましょう。

4.7 遷移形式の工夫

問題 A22 Sugoroku （ 実行時間制限 1 秒、難易度 ★ 4 ）

ある双六には N 個のマスがあり、スタートから順に 1 から N までの番号が付けられています。この双六では、あなたがマス i $(1 \le i \le N-1)$ にいるとき、以下の 2 種類の行動のうち一方を選ぶことができます。

- マス A_i に進み、スコア 100 を得る。
- マス B_i に進み、スコア 150 を得る。

ゴールにたどり着くまでに得られる合計スコアの最大値を出力するプログラムを作成してください。なお、本問題では**ゴールから遠ざかる方向に移動することはありません**。

入力形式
```
N
A₁  A₂  …  A_{N-1}
B₁  B₂  …  B_{N-1}
```

出力形式
ゴールにたどり着くまでに得られるスコアの最大値を、整数で出力してください。

制約
- $2 \le N \le 100000$
- $i+1 \le A_i \le B_i \le N$

入力例 1	出力例 1
7 2 4 4 7 6 7 3 5 6 7 7 7	500

以下の図のように移動するのが最適です。

134

動的計画法の 2 つの実装方針

4.6 節までは、「最後の行動で場合分けする」という方針で動的計画法を実装しました。このような実装方針は **貰う遷移形式** と呼ばれています。

しかし、動的計画法を実装する方法はそれだけではありません。「最後の行動」ではなく「一手先の行動」を考え、配列の値を徐々に更新していく形で実装することもできます。そして、このような実装方針は **配る遷移形式** と呼ばれています。

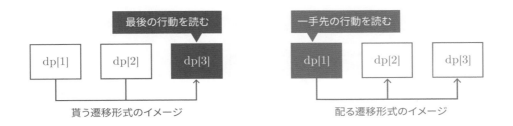

例として、4.0 節で扱ったダンジョン問題を考えましょう。下図のようなダンジョンで、部屋 1 から部屋 5 まで移動するには何分かかるかを求める問題です。貰う遷移形式では、「部屋 2 にたどり着くための最後の行動は何か？」といったことを考え、問題を解いていきました。

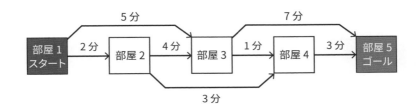

しかし、配る遷移形式では「部屋 1 から移動するときの一手先の行動は何か？」などを考えていくことで答えを計算します。計算過程は下図の通りであり、確かに正しい答えである「8 分」を求めることができています。配る遷移形式のイメージはつかめましたでしょうか。

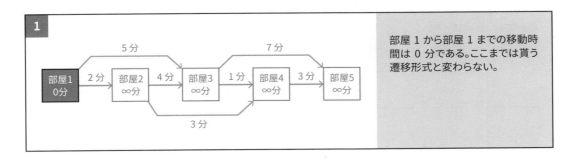

部屋 1 から部屋 1 までの移動時間は 0 分である。ここまでは貰う遷移形式と変わらない。

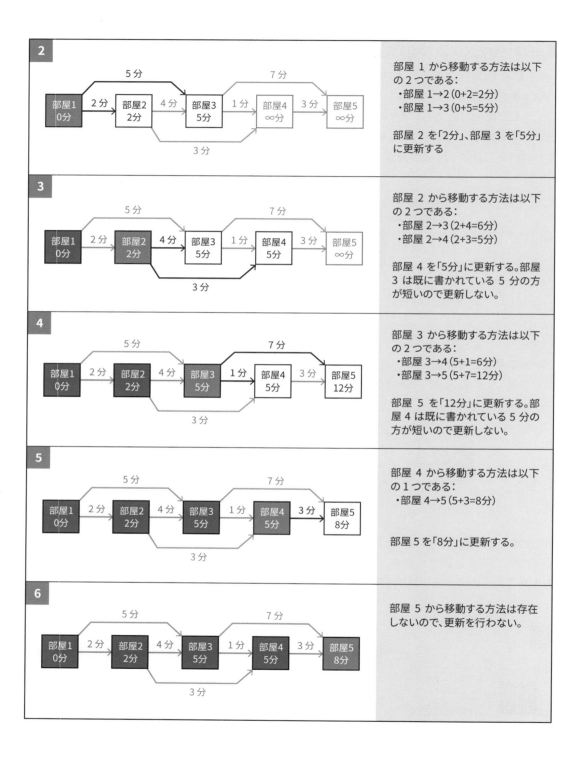

2

部屋 1 から移動する方法は以下の 2 つである:
- 部屋 1→2 (0+2=2分)
- 部屋 1→3 (0+5=5分)

部屋 2 を「2分」、部屋 3 を「5分」に更新する

3

部屋 2 から移動する方法は以下の 2 つである:
- 部屋 2→3 (2+4=6分)
- 部屋 2→4 (2+3=5分)

部屋 4 を「5分」に更新する。部屋 3 は既に書かれている 5 分の方が短いので更新しない。

4

部屋 3 から移動する方法は以下の 2 つである:
- 部屋 3→4 (5+1=6分)
- 部屋 3→5 (5+7=12分)

部屋 5 を「12分」に更新する。部屋 4 は既に書かれている 5 分の方が短いので更新しない。

5

部屋 4 から移動する方法は以下の 1 つである:
- 部屋 4→5 (5+3=8分)

部屋 5 を「8分」に更新する。

6

部屋 5 から移動する方法は存在しないので、更新を行わない。

問題の解説

それでは、配る遷移形式で例題「Sugoroku」を解いてみましょう[*4]。まず、マス i から移動するときの「一手先の行動」として考えられるものは以下の2つです。

- スコア 100 を得てマス A_i に進む
- スコア 150 を得てマス B_i に進む

したがって、マス i まで進んだ時点で得られるスコアの最大値を $dp[i]$ とするとき、本問題の答えである $dp[N]$ の値は以下のようにして計算することができます。

> $dp[1]=0$ とし、$i=1,2,\ldots,N$ の順に以下のことを行う。
> - $dp[A_i]$ の値を $\max(dp[A_i], dp[i]+100)$ に更新する
> - $dp[B_i]$ の値を $\max(dp[B_i], dp[i]+150)$ に更新する

入力例における計算過程を以下に示します。答えは $dp[7]=500$ です。

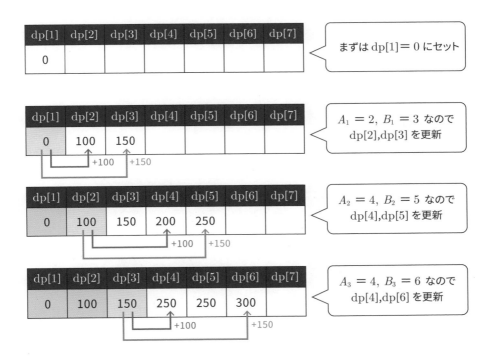

＊4　もちろん、貰う遷移形式で解くこともできますが、最後の行動が入力で与えられないので実装が面倒です。

4章

動的計画法

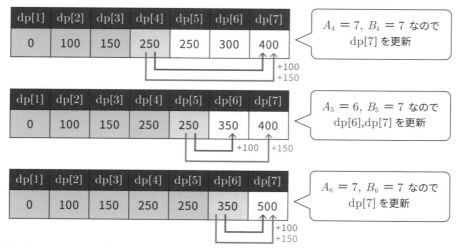

dp[1]	dp[2]	dp[3]	dp[4]	dp[5]	dp[6]	dp[7]
0	100	150	250	250	300	400

$A_4 = 7, B_4 = 7$ なので
dp[7] を更新

+100
+150

dp[1]	dp[2]	dp[3]	dp[4]	dp[5]	dp[6]	dp[7]
0	100	150	250	250	350	400

$A_5 = 6, B_5 = 7$ なので
dp[6],dp[7] を更新

+100 +150

dp[1]	dp[2]	dp[3]	dp[4]	dp[5]	dp[6]	dp[7]
0	100	150	250	250	350	500

$A_6 = 7, B_6 = 7$ なので
dp[7] を更新

+100
+150

解答例（C++）

```
1    #include <iostream>
2    #include <algorithm>
3    using namespace std;
5    int N, A[100009], B[100009], dp[100009];
6
7    int main() {
8        // 入力
9        cin >> N;
10       for (int i = 1; i <= N - 1; i++) cin >> A[i];
11       for (int i = 1; i <= N - 1; i++) cin >> B[i];
13       // 配列の初期化
14       dp[1] = 0;
15       for (int i = 2; i <= N; i++) dp[i] = -1000000000;
17       // 動的計画法 → 出力
18       for (int i = 1; i <= N - 1; i++) {
19           dp[A[i]] = max(dp[A[i]], dp[i]+100);
20           dp[B[i]] = max(dp[B[i]], dp[i]+150);
21       }
22       cout << dp[N] << endl;
23       return 0;
24   }
```

問題 A16 応用問題

4.1 節で扱った「Dungeon 1」を、配る遷移形式で実装してください。

※問題 A16（108 ページ）とまったく同じ問題ですので、問題 ID も同じです。

ヒント dp[i] からは dp[$i+1$],dp[$i+2$] に遷移します。

4.8 | ビットDP

問題 A23 | **All Free** （実行時間制限 1 秒、難易度 ★ 5 ）

情報商店では N 種類の品物を扱っており、1 から N の番号が付けられています。この店では、いくつかの指定された品物を無料で買えるクーポン券が配布されています。

太郎君は M 枚のクーポン券を持っており、クーポン券 i $(1 \le i \le M)$ の情報は以下の通りです。

- $A_{i,j} = 1$ のとき：品物 j は無料で買える対象に含まれている。
- $A_{i,j} = 0$ のとき：品物 j は無料で買える対象に含まれていない。

最小何枚のクーポン券を使うことで、N 種類すべての品物を無料で買うことができますか。

入力形式

```
N   M
A_{1,1}  A_{1,2}  ⋯  A_{1,N}
    ⋮
A_{M,1}  A_{M,2}  ⋯  A_{M,N}
```

出力形式

必要なクーポン券の最小枚数を出力してください。ただし、N 種類すべての品物を無料で買う方法が存在しない場合、代わりに -1 を出力してください。

制約

- $1 \le N \le 10$
- $1 \le M \le 100$
- $A_{i,j}$ は 0 または 1 である

入力例 1	出力例 1
3 4 0 0 1 0 1 0 1 0 0 1 1 0	2

4章

動的計画法

問題の解説

この問題を解く最も単純な方法は、クーポン券の選び方 2^M 通りを全探索することです。たしかに $M=15$ 程度の小さなケースであれば、この解法でも十分正解できます。

しかし $M=100$ のケースでは、全部で約 10^{30} 通りの選び方を調べる必要があり、実行時間制限に間に合いません。そこで、以下の値を計算する動的計画法を考えます。

> $\mathrm{dp}[i][S]$：クーポン券 $1, 2, \dots, i$ の中から何枚かを選び、無料で買える品物の集合が S である状態を考える。このとき、選んだクーポン券の枚数として考えられる最小値はいくつか。

集合 S を添字とする配列のイメージが湧かない方は、以下のような表を想像すると良いです。たとえば $\mathrm{dp}[3][\{1,2\}]$ には、クーポン券 3 までの中から最小何枚を選べば、品物 1,2 だけが無料になるかを記録します。

クーポン券 0 まで	dp[0] [空集合]	dp[0] [{1}]	dp[0] [{2}]	dp[0] [{1,2}]	dp[0] [{3}]	dp[0] [{1,3}]	dp[0] [{2,3}]	dp[0] [{1,2,3}]

クーポン券 1 まで	dp[1] [空集合]	dp[1] [{1}]	dp[1] [{2}]	dp[1] [{1,2}]	dp[1] [{3}]	dp[1] [{1,3}]	dp[1] [{2,3}]	dp[1] [{1,2,3}]

クーポン券 2 まで	dp[2] [空集合]	dp[2] [{1}]	dp[2] [{2}]	dp[2] [{1,2}]	dp[2] [{3}]	dp[2] [{1,3}]	dp[2] [{2,3}]	dp[2] [{1,2,3}]

クーポン券 3 までの中から何枚選べば品物 1, 2 だけが無料になるか？

クーポン券 3 まで	dp[3] [空集合]	dp[3] [{1}]	dp[3] [{2}]	dp[3] [{1,2}]	dp[3] [{3}]	dp[3] [{1,3}]	dp[3] [{2,3}]	dp[3] [{1,2,3}]

クーポン券 4 まで	dp[4] [空集合]	dp[4] [{1}]	dp[4] [{2}]	dp[4] [{1,2}]	dp[4] [{3}]	dp[4] [{1,3}]	dp[4] [{2,3}]	dp[4] [{1,2,3}]

それでは配列 dp を計算しましょう。まず初期条件は $\mathrm{dp}[0][$ 空集合 $] = 0$ となります。これは、最初から無料で買える品物は存在しないことから分かります。

次に、配る遷移形式（→ **4.7 節**）にしたがって状態遷移を考えます。一手先の行動で場合分けすると、$\mathrm{dp}[i-1][S]$ が指す状態からは以下の 2 通りに遷移します。ただし、i 枚目のクーポン券を使って無料で買える品物の集合を T_i とします。

クーポン券 i を使わない場合	$\mathrm{dp}[i][S]$
クーポン券 i を使う場合	$\mathrm{dp}[i][S$ と T_i の和集合 $]$

ここで、前者の場合はクーポン券の累計使用枚数が $\mathrm{dp}[i-1][S]$ 枚となり、後者の場合は $\mathrm{dp}[i-1][S]+1$ 枚となるため、配列 dp は次のようにして計算することができます。

> $i = 1,2, \ldots ,M$ の順に、すべての集合 S に対して以下のことを行う。
>
> - $\mathrm{dp}[i][S]$ を $\min(\mathrm{dp}[i][S], \mathrm{dp}[i-1][S])$ に更新する
> - $\mathrm{dp}[i][S \, と \, T_i \, の和集合]$ を $\min(\mathrm{dp}[i][S \, と \, T_i \, の和集合], \mathrm{dp}[i-1][S]+1)$ に更新する

入力例における計算過程を以下に示します。最終的な答えは $\mathrm{dp}[4][\{1,2,3\}] = 2$ です。

	空集合	{1}	{2}	{1,2}	{3}	{1,3}	{2,3}	{1,2,3}
クーポン券 0 まで	0	×	×	×	×	×	×	×
クーポン券 1 まで クーポン券 1：品物 3 が無料	0	×	×	×	1	×	×	×
クーポン券 2 まで クーポン券 2：品物 2 が無料	0	×	1	×	1	×	2	×
クーポン券 3 まで クーポン券 3：品物 1 が無料	0	1	1	2	1	2	2	3
クーポン券 4 まで クーポン券 4：品物 1・2 が無料	0	1	1	1	1	2	2	2

実装について

　動的計画法のプログラムを実装するには、一つ問題点があります。これは、二次元配列の添字を整数にしなければならないということです。そこでこの問題を解消する方法として、選び方の整数表現（→**コラム 2**）を使うという方法があります[*5]。

　たとえば $\mathrm{dp}[4][\{1,3\}]$ について考えましょう。「2 進法の下から 1 桁目と下から 3 桁目だけが 1 であるような整数」を 10 進法に変換すると 5 ですので、$\mathrm{dp}[4][\{1,3\}]$ はプログラム上の $\mathrm{dp}[4][5]$ に対応します。

[*5] 選び方の整数表現を使って動的計画法を実装するテクニックは、競技プログラミングでは**ビット DP** と呼ばれています。

	空集合	{1}	{2}	{1,2}	{3}	{1,3}	{2,3}	{1,2,3}
クーポン券 0 まで	dp[0][0]	dp[0][1]	dp[0][2]	dp[0][3]	dp[0][4]	dp[0][5]	dp[0][6]	dp[0][7]
クーポン券 1 まで	dp[1][0]	dp[1][1]	dp[1][2]	dp[1][3]	dp[1][4]	dp[1][5]	dp[1][6]	dp[1][7]
クーポン券 2 まで	dp[2][0]	dp[2][1]	dp[2][2]	dp[2][3]	dp[2][4]	dp[2][5]	dp[2][6]	dp[2][7]
クーポン券 3 まで	dp[3][0]	dp[3][1]	dp[3][2]	dp[3][3]		dp[4][{1,3}] は dp[4][5] に対応	dp[3][6]	dp[3][7]
クーポン券 4 まで	dp[4][0]	dp[4][1]	dp[4][2]	dp[4][3]	dp[4][4]	dp[4][5]	dp[4][6]	dp[4][7]

以上の内容を踏まえてプログラムを実装すると **解答例** のようになり、計算量は $O(2^N \times NM)$ です。なお、前ページの表でバツと書かれたような、選び方が存在しない部分については、10^9 などの非常に大きい値で初期化しておくと、実装が簡単になります。

解答例 (C++)

```cpp
#include <iostream>
#include <algorithm>
using namespace std;

int N, M, A[109][19];
int dp[109][1024];

int main() {
    // 入力
    cin >> N >> M;
    for (int i = 1; i <= M; i++) {
        for (int j = 1; j <= N; j++) cin >> A[i][j];
    }

    // 配列の初期化
    for (int i = 0; i <= M; i++) {
        for (int j = 0; j < (1 << N); j++) dp[i][j] = 1'000'000'000;
    }

    // 動的計画法
```

```
21        dp[0][0] = 0;
22        for (int i = 1; i <= M; i++) {
23            for (int j = 0; j < (1 << N); j++) {
24                // already[k] = 1 のとき、品物 k は既に無料になっている
25                int already[19];
26                for (int k = 1; k <= N; k++) {
27                    if ((j / (1 << (k - 1))) % 2 == 0) already[k] = 0;
28                    else already[k] = 1;
29                }
30
31                // クーポン券 i を選んだ場合の整数表現 v を計算する
32                int v = 0;
33                for (int k = 1; k <= N; k++) {
34                    if (already[k] == 1 || A[i][k] == 1) v += (1 << (k-1));
35                }
36
37                // 遷移を行う
38                dp[i][j] = min(dp[i][j], dp[i-1][j]);
39                dp[i][v] = min(dp[i][v], dp[i-1][j] + 1);
40            }
41        }
43        // 出力（すべて選んだ場合の整数表現は 2^N-1）
44        if (dp[M][(1 << N) - 1] == 1'000'000'000) cout << "-1" << endl;
45        else cout << dp[M][(1 << N) - 1] << endl;
46        return 0;
47    }
```

問題 B23 応用問題

二次元平面上に $N(\le 15)$ 個の都市があり、それぞれ 1 から N までの番号が付けられています。都市 i の座標は (X_i, Y_i) であり、2 つの都市間を移動するには、直線距離と同じだけ時間がかかります（たとえば直線距離が 5 の場合、移動時間は 5 分です）。

ある都市から出発し、すべての都市を一度ずつ巡った後、出発地点に戻るためには最短何分必要でしょうか。なお、これは「巡回セールスマン問題」と呼ばれている有名問題です。

ヒント

dp[通った都市][今いる都市] という配列を考えてみよう！

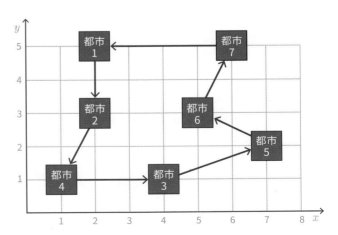

143

4.9 | 最長増加部分列問題

問題 A24　　LIS　　　　　　　　　　（実行時間制限 1 秒、難易度 ★ 5）

配列 $A = [A_1, A_2, \dots, A_N]$ の 増加部分列 を、以下の条件をともに満たす列 $A = [A_{p_1}, A_{p_2}, \dots, A_{p_k}]$ と定義します。

- $p_1 < p_2 < \cdots < p_K$
- $A_{p_1} < A_{p_2} < \cdots < A_{p_k}$

配列 A の 最長増加部分列 (すべての増加部分列の中で最長のもの) の長さを求めてください。

入力形式
```
N
A_1  A_2  ···  A_N
```

出力形式
最長増加部分列の長さを、整数で出力してください。

制約
- $1 \le N \le 100000$
- $1 \le A_i \le 500000$

入力例 1	出力例 1
6 2 3 1 6 4 5	4

列 $[2,3,4,5]$ は、配列 $A = [2,3,1,6,4,5]$ の最長増加部分列です。長さ 5 以上の増加部分列は存在しないため、4 と出力すれば正解となります。

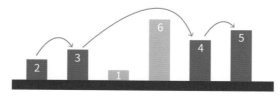

単純な動的計画法

以下の値を動的計画法で計算することを考えます。

$\mathrm{dp}[i]$：**最後の要素が A_i である部分列のうち、最長のものの長さ**

このとき、最後の要素が A_i であるような部分列を作る方法として考えられるものは以下の2つです。方法 B を使うには、$j < i$ かつ $A_j < A_i$ を満たす必要があります。

部分列を作る方法	部分列の長さ
方法 A：要素 A_i だけからなる列を作る	1
方法 B：最後の要素が A_j となる部分列の後ろに A_i を繋げる	$\mathrm{dp}[j]+1$

したがって、$\mathrm{dp}[1], \mathrm{dp}[2], \dots, \mathrm{dp}[N]$ の値は **コード 4.1** のようにして計算することができます。計算量は $O(N^2)$ です。

コード 4.1 単純な動的計画法

```
1  // 答えは dp[1], dp[2], ..., dp[N] の最大値
2  for (int i = 1; i <= N; i++) {
3      dp[i] = 1;
4      for (int j = 1; j <= i - 1; j++) {
5          if (A[j] < A[i]) dp[i] = max(dp[i], dp[j] + 1);
6      }
7  }
```

たとえば $A = [2, 3, 1, 6, 4, 5]$ の場合、アルゴリズムの流れは下図のようになります。$\mathrm{dp}[1]$ から $\mathrm{dp}[6]$ までの最大値は 4 であるため、最長増加部分列の長さは 4 です。

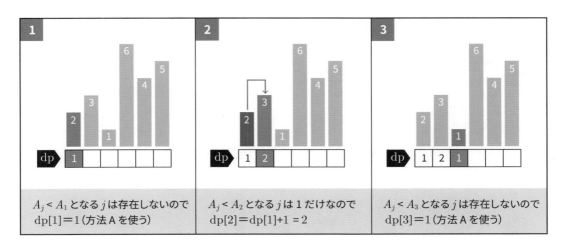

145

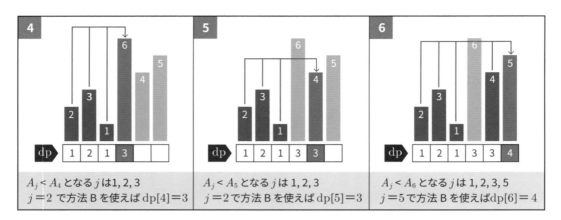

4						
$A_j < A_4$ となる j は 1, 2, 3						
$j = 2$ で方法 B を使えば dp[4] = 3						
5						
$A_j < A_5$ となる j は 1, 2, 3						
$j = 2$ で方法 B を使えば dp[5] = 3						
6						
$A_j < A_6$ となる j は 1, 2, 3, 5						
$j = 5$ で方法 B を使えば dp[6] = 4						

工夫した動的計画法

ここまで説明した方法では、1 つの i について dp[i] の値を求めるのに $O(N)$ かかりました。しかし、以下の配列 L を追加で管理すると、計算量を改善することができます[*6]。

$L[x]$：長さ x の部分列の最後の要素として考えられる最小値。すなわち、dp[k] = x を満たすような k における A_k の最小値。

なぜなら、dp[i] の値を二分探索によって計算することができるからです。dp[i] の値は

- $L[\text{pos}] < A_i$ を満たす pos の最大値に 1 を加算した値

ですが、配列 L は単調増加であるため、pos の最大値は二分探索によって計算量 $O(\log N)$ で求めることができます。以下に $A = [2,3,1,6,4,5]$ のときの計算過程を示します。

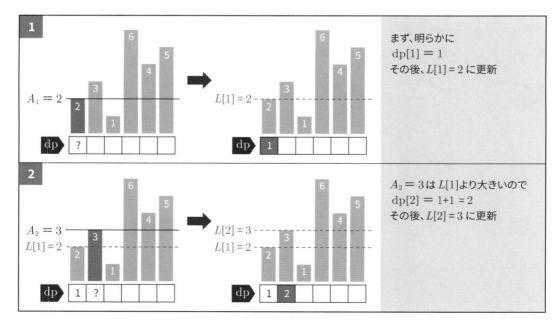

146

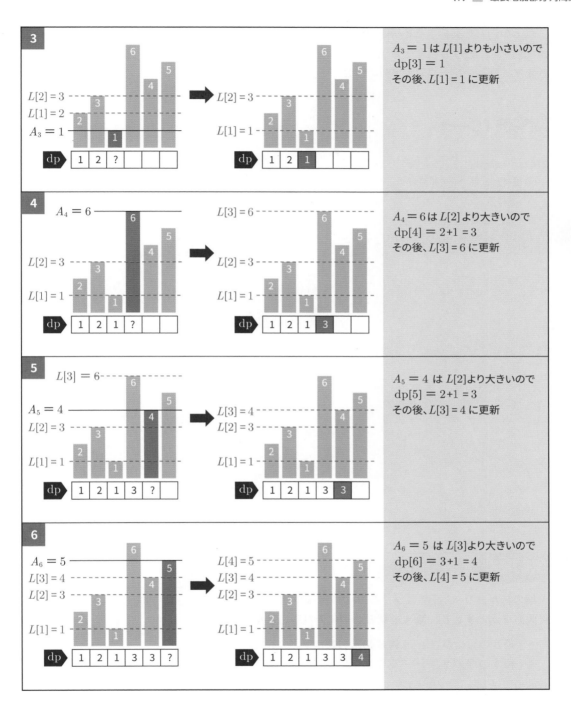

＊6 　セグメント木（→ 8.8 節）を使うと、配列 L を用意しなくても dp$[i]$ を計算量 $O(\log N)$ で求めることができます。

以上の内容を実装すると **解答例** のようになり、計算量は $O(N \log N)$ です。なお、解答例では配列 dp と配列 L 両方を管理していますが、配列 L だけを管理する簡潔な実装をすることもできます。詳しいソースコードは、サポートページをご覧ください。

解答例（C++）

```cpp
#include <iostream>
#include <algorithm>
using namespace std;

int N, A[100009], dp[100009];
int LEN=0, L[100009]; // LEN は L の長さ（例：L[4] まで書き込まれている場合 LEN=4）

int main() {
    // 入力
    cin >> N;
    for (int i = 1; i <= N; i++) cin >> A[i];

    // 動的計画法
    for (int i = 1; i <= N; i++) {
        int pos = lower_bound(L + 1, L + LEN + 1, A[i]) - L;
        dp[i] = pos;

        // 配列 L を更新
        L[dp[i]] = A[i];
        if (dp[i] > LEN) LEN += 1;
    }

    // 答えを出力
    cout << LEN << endl;
    return 0;
}
```

問題 B24　**応用問題**

N個の箱があり、i番目 $(1 \leq i \leq N)$ の箱の縦の長さは X_i、横の長さは Y_i です。以下の2つの条件両方を満たすとき、箱Aを箱Bの中に入れることが可能です。

- (箱Aの縦の長さ) < (箱Bの縦の長さ)
- (箱Aの横の長さ) < (箱Bの横の長さ)

箱を最大で何重にできるかを求めるプログラムを作成してください。ただし、箱を回転させて縦の長さと横の長さを逆にする、といったことはできないものとします。

ヒント $X_1 < X_2 < \cdots < X_N$ のとき、答えはどうやって求められるか？

4.10 | チャレンジ問題

| 問題 A25 | **Number of Routes** | （実行時間制限 1 秒、難易度 ★ 3） |

縦 H 行、横 W 列のマス目があります。上から i 行目・左から j 列目のマス (i, j) の色は $c_{i,j}$ であり、$c_{i,j}$ が . ならば白、# ならば黒で塗られています（黒マスは通れません）。

マス $(1, 1)$ から出発し、右方向または下方向の移動を繰り返してマス (H, W) まで行く方法は何通りありますか。なお、本問題の制約下では、答えは必ず 10^{17} 以下となります。

入力形式

$H \quad W$
$c_{1,1} \quad c_{1,2} \quad \cdots \quad c_{1,W}$
$c_{2,1} \quad c_{2,2} \quad \cdots \quad c_{2,W}$
$\quad\quad \vdots$
$c_{H,1} \quad c_{H,2} \quad \cdots \quad c_{H,W}$

出力形式

何通りの移動方法があるか、整数で出力してください。

制約

- $2 \le H \le 30$
- $2 \le W \le 30$
- スタートとゴールは白マスである

入力例 1	出力例 1
4 8 .....#.. ....#...#. #.......	35

問題の解説

　本問題はチャレンジ問題ですので、解説を文章で記す代わりに、**考察のポイント** を記したノートを掲載します。一般に、動的計画法では以下の 3 つを考えることが大切です。

- どのような配列を持つか
- 配列の遷移（どの "前の結果" からどう計算するか）
- 配列のどこが求めるべき答えになるのか

　なお、この問題では答えが 10^{16} を超えることもあるため、long long 型などの 64 ビット整数を利用する必要があることに注意してください（Python の場合は関係ありません）。

管理する配列	$\mathrm{dp}[i][j]$ = マス$(1, 1)$からマス(i, j)まで移動する方法の数
遷移について	最後の行動で場合分けして考える
	・ マス(i, j) に移動するには以下の 2 つの方法がある
	・ マス$(i-1, j)$ → マス(i, j)に直接移動
	・ マス$(i, j-1)$ → マス(i, j) に直接移動
式を立てる	したがって、黒マスなどがない場合…
	・ $\mathrm{dp}[i][j] = \mathrm{dp}[i-1][j] + \mathrm{dp}[i][j-1]$
	ただし、以下のケースは注意が必要
	・ $i = 1$ またはマス$(i-1, j)$ が黒マス
	・ $j = 1$ またはマス$(i, j-1)$ が黒マス
	・ 特に $\mathrm{dp}[1][1] = 1$ である
計算量	全部で HW 個のマスがあるので、計算量は $O(HW)$
具体例	

上から：5 通り
左から：30 通り
合わせて 5+30=35 通り！

解答例（C++）

```cpp
#include <iostream>
using namespace std;

long long H, W;
char c[39][39];
long long dp[39][39];

int main() {
    // 入力
    cin >> H >> W;
    for (int i = 1; i <= H; i++) {
        for (int j = 1; j <= W; j++) cin >> c[i][j];
    }

    // 動的計画法
    for (int i = 1; i <= H; i++) {
        for (int j = 1; j <= W; j++) {
            if (i == 1 && j == 1) {
                dp[i][j] = 1;
            }
            else {
                dp[i][j] = 0;
                if (i >= 2 && c[i-1][j] == '.') dp[i][j] += dp[i-1][j];
                if (j >= 2 && c[i][j-1] == '.') dp[i][j] += dp[i][j-1];
            }
        }
    }

    // 出力
    cout << dp[H][W] << endl;
    return 0;
}
```

4章のまとめ

4.1 動的計画法の基本

動的計画法とは
より小さい問題の（あるいは前の）結果を利用して問題を解く方法

4.2 動的計画法の復元

解を復元する方法
ゴールから逆向きに考えていく

4.3 部分和問題

部分和問題とは
N 個の整数 $A_1, A_2, \cdots, A_N$ の中からいくつかを選び、合計を S にできるか判定する

解法
$\mathrm{dp}[i][j]$ に「A_i までの中からいくつかを選び、総和を j にすることができるか」をメモ

4.4 ナップザック問題

ナップザック問題とは
N 個の品物があり、合計重さが W 以内になるように選んだときの合計価値最大値を求める

解法
$\mathrm{dp}[i][j]$ に「品物 i までの中から合計重さが j となるように選んだときの最大価値」をメモ

4.5 最長共通部分列

最長共通部分列問題とは
S の部分列かつ T の部分列である文字列のうち、最長のものは何文字か？

4.6 区間DP

区間DPとは
$\mathrm{dp}[左端\ l][右端\ r]$ という形の配列を管理する動的計画法

注意点
計算順序に注意（例：$r - l$ の大きい順に計算）

4.7 遷移形式の工夫

貰う遷移形式
最後の行動で場合分け

配る遷移形式
一手先の行動で場合分け

4.8 ビットDP

ビットDPとは
2進法を使って集合を整数で表すことによって集合を管理する動的計画法

応用例
巡回セールスマン問題など

4.9 最長増加部分列

最長増加部分列問題とは
配列 $A = [A_1, A_2, \cdots, A_N]$ の単調増加な部分列のうち最長のものは何要素かを求める

解法のアイデア
次のような配列 L を用意する
$L[x]$：「長さ x の部分列の最後の要素」として考えられる最小値

5章

数学的問題

　突然ですが、頭の体操として計算問題を解いてみましょう。$2 \times 2 \times 2 \times 2 \times 2 \times 2 \times 2 \times 2$ の値、すなわち 2^8 の値をできるだけ速く計算してください。

解法を考えてみよう

　この問題を解く最もシンプルな方法は、2 を掛け続けることです。$2 \times 2 = 4$、$4 \times 2 = 8$、$8 \times 2 = 16$ といったように根気強く計算すると、最終的には 256 という答えが得られます。しかし、全部で 7 回の掛け算をする必要があり、あまり効率的ではありません。そこで、下図右側のように解法を工夫すると、たった 3 回の掛け算で答えを求めることができます。

単純な解法		工夫した解法	
整数表記	指数表記	整数表記	指数表記
$2 \times 2 =$ 　4	$2^1 \times 2 = 2^2$	$2 \times 2 =$ 　4	$2^1 \times 2^1 = 2^2$
$4 \times 2 =$ 　8	$2^2 \times 2 = 2^3$	$4 \times 4 =$ 　16	$2^2 \times 2^2 = 2^4$
$8 \times 2 =$ 　16	$2^3 \times 2 = 2^4$	$16 \times 16 =$ 　256	$2^4 \times 2^4 = 2^8$
$16 \times 2 =$ 　32	$2^4 \times 2 = 2^5$		
$32 \times 2 =$ 　64	$2^5 \times 2 = 2^6$		
$64 \times 2 =$ 　128	$2^6 \times 2 = 2^7$		
$128 \times 2 =$ 　256	$2^7 \times 2 = 2^8$		

競技プログラミングと「数学」

　このように、数学的な見た目の問題にもアルゴリズムが役立つことがあります。そのため、競技プログラミングではたびたび数学が題材として選ばれます。本章では、競技プログラミングで頻出の「数学的なテクニック」を 10 個の節に分けて解説しますので、ぜひお楽しみください。

5.1 | 素数判定

問題 A26　Prime Check　　（ 実行時間制限 1 秒、難易度 ★ 2 ）

以下の Q 個の質問に答えるプログラムを作成してください。

- 質問 1：整数 X_1 は素数ですか？
- 質問 2：整数 X_2 は素数ですか？
- 質問 3：整数 X_3 は素数ですか？
  - ：
- 質問 Q：整数 X_Q は素数ですか？

入力形式

Q
X_1
：
X_Q

出力形式

Q 行にわたって出力してください。i 行目 $(1 \leq i \leq Q)$ には、整数 X_i が素数であれば Yes、合成数（素数ではない数）であれば No を出力してください。

制約

- $1 \leq Q \leq 10000$
- $2 \leq X_i \leq 300000$

入力例 1	出力例 1
4 17 31 35 49	Yes Yes No No

単純な解法

整数 X が素数かどうかを判定する最もシンプルな方法は、「2 で割り切れるかどうか」「3 で割り切れるかどうか」・・・「$X-1$ で割り切れるかどうか」を順番に調べる方法です。この解法は**コード 5.1** のように実装することができます。しかし、計算量は $O(X)$ であり、あまり効率的ではありません。アルゴリズムを改善するにはどうすれば良いのでしょうか。

コード 5.1 シンプルな素数判定アルゴリズム

```
1   // x が素数のとき true を、素数ではないとき false を返す
2   bool isPrime(int x) {
3       for (int i = 2; i <= x - 1; i++) {
4           if (x % i == 0) return false;
5       }
6       return true;
7   }
```

効率的な解法

実は、2 から $X-1$ まですべてを調べる必要はなく、$\sqrt{X}$ まで調べても割り切れなかったら素数だと言い切って良いです。具体例は以下の通りです。

- $X = 17$ の場合、$\sqrt{17} = 4.12\cdots$ なので 4 まで割り切れなければ素数
- $X = 31$ の場合、$\sqrt{31} = 5.56\cdots$ なので 5 まで割り切れなければ素数

なお、この方法で正しく判定できる理由は、**すべての合成数は 2 以上 $\sqrt{X}$ 以下の約数を持つこと**[*1] から説明できます。具体例は以下のようになります。

- $18 = 2 \times 9$ であり、$\sqrt{18}$ 以下の約数「2」を持つ
- $35 = 5 \times 7$ であり、$\sqrt{35}$ 以下の約数「5」を持つ
- $49 = 7 \times 7$ であり、$\sqrt{49}$ 以下の約数「7」を持つ

3 つ目の例のように、整数 X が「素数×同じ素数」の形で表されるとき一番ギリギリになりますが、それでも $\sqrt{X}$ が約数です。アルゴリズムの計算量は $O(\sqrt{X})$ となります。

[*1] 厳密には背理法を使って次のように証明できます：2 以上の最小の約数 A が $\sqrt{X}$ を超えることを仮定します。この場合、$AB = X$ となる整数 B が存在します。しかし $B < \sqrt{X}$ より仮定に矛盾するため、2 以上 $\sqrt{X}$ 以下の約数は存在します。

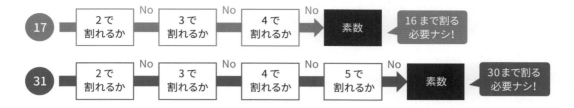

解答例（C++）

```cpp
#include <iostream>
using namespace std;

// x が素数のとき true を、素数ではないとき false を返す
bool isPrime(int x) {
    for (int i = 2; i * i <= x; i++) {
        if (x % i == 0) return false;
    }
    return true;
}

int main() {
    // 入力
    int Q, X[10009];
    cin >> Q;
    for (int i = 1; i <= Q; i++) cin >> X[i];

    // 出力
    for (int i = 1; i <= Q; i++) {
        bool Answer = isPrime(X[i]);
        if (Answer == true) cout << "Yes" << endl;
        if (Answer == false) cout << "No" << endl;
    }
    return 0;
}
```

別解：エラトステネスのふるい

素数に関する別のアルゴリズムとして、N 以下の素数を高速に列挙する **エラトステネスのふるい** が有名です。アルゴリズムの流れは以下の通りです。

手順 1　最初、整数 $2, 3, \ldots, N$ を書く。
手順 2　2 にマルを付け、それ以外の 2 の倍数を消す。
手順 3　3 にマルを付け、それ以外の 3 の倍数を消す。
手順 4　5 にマルを付け、それ以外の 5 の倍数を消す。
手順 5　以下同様に、残っている最小の数にマルを付け、その倍数を消す操作を繰り返す。
　　　　　最後まで消されなかった整数が素数である。

たとえば $N = 50$ のとき下図のようになります。なお、マルが付けられずに残っている $\sqrt{N}$ 以下の整数がなくなった場合、手順 5 を終わらせてもかまいません[*2]。

1　2 以上 50 以下の整数をすべて書いてみる

2	3	4	5	6	7	8	9	10	11	12	13	14	15
16	17	18	19	20	21	22	23	24	25	26	27	28	29	30
31	32	33	34	35	36	37	38	39	40	41	42	43	44	45
46	47	48	49	50									

2　2 にマルを付け それ以外の 2 の倍数を消す

3　3 にマルを付け それ以外の 3 の倍数を消す

[*2]　手順 5 を終わらせて良い理由は、すべての合成数 X が 2 以上 $\sqrt{X}$ 以下の約数を持つことから説明できます。

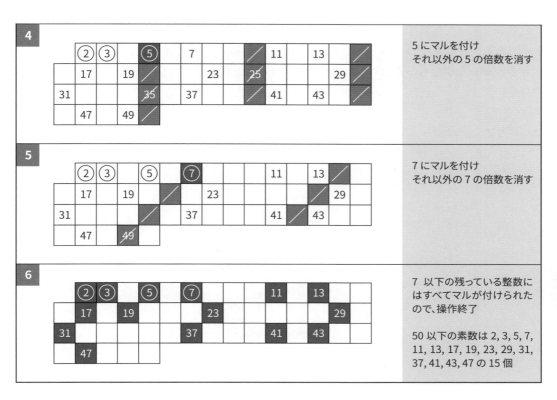

4	5 にマルを付け それ以外の 5 の倍数を消す
5	7 にマルを付け それ以外の 7 の倍数を消す
6	7 以下の残っている整数に はすべてマルが付けられた ので、操作終了 50 以下の素数は 2, 3, 5, 7, 11, 13, 17, 19, 23, 29, 31, 37, 41, 43, 47 の 15 個

エラトステネスのふるいを使って例題を解くと、**コード 5.2** のようになります。なお、このアルゴリズムの計算量は $O(N \log \log N)$ であることが知られています。どれくらい速いのか、イメージが湧かない方もいるかもしれませんが、ほとんど計算量 $O(N)$ と変わらないと思っておけば良いです。

コード 5.2 エラトステネスのふるいを用いた実装

```cpp
#include <iostream>
using namespace std;

int Q, X[10009], N = 300000; // X[i] <= 300000 なので、300000 以下の素数を列挙
bool Deleted[300009]; // 整数 x が消されている場合に限り Deleted[x]=true

int main() {
    // 入力・配列の初期化
    cin >> Q;
    for (int i = 1; i <= Q; i++) cin >> X[i];
    for (int i = 2; i <= N; i++) Deleted[i] = false;

    // エラトステネスのふるい (i は √N 以下の最大の整数までループする)
    for (int i = 2; i * i <= N; i++) {
        if (Deleted[i] == true) continue;
        for (int j = i * 2; j <= N; j += i) Deleted[j] = true;
    }

    // 出力
    for (int i = 1; i <= Q; i++) {
        if (Deleted[X[i]] == false) cout << "Yes" << endl;
        else cout << "No" << endl;
    }
    return 0;
}
```

問題 B26 　応用問題

N 以下の素数を小さい順に出力するプログラムを作成してください。$N \le 1000000$ を満たす入力で 1 秒以内に実行が終わることが望ましいです。

ヒント エラトステネスのふるいを使いましょう！

5.2 | 最大公約数

問題 A27　Calculate GCD　　（ 実行時間制限 1 秒、難易度 ★ 2 ）

整数 A と B の最大公約数を求めるプログラムを作成してください。

なお、2 つの整数 A, B 両方を割り切るような整数 x のうち最も大きいものを、A と B の最大公約数といいます。たとえば 900 と 700 の最大公約数は 100 です。

入力形式

A　B

出力形式

答えを整数で出力してください。

制約

- $1 \leq A \leq 10^9$
- $1 \leq B \leq 10^9$

入力例 1	出力例 1
900 700	100

入力例 2	出力例 2
117 432	9

入力例 3	出力例 3
998244353 1000000000	1

単純な解法

整数 A, B の最大公約数を求める最もシンプルな方法は、「A, B は両方 1 で割り切れるか」「A, B は両方 2 で割り切れるか」・・・「A, B は両方 $\min(A, B)$ で割り切れるか」を一つずつ調べていく方法です。この解法は **コード 5.3** のように実装することができます。

しかし、計算量は $O(\min(A, B))$ であり、あまり効率的ではありません。アルゴリズムを改善するにはどうすれば良いのでしょうか。

コード 5.3 最大公約数を計算するプログラム

```
1    // 整数 A と B の最大公約数を返す関数
2    // GCD は最大公約数 (Greatest Common Divisor) の略
3    int GCD(int A, int B) {
4        int ret = 0;
5        for (int x = 1; x <= min(A, B); x++) {
6            if (A % x == 0 && B % x == 0) ret = x;
7        }
8        return ret;
9    }
```

工夫した解法

実は、**ユークリッドの互除法** と呼ばれているアルゴリズムを使うと、最大公約数を高速に計算することができます。アルゴリズムの流れは以下の通りです。

手順 1 大きい方の数を「小さい方の数で割った余り」に変更することを繰り返す。
手順 2 片方の数がゼロになったら操作終了。もう片方の数が答えである。

たとえば 117 と 432 の最大公約数を求めたい場合は下図のようになります[*3]。操作回数はわずか 4 回であり、単純な解法よりも圧倒的に高速です。

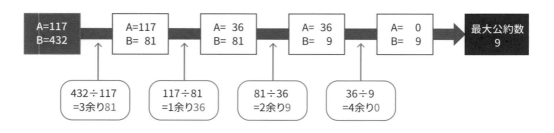

[*3] この方法で最大公約数が計算できる理由は、操作を行っても最大公約数が変化しないことから説明できます。実際、117 と 432 の最大公約数、117 と 81 の最大公約数、36 と 81 の最大公約数、36 と 9 の最大公約数はすべて 9 で変化しません。より詳しい証明を知りたい方は、インターネットなどで調べてみてください。

ユークリッドの互除法の計算量

それでは、ユークリッドの互除法の計算量はどれくらいになるのでしょうか。まず、操作を行うと必ず $A + B$ の値が 2/3 倍以下に減るという重要な性質があります。たとえば 117 と 432 の最大公約数を求める場合は下図のようになり、確かに 2/3 倍以下に減っています。

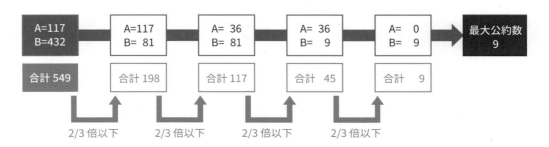

この性質が成り立つことは、次のようにして証明することができます。なお、$A < B$ のときは A, B を逆にすれば良いので、$A \geq B$ の場合に絞って証明しています。

A が $2B$ 以上かどうかに応じて場合分けすると、以下のようになる。

- **$A \geq 2B$ のとき：操作によって $A + B$ が「3B 以上」から「2B 未満」になる**
- **$A < 2B$ のとき：操作によって $A + B$ が「3B 未満」の状態から B だけ減る**

いずれの場合も、$A + B$ の値が 2/3 倍以下になっている。

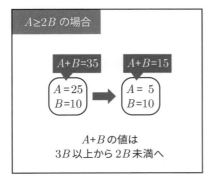

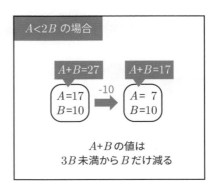

一方、$A + B$ の値が 1 未満になったときには既に操作が終わっているので、ユークリッドの互除法の操作回数は $\log_{1.5}(A+B)$ 回以下となります。したがって、計算量は $O(\log(A+B))$ です。

解答例（C++）[*4]

```
1   #include <iostream>
2   using namespace std;
3
4   int GCD(int A, int B) {
5       while (A >= 1 && B >= 1) {
6           if (A >= B) {
7               A = (A % B); // A の値を変更する場合
8           }
9           else {
10              B = (B % A); // B の値を変更する場合
11          }
12      }
13      if (A != 0) return A;
14      return B;
15  }
16
17  int main() {
18      int A, B;
19      cin >> A >> B;
20      cout << GCD(A, B) << endl;
21      return 0;
22  }
```

問題 B27　応用問題

整数 A と B の最小公倍数（A, B 両方の倍数であるような正の整数 x のうち最小のもの）を出力するプログラムを作成してください。

ヒント　たとえば 25 と 30 の最大公約数は 5、最小公倍数は 150 ですが、$5 \times 150 = 25 \times 30$ という関係が成り立ちます。

[*4]　再帰関数を使うと、さらに簡潔に実装することができます。詳しくは コラム 4 で紹介します。

5.3 | 余りの計算 (1)：基本

問題 A28　**Blackboard**　（実行時間制限 1 秒、難易度 ★ 2）

最初、黒板に 0 という整数が書かれています。太郎君は黒板に書かれた整数に対して N 回の操作を行います。i 回目の操作は文字 T_i と整数 A_i で表され、その内容は以下の通りです。

- $T_i = $ + のとき：A_i を足す。
- $T_i = $ − のとき：A_i を引く。
- $T_i = $ * のとき：A_i を掛ける。

各操作が終わった後について、黒板に書かれた整数を 10000 で割った余りを出力するプログラムを作成してください。

入力形式

$$N$$
$$T_1 \quad A_1$$
$$\vdots$$
$$T_N \quad A_N$$

出力形式

N 行にわたって出力してください。i 行目 ($1 \leq i \leq N$) には、i 回目の操作が終わった直後に書かれた整数を 10000 で割った余りを出力してください。

制約

- $1 \leq N \leq 100000$
- $1 \leq A_i \leq 100$
- 黒板に書かれた整数は常に 0 以上である

入力例 1	出力例 1
4 + 57 + 43 * 100 − 1	57 100 0 9999

単純な解法

　まず、黒板の数をそのまま計算し、出力する際に余りをとるという方法が考えられます。これを実装すると **コード 5.4** のようになり、一見正しい答えを出すように思えます。しかし、残念ながら不正解となってしまいます。理由は、変数 Answer の値が扱える上限値を超える **オーバーフロー** という現象を起こすからです。

コード 5.4 シンプルな実装

```
1    #include <iostream>
2    using namespace std;
3
4    int main() {
5        // 入力
6        long long N, A[100009]; char T[100009];
7        cin >> N;
8        for (int i = 1; i <= N; i++) cin >> T[i] >> A[i];
9
10       // 出力（Answer は現在の黒板の数）
11       long long Answer = 0;
12       for (int i = 1; i <= N; i++) {
13           if (T[i] == '+') Answer += A[i];
14           if (T[i] == '-') Answer -= A[i];
15           if (T[i] == '*') Answer *= A[i];
16           cout << Answer % 10000 << endl;
17       }
18       return 0;
19   }
```

　たとえば以下のようなケースでは、黒板に書かれた整数が 10^{200000}（約 20 万桁）という途方もない数になります。一方、C++ の long long 型では約 10^{19} 以下の整数しか表せず、限界を超えてしまいます。

```
100000
+ 100
* 100
* 100
 :
* 100
```

　また、Python の場合はどんなに大きい整数でも扱うことができるのですが、桁が増えるとそのぶん計算に時間がかかります。したがって、同様のプログラムを Python で提出しても、今度は実行時間制限に間に合いません。一体どうすれば良いのでしょうか。

工夫した解法

　足し算・引き算・掛け算では、好きなタイミングで余りをとっても答えは変わらないという性質があります。例として、123 × 456+789 を 10 で割った余りを計算してみましょう。下図に示す通り、余りをとるタイミングを変えても計算結果は変わりません。

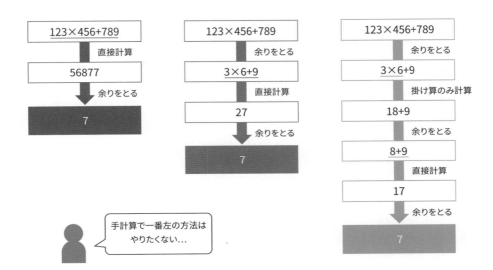

　したがって、オーバーフローを防ぐための方法として**「操作が行われるたびに余りをとる方法」**が使えます。ただし、引き算を行う際は注意が必要です。たとえば黒板の数が 10003 の状態から 4 を引くとき、本来は 9999 が答えになるはずですが、間違って

- 3 - 4 = -1

と計算されてしまいます。そのため、計算の途中で 0 を下回った場合、10000 を足すという工夫が必要です。

解答例（C++）

```cpp
#include <iostream>
using namespace std;

int main() {
    // 入力
    long long N, A[100009]; char T[100009];
    cin >> N;
    for (int i = 1; i <= N; i++) cin >> T[i] >> A[i];

    // 出力 (Answer は現在の黒板の数)
    long long Answer = 0;
    for (int i = 1; i <= N; i++) {
        if (T[i] == '+') Answer += A[i];
        if (T[i] == '-') Answer -= A[i];
        if (T[i] == '*') Answer *= A[i];

        // 引き算で答えが 0 未満になった場合
        if (Answer < 0) Answer += 10000;

        // ここで余りをとっている！
        Answer %= 10000;
        cout << Answer << endl;
    }
    return 0;
}
```

問題 B28　応用問題

以下の式によって計算される数列を「フィボナッチ数列」といいます。この数列は、1、1、2、3、5、8、13、21、34、・・・ と続きます。

$$a_1 = 1$$
$$a_2 = 1$$
$$a_n = a_{n-1} + a_{n-2} \ (n \geq 3)$$

フィボナッチ数列の第 N 項である a_N の値を 1000000007 $(= 10^9 + 7)$ で割った余りを求めてください。計算量は $O(N)$ であることが望ましいです。

ヒント $a_1, a_2, a_3, \ldots$ の順に一つずつ計算していきましょう。

a^b の値を 1000000007 で割った余りを求めてください。

入力形式

a　b

出力形式

答えを整数で出力してください。

制約

- $1 \leq a \leq 100$
- $1 \leq b \leq 10^9$

入力例 1	出力例 1
2 8	256

入力例 2	出力例 2
7 3	343

入力例 3	出力例 3
2 42	46480318

$2^{42} = 4398046511104$ ですが、ここでは 1000000007 で割った余りである 46480318 を出力
してください。

単純な解法

　この問題を解く最もシンプルな方法は、「a を掛ける」という操作を b 回行うことです。これを実装すると **コード 5.5** のようになります。しかし、計算量は $O(b)$ と遅く、$b = 10^9$ などの大きいケースでは 1 秒以内に実行が終わりません。一体どうすれば良いのでしょうか。

コード 5.5　シンプルな解法

```cpp
#include <iostream>
using namespace std;

// a の b 乗を m で割った余りを返す関数
long long Power(long long a, long long b, long long m) {
    long long Answer = 1;
    for (int i = 1; i <= b; i++) Answer = (Answer * a) % m;
    return Answer;
}

int main() {
    long long a, b;
    cin >> a >> b;
    cout << Power(a, b, 1000000007) << endl;
    return 0;
}
```

シンプルな解法

　まず、5.0 節では次のような方法で 2^8 の値を高速に計算しました。

- $2^1 \times 2^1 = 2^2$ を計算する。
- $2^2 \times 2^2 = 2^4$ を計算する。
- $2^4 \times 2^4 = 2^8$ を計算する。

　他の累乗を計算する場合でも、同じような方法を使うことができます。a^b を計算するアルゴリズムの流れは以下の通りです。なお、この手法は **繰り返し二乗法** と呼ばれています。

手順 1　$a^1 \times a^1 = a^2$ を計算する[*5]。
手順 2　$a^2 \times a^2 = a^4$ を計算する。
手順 3　$a^4 \times a^4 = a^8$ を計算する。

[*5]　指数法則（→コラム 3）より、$a^n \times a^m = a^{n+m}$ が成り立ちます。たとえば $2^3 \times 2^4 = 2^7$ です（$8 \times 16 = 128$）。

手順 4　$a^8 \times a^8 = a^{16}$ **を計算する。**

手順 5　$a^{32}, a^{64}, a^{128}, \cdots$ **も同様に計算する。**

手順 6　a^b **をすでに求めた値（**$a^1, a^2, a^4, ...$**）の掛け算の形で表し、それを計算する。**

　たとえば a^{42} は $a^2 \times a^8 \times a^{32}$ と表されるので、計算過程は下図左側のようになります。また a^{39} は $a^1 \times a^2 \times a^4 \times a^{32}$ と表されるので、計算過程は下図右側のようになります。

　そして一般のケースでは、整数 b の 2 進法表記（**→ 1.4 節**）における 2^i の位が 1 であるときに限り、a^{2^i} が掛け算の式に含まれます。たとえば 42 の 2 進法表記は 101010 であり、2 の位・8 の位・32 の位のみが 1 です。そのため、a^2, a^8, a^{32} が掛け算の式に含まれています。

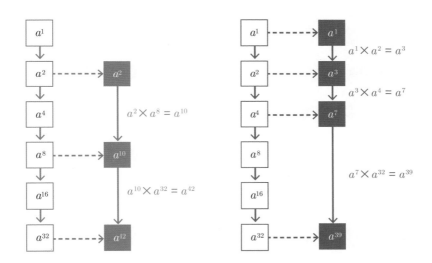

実装について

　繰り返し二乗法を実装すると **解答例** のようになります。本問題の制約では b の値が 2^{30} 以上になることはないので、ループ回数は 30 回（すなわち $a^{2^{29}}$ まで）で十分であることに注意してください。

解答例（C++）

```cpp
1   #include <iostream>
2   using namespace std;
3
4   // a の b 乗を m で割った余りを返す関数
5   // 変数 p は a¹ → a² → a⁴ → a⁸ → a¹⁶ → ··· と変化
6   long long Power(long long a, long long b, long long m) {
7       long long p = a, Answer = 1;
8       for (int i = 0; i < 30; i++) {
9           int wari = (1 << i);
10          if ((b / wari) % 2 == 1) {
11              Answer = (Answer * p) % m; // 「a の 2ⁱ 乗」が掛けられるとき
12          }
13          p = (p * p) % m;
14      }
15      return Answer;
16  }
17
18  int main() {
19      long long a, b;
20      cin >> a >> b;
21      cout << Power(a, b, 1000000007) << endl;
22      return 0;
23  }
```

問題 B29　応用問題

例題を、 $a \leq 10^9, b \leq 10^{18}$ の制約で解いてください。

ヒント　解答例ではループ回数が 30 でしたが、それを増やす必要があります。

5.5 | 余りの計算 (3)：割り算

問題 A30　Combination　　（実行時間制限 1 秒、難易度 ★ 4）

$N! = 1 \times 2 \times \cdots \times N$（$N$ の **階乗** といいます）とするとき、以下の式の値を 1000000007（素数）で割った余りを出力するプログラムを作成してください。

$$_n C_r = \frac{n!}{r! \times (n-r)!}$$

なお、答えは「n 個のモノの中から r 個を選ぶ方法の数」と一致することが知られています。

入力形式

n　r

出力形式

答えを 1000000007 で割った余りを出力してください。

制約

- $1 \le n \le 100000$
- $1 \le r \le n$

入力例 1	出力例 1
4 2	6

$_4 C_2$ の値は、以下のようにして計算することができます。

$$_4 C_2 = \frac{4!}{2! \times 2!} = \frac{24}{2 \times 2} = 6$$

また、4 個のモノの中から 2 個を選ぶ方法も、確かに 6 通りあります。

割り算の問題点

5.3 節で述べた通り、足し算・引き算・掛け算については、計算の途中で余りをとっても正しく計算できます。それに対して、**割り算の場合は上手くいきません**。たとえば、12 ÷ 3 を 5 で割った余りは 4 ですが、最初に余りをとると 2 ÷ 3 となり、割り切れなくなってしまいます。

割り算を計算する方法

それでは、割り算を含む式を計算する別の方法を考えてみましょう。まず、以下の性質を使うと、割り算を掛け算に変更することができます。

> M を素数とし、b を M で割り切れない整数であるとする。このとき、M で割った余りを求める問題では、「$\div b$」を「$\times b^{M-2}$」に書き換えても計算結果は変わらない。

すると、今までと同じように余りをとって計算することができます。具体例を以下に示します。なお、上の性質の証明は難しいので本書では扱いませんが、**フェルマーの小定理** が深く関連しています。興味のある方はインターネットなどで調べてみてください。

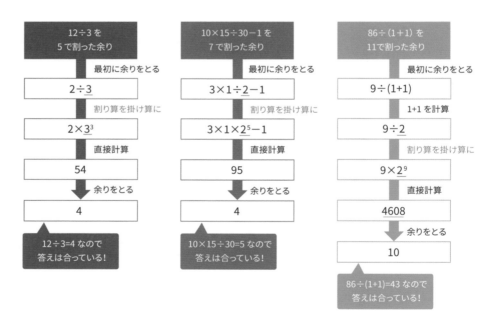

問題の解説

二項係数 $n!/(r! \times (n-r)!)$ を $M = 1000000007$ で割った余りは、以下のアルゴリズムで計算することができます（M が素数であるため、割り算を掛け算に書き換える方法が使えます）。

手順1 分子の値 $n!$ を M で割った余り a を計算する。

手順2 分母の値 $r! \times (n-r)!$ を M で割った余り b を計算する。

手順3 $a \times b^{M-2}$ を M で割った余りを計算する。これが答えである。

そして、このアルゴリズムの計算量は $O(n + \log M)$ となります。なぜなら、手順3は繰り返し二乗法（→ **5.4節**）を使って計算量 $O(\log M)$ で処理できる一方、手順1・手順2の計算量は $O(n)$ であるからです。

解答例（C++）

```cpp
#include <iostream>
using namespace std;

// a ÷ b を m で割った余りを返す関数
// 関数 Power は 5.4 節を参照のこと
long long Division(long long a, long long b, long long m) {
    return (a * Power(b, m - 2, m)) % m;
}

int main() {
    // 入力
    const long long M = 1000000007;
    long long n, r;
    cin >> n >> r;

    // 手順 1: 分子 a を求める
    long long a = 1;
    for (int i = 1; i <= n; i++) a = (a * i) % M;

    // 手順 2: 分母 b を求める
    long long b = 1;
    for (int i = 1; i <= r; i++) b = (b * i) % M;
    for (int i = 1; i <= n - r; i++) b = (b * i) % M;

    // 手順 3: 答えを求める
    cout << Division(a, b, M) << endl;
    return 0;
}
```

5
章

数学的問題

$H \times W$ のマス目があります。上から i 行目・左から j 列目のマスを (i,j) とするとき、マス $(1,1)$ から出発し、右方向か下方向の移動を繰り返して、マス (H,W) まで行く方法は何通りありますか。答えを 1000000007 で割った余りを求めてください。

$H, W \leq 100000$ を満たすケースで、1秒以内で実行が終わることが望ましいです。

ヒント 全部で $H + W - 2$ 回の移動を行いますが、そのうち右方向の移動は何回ですか？

(1,1)	(1,2)	(1,3)	(1,4)	(1,5)	(1,6)	(1,7)	(1,8)	(1,9)	(1,10)
(2,1)	(2,2)	(2,3)	(2,4)	(2,5)	(2,6)	(2,7)	(2,8)	(2,9)	(2,10)
(3,1)	(3,2)	(3,3)	(3,4)	(3,5)	(3,6)	(3,7)	(3,8)	(3,9)	(3,10)
(4,1)	(4,2)	(4,3)	(4,4)	(4,5)	(4,6)	(4,7)	(4,8)	(4,9)	(4,10)
(5,1)	(5,2)	(5,3)	(5,4)	(5,5)	(5,6)	(5,7)	(5,8)	(5,9)	(5,10)

5.6 | 包除原理

Divisors （ 実行時間制限 1 秒、難易度 ★ 2 ）

1 以上 N 以下の整数のうち、3,5 のいずれかで割り切れるものは何個ありますか。

入力形式

N

出力形式

答えを整数で出力してください。

制約

- $1 \leq N \leq 10^{12}$

入力例 1	出力例 1
10	5

10 以下の整数のうち 3,5 のいずれかで割り切れるものは、3,5,6,9,10 の 5 個です。

入力例 2	出力例 2
30	14

入力例 3	出力例 3
100000000000	46666666667

入力例 2（N=30）で考えよう

この問題を解く最も単純な方法は、一つずつ調べていくことです。3,5 いずれかで割り切れる数にチェックを付けていくと、下図の通り合計 14 個のチェックが付くため、正しい答え 14 が得られます。しかしながら、30 個も調べるのはとても面倒です。

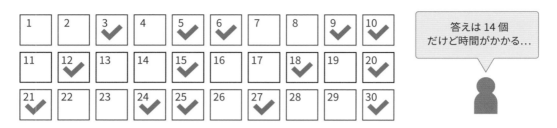

そこで、この問題の答えが「3 で割り切れる個数」と「5 で割り切れる個数」を足して「3,5 両方で割り切れる個数」を引いた値であるという性質を利用しましょう。

- **3 で割り切れる個数**：3,6,9,12,15,18,21,24,27,30 の 10 個
- **5 で割り切れる個数**：5,10,15,20,25,30 の 6 個
- **3,5 両方で割り切れる個数**：15,30 の 2 個

であるため、答えは 10 + 6 - 2 = 14 と計算することができます。以下にイメージ図を示します。なお、「3,5 両方で割り切れる数」を引いている理由は、もし引き算しなければ 15 と 30 を二度数えてしまう、と考えると分かりやすいです。

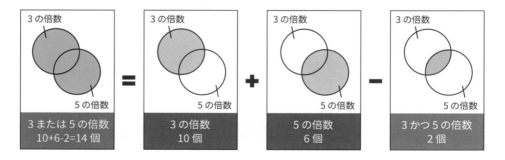

一般のケースで解く

$N=30$ 以外のケースでも同様に考えてみましょう。まず、「3,5 両方で割り切れる数」は「15 の倍数」と言い換えることができるので[*6]、この問題の答えは次式で表されます。

（3 の倍数の個数）+（5 の倍数の個数）-（15 の倍数の個数）

また、$[x]$ を x 以下の最大の整数とするとき、1 以上 N 以下の a の倍数は全部で

$[N \div a]$ 個あります。したがって、答えは以下の通りです。

$$\left[\frac{N}{3}\right] + \left[\frac{N}{5}\right] - \left[\frac{N}{15}\right]$$

解答例は、この値を出力するプログラムとなっています。

解答例（C++）

```cpp
1   #include <iostream>
2   using namespace std;
3
4   int main() {
5       long long N;
6       cin >> N;
7       long long A1 = (N /  3); // 3 で割り切れるものの個数
8       long long A2 = (N /  5); // 5 で割り切れるものの個数
9       long long A3 = (N / 15); // 3, 5 両方で割り切れるもの (= 15 の倍数) の個数
10      cout << A1 + A2 - A3 << endl;
11      return 0;
12  }
```

発展：包除原理とは

　包除原理は、和集合（どちらか一方に含まれる部分：→**コラム 3**）の要素数に関する等式です。まず、集合 P, Q の和集合の要素数は、下図の式にしたがって計算することができます。

　たとえば例題「Divisors」の場合、P に「3 の倍数」、Q に「5 の倍数」を当てはめて考えれば良いです。なお、この式が正しい理由は、1 〜 3 すべての領域について、プラスの方がマイナスより 1 つ多くなっていることから説明できます。

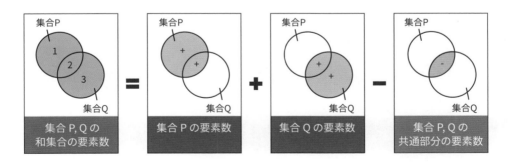

＊6　3 と 5 の最小公倍数が 15 であることに関連します。

179

また、集合 P, Q, R の和集合の要素数は、下図のようにして計算することができます。これも 1〜7 すべての領域について、プラスの方がマイナスより 1 つ多くなっています。

式を覚えるのは難しいかもしれませんが、奇数個（1 個・3 個）の共通部分に関してはプラス、偶数個（2 個）の共通部分に関してはマイナス、と考えると簡単です。

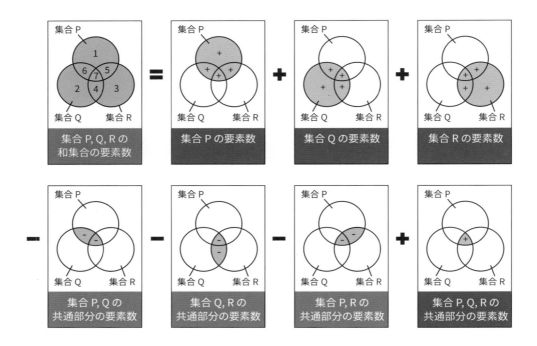

さらに、4 個以上の和集合についても同様に計算することができます。奇数個の共通部分を足し、偶数個の共通部分を引けば良いです。しかし、n 個の和集合を求めるのに $2^n - 1$ 個の数の足し算・引き算を行う必要があるので、計算量には注意が必要です。

問題 B31 **応用問題**

1 以上 N 以下の整数のうち、3,5,7 のいずれかで割り切れるものは何個ありますか。計算量 $O(1)$ で求めてください。

ヒント 3 つの集合の包除原理を使いましょう。

5.7 | ゲーム (1) : 必勝法

N 個の石が積まれた山があり、2 人のプレイヤーが交互に石を取り合います。各プレイヤーは 1 回のターンで、以下のいずれかの操作をすることができます。

- 山から A 個の石を取り除く。
- 山から B 個の石を取り除く。

先に石を取り除けなくなった方が負けです。両者が最善を尽くしたとき、先手と後手どちらが勝ちますか。

入力形式

$N \quad A \quad B$

出力形式

先手が勝つ場合は First、後手が勝つ場合は Second と出力してください。

制約

- $2 \leq N \leq 100000$
- $1 \leq A < B \leq N$

入力例 1	出力例 1
8 2 3	First

下図は、両者が最善を尽くしたときのゲーム展開の例を示しています。それでは、なぜ先手必勝になるのでしょうか。5 分くらい考えてみましょう。

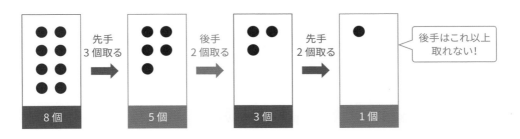

諸注意

このゲームでは、先手必勝の局面で自分のターンが回ってくると勝利します。そのため、以降の説明では、先手必勝であることを **勝ちの状態**、後手必勝であることを **負けの状態** と呼ぶことにします。

まずは具体例で考えよう

まずは $A = 2$、$B = 3$ のケースを考えましょう。石の数が 0 個または 1 個である場合、一回も操作できないので明らかに「負けの状態」です。また、石の数が 2, 3, 4 個である場合、以下の操作を行うことで後手が操作不能になるため、「勝ちの状態」です。

- **石が 2 個のとき**：石を 2 個取り除き、石を 0 個にする
- **石が 3 個のとき**：石を 3 個取り除き、石を 0 個にする
- **石が 4 個のとき**：石を 3 個取り除き、石を 1 個にする

ここまでの内容をまとめると、下図のようになります。矢印は「先手が次に行うべき操作」を示しています。

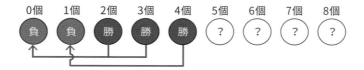

次に、石の数が 5 個の場合はどうでしょうか。先手には以下の 2 つの選択肢があります。

- **石を 2 個取る**：石の数が 3 個に減る
- **石を 3 個取る**：石の数が 2 個に減る

しかし、いずれも相手にとっての「勝ちの状態」です。相手は一手で石の数を 0 個まで減らし、操作不能にさせることができます。そのため、5 個は「負けの状態」です。

次に、石の数が 6 個の場合はどうでしょうか。先手は石を 3 個または 4 個に減らすことができます。しかし、そのいずれも相手にとっての「勝ちの状態」です。そのため、6 個も「負けの状態」であるといえます。

　最後に、石の数が 7 個または 8 個である場合、先手は適切な選択をすることで、石を 5 個に減らすことができます。石が 5 個というのは相手にとっての「負けの状態」ですので、先手が勝ちます。したがって、7 個・8 個は「勝ちの状態」です。

問題の解説

　ここまで見てきたように、勝ちの状態・負けの状態は以下のような規則で決めることができます。

負けの状態になる条件

- 負けの状態に遷移するような行動が存在しない。
- 特に、取れる行動がない場合、負けの状態になる（例：石が 0 個のとき）。

勝ちの状態になる条件

- 負けの状態に遷移するような行動が存在する。

　この規則にしたがって、石の数が $0, 1, ..., N$ 個の順に計算していくと、計算量 $O(N)$ で本問題の答えを出すことができます。動的計画法（**→ 4 章**）と似たアプローチですね。

解答例（C++）

```
1    #include <iostream>
2    using namespace std;
3
4    // 配列 dp について：dp[x]=true のとき勝ちの状態、dp[x]=false のとき負けの状態
5    int N, A, B;
6    bool dp[100009];
7
8    int main() {
9        // 入力
10       cin >> N >> A >> B;
11
12       // 勝者を計算する
13       for (int i = 0; i <= N; i++) {
14           if (i >= A && dp[i-A] == false) dp[i] = true; // 勝ちの状態
15           else if (i >= B && dp[i-B] == false) dp[i] = true; // 勝ちの状態
16           else dp[i] = false; // 負けの状態
17       }
18
19       // 出力
20       if (dp[N] == true) cout << "First" << endl;
21       else cout << "Second" << endl;
22       return 0;
23   }
```

問題 B32 　**応用問題**

N 個の石が積まれた山があり、プレイヤー 2 人が交互に石を取り合います。各プレイヤーが 1 回のターンで取る石の数は、$a_1, a_2, ..., a_K$ 個のいずれかでなければなりません。先に石を取り除けなくなった方を負けとするとき、先手と後手どちらが勝ちますか。計算量 $O(NK)$ で解いてください。

ヒント 石が 0 個のときは負けの状態です。

5.8 | ゲーム (2)：ニム

問題 A33 | **Game 2** （ 実行時間制限 1 秒、難易度 ★ 5 ）

石の山が N 個あり、山 $i\ (1 \leq i \leq N)$ には A_i 個の石が積まれています。このゲームでは、2 人のプレイヤーが交互に次の操作を行います。

- 好きな石の山を 1 つ選び、選んだ山から 1 個以上の石を取る。

すべての石がなくなり、操作を行えなくなった方が負けです。両者が最善を尽くしたとき、先手と後手どちらが勝ちますか。

入力形式
N
$A_1\quad A_2\quad \cdots \quad A_N$

出力形式
先手が勝つ場合は First、後手が勝つ場合は Second と出力してください。

制約
- $2 \leq N \leq 100000$
- $1 \leq A_i \leq 10^9$

入力例 1	出力例 1
2 7 7	Second

入力例 2	出力例 2
2 5 8	First

山が 2 個の場合

　まず、入力例 $1(A_1 = 7, A_2 = 7)$ では後手必勝になります。なぜなら、後手が「直前に先手が取った石の数と同じだけ取る」という**物真似戦略**を使うと、必ず最後の石を取ることができるからです。以下に操作例を示します。

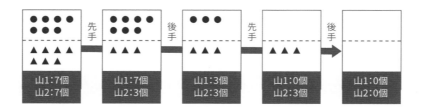

　次に、入力例 $2(A_1 = 5, A_2 = 8)$ では先手必勝になります。なぜなら、先手が山 2 から石を 3 つ取り除くと、山 1 と山 2 の石の数が同じになり、今度は先手が物真似戦略を使うことができるようになるからです。以下に操作例を示します。

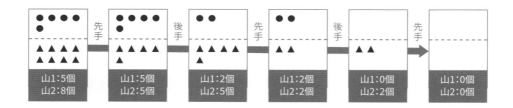

　そして一般のケースでは、$A_1 = A_2$ のとき後手必勝、$A_1 \neq A_2$ のとき先手必勝となります（入力例と同じように考えると分かります）。

山が 3 個以上の場合

　それでは、山が 3 個以上の場合はどうでしょうか。結論としては以下のようになります。

- $A_1 \, \text{XOR} \, A_2 \, \text{XOR} \, \cdots \, \text{XOR} \, A_N = 0$ **のとき**：後手必勝（負けの状態）
- $A_1 \, \text{XOR} \, A_2 \, \text{XOR} \, \cdots \, \text{XOR} \, A_N \neq 0$ **のとき**：先手必勝（勝ちの状態）

　たとえば $N = 3$、$(A_1, A_2, A_3) = (1, 2, 3)$ の場合は $1 \, \text{XOR} \, 2 \, \text{XOR} \, 3 = 0$ であるため、後手必勝です。なお、この判定法は山が 2 個の場合とは異なり、自力で導出するのは非常に困難であるため、暗記するのも手です。

解答例（C++）

```cpp
#include <iostream>
using namespace std;

int N, A[100009];

int main() {
    // 入力
    cin >> N;
    for (int i = 1; i <= N; i++) cin >> A[i];

    // 全部 XOR した値（ニム和）を求める
    int XOR_Sum = A[1];
    for (int i = 2; i <= N; i++) XOR_Sum = (XOR_Sum ^ A[i]);

    // 出力
    if (XOR_Sum != 0) cout << "First" << endl;
    if (XOR_Sum == 0) cout << "Second" << endl;
    return 0;
}
```

発展：判定法の証明

かなり難易度が高いですが、前述の判定方法が正しいことは、以下の 2 つが成り立つことから説明できます。ただし、石の数をすべて XOR した値を **ニム和** と呼ぶことにします。

1. ニム和が 0 である状態から一手操作して、ニム和を 0 にする方法はない。
2. ニム和が 0 でない状態から一手操作して、ニム和を 0 にする方法はある。

言い換えると、1. は「負け状態 → 負け状態に遷移できないこと」、2. は「勝ち状態 → 負け状態に遷移できること」に対応します。それでは、1. と 2. を証明してみましょう。

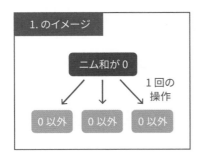

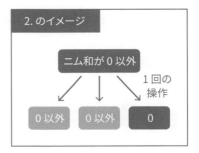

1. の証明

　まずは簡単な例を一つ考えます。$N = 4$、$(A_1, A_2, A_3, A_4) = (4,5,6,7)$ のケースについて、ニム和が 0 の状態に遷移できないことを証明しましょう。

まず、操作前のニム和は $4 \text{ XOR } 5 \text{ XOR } 6 \text{ XOR } 7 = 0$ となります。このことは、下図左側に示す通り、以下の 3 つがすべて成り立つことを意味します（**→コラム 1**）。

- 4,5,6,7 の中で、2 進法表記の 1 の位が 1 となっている個数が偶数個
- 4,5,6,7 の中で、2 進法表記の 2 の位が 1 となっている個数が偶数個
- 4,5,6,7 の中で、2 進法表記の 4 の位が 1 となっている個数が偶数個

しかし、一回の操作を行うと、どれか 1 つの山の石の数が減少します。石の数が減少するということは、その山の石の数の 1 の位・2 の位・4 の位のうち 1 つ以上が変化するということですので、

- 操作後の石の数の中で、2 進法表記の 1 の位が 1 となっている個数
- 操作後の石の数の中で、2 進法表記の 2 の位が 1 となっている個数
- 操作後の石の数の中で、2 進法表記の 4 の位が 1 となっている個数

のうち少なくとも 1 つは奇数個に変わってしまいます。したがって操作後のニム和を 0 にすることはできません。

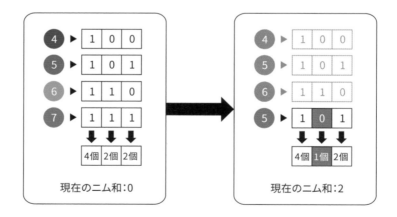

　次に、一般の場合を証明します。操作前のニム和は 0 なので、すべての位について「操作前の石の数が 1 となっているものの個数」が偶数個になります。

　しかし、一回の操作を行うと、どれか 1 つの山の石の数が減少します。したがって、「操作後の石の数が 1 となっているものの個数」が奇数個であるような位が、少なくとも 1 つは出てきてしまい、ニム和が 0 以外の整数になってしまいます。

2. の証明

これも簡単な例から入ります。$N = 4$、$(A_1, A_2, A_3, A_4) = (4, 6, 8, 9)$ のケースについて、ニム和が 0 の状態に遷移する方法を考えましょう。

操作前のニム和は、4 XOR 6 XOR 8 XOR 9 = 3（2 進法で 0011）です。したがって、ニム和を 0 にするためには、2 進法表記の 1 の位と 2 の位を反転させるような石の取り除き方をする必要があります。そこで、各山に対してこの操作を行うと、

- **山 1 の場合：石を 4 個から 7 個に増やす**
- **山 3 の場合：石を 8 個から 11 個に増やす**
- **山 4 の場合：石を 9 個から 10 個に増やす**

となり、いずれも石の数を増やすという「やってはいけない操作」をすることになります。しかし、山 2 の場合は石を 6 個から 5 個に減らせば良いので、ニム和を 0 にすることができます。

次に、一般の場合を証明しましょう。操作前のニム和 X を 2 進法で表したとき、$2^{d_1}, 2^{d_2}, \ldots, 2^{d_k}$ の位 $(2^{d_1} < 2^{d_2} < \cdots < 2^{d_k})$ が 1 であったとします。このとき、ニム和を 0 にするためには、$2^{d_1}, 2^{d_2}, \ldots, 2^{d_k}$ の位を反転させるような石の取り除き方をする必要があります。

それでは、どの山を選べば良いのでしょうか。2^{d_k} の位が 0 である山を選んだ場合、操作後の 2^{d_k} の位が 1 に変わるため、石の数が増えてしまいます。しかし、2^{d_k} の位が 1 である山を選んだ場合、操作後の 2^{d_k} の位が 0 に変わるため、石の数が減ります。

したがって、2^{d_k} の位が 1 である山を選べば良いです。X の 2^{d_k} の位が 1 であることから、このような山は 1 個以上存在するため、ニム和を 0 にする操作が可能であるといえます。

問題 B33 | **応用問題**

$H \times W$ のマス目に $N (\leq 100000)$ 個のコマが置かれています。i 個目のコマは上から A_i 行目、左から B_i 列目のマスに存在します（複数のコマが同じマスにある場合もあります）。太郎君と次郎君は交互に、「1 つのコマを選んで左方向か上方向（のいずれか一方）に 1 マス以上移動させる」という操作を行います。操作を行えなくなった方が負けであるとき、どちらが勝ちますか。

ヒント 実は、山の数が $2N$ のニムに帰着させることができます。

5.9 | ゲーム (3)：Grundy 数

石の山が N 個あり、山 $i\,(1 \le i \le N)$ には A_i 個の石が積まれています。このゲームでは、2 人の
プレイヤーが交互に次の操作を行います。

- 好きな石の山を 1 つ選び、選んだ山から X 個または Y 個の石を取る。

すべての山にある石の数が X 個未満になり、操作を行えなくなった方が負けです。両者が最善
を尽くしたとき、先手と後手どちらが勝ちますか。

入力形式

> N X Y
> A_1 A_2 $\cdots$ A_N

出力形式

先手が勝つ場合は First、後手が勝つ場合は Second と出力してください。

制約

- $1 \le N \le 100000$
- $1 \le X < Y \le 100000$
- $1 \le A_i \le 100000$

入力例 1	出力例 1
2 2 3 5 8	First

入力例 2	出力例 2
2 2 3 7 8	Second

Grundy 数とは

Grundy 数は、以下の規則で定義される「ゲームの盤面の状態」です。

> 一回の操作で Grundy 数が $x_1, x_2, \ldots, x_k$ の盤面に遷移することができる場合、この盤面の Grundy 数は「$x_1, x_2, \ldots, x_k$ 以外の最小の非負整数」である。

具体例を考えよう

たとえば山が 1 つであり、$X = 2$、$Y = 3$ であるケースを考えてみましょう。まず、石の数が 0 個または 1 個である場合、操作を行えないので明らかに Grundy 数は 0 です。

また、石の数が 2 個である場合、一手で「石が 0 個の盤面」に遷移することができます。この盤面の Grundy 数は 0 です。そのため、石が 2 個のときの Grundy 数は、0 以外の最小の非負整数である 1 となります。ここまでの内容をまとめると、下図のようになります。

次に、石の数が 3 個である場合、一手で以下のような盤面に遷移することができます。

- **石を 2 個取る：**石が 1 個の盤面に遷移する（Grundy 数：0）
- **石を 3 個取る：**石が 0 個の盤面に遷移する（Grundy 数：0）

したがって、Grundy 数は 0, 0 以外で最小の非負整数である 1 となります。さらに、石の数が 4 個である場合、一手で以下のような盤面に遷移することができます。

- **石を 2 個取る：**石が 2 個の盤面に遷移する（Grundy 数：1）
- **石を 3 個取る：**石が 1 個の盤面に遷移する（Grundy 数：0）

したがって、Grundy 数は 1, 0 以外で最小の非負整数である 2 となります。

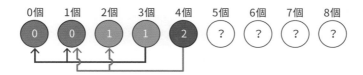

そして、石の数が 5 個である場合、一手で以下のような盤面に遷移することができます。

- **石を 2 個取る**：石が 3 個の盤面に遷移する（Grundy 数：1）
- **石を 3 個取る**：石が 2 個の盤面に遷移する（Grundy 数：1）

したがって、Grundy 数は 1, 1 以外で最小の非負整数である 0 となります。石が 6 個・7 個・8 個の場合も同様に考えると、下図のようになります。

Grundy 数の性質 (1)：勝ち負けとの対応

Grundy 数が 0 のとき負けの状態、1 以上のとき勝ちの状態になります。なぜなら、Grundy 数の定義より、以下のことが成り立つからです。

- **Grundy 数が 0 の盤面に遷移できるとき**：Grundy 数は 1 以上
- **Grundy 数が 0 の盤面に遷移できないとき**：Grundy 数は 0

実際、前述の例では石が 0 個・1 個・5 個・6 個のとき「負けの状態」ですが、たしかに Grundy 数が 0 になっています（**→ 5.7 節**）。

Grundy 数の性質 (2)：山が 2 つ以上の場合

ここまで山が 1 つのケースを説明しましたが、Grundy 数は山が 2 つ以上のケースで本領を発揮します。山 i の Grundy 数を G_i とするとき、勝者は次のように判定することができます。

- G_1 XOR G_2 XOR $\cdots$ XOR $G_N = 0$ のとき：後手必勝（負けの状態）
- G_1 XOR G_2 XOR $\cdots$ XOR $G_N \neq 0$ のとき：先手必勝（勝ちの状態）

たとえば $X = 2$、$Y = 3$、$(A_1, A_2) = (5, 8)$ のケースを考えます。山 1 の Grundy 数は 0 であり、山 2 の Grundy 数は 1 です。ここで 0 XOR 1 = 1 となるため、先手必勝です。なお、証明はかなり難しいので、本書では扱わないことにします。興味のある方は調べてみてください。

解答例（C++）

```cpp
#include <iostream>
using namespace std;

int N, X, Y, A[100009];
int grundy[100009];

int main() {
    // [入力]
    cin >> N >> X >> Y;
    for (int i = 1; i <= N; i++) cin >> A[i];

    // [Grundy 数を求める]
    // 変数 grundy[i] : 石が i 個の時の Grundy 数
    // 変数 Transit[i]: Grundy 数が i となるような遷移ができるか
    for (int i = 0; i <= 100000; i++) {
        bool Transit[3] = {false, false, false};
        if (i >= X) Transit[grundy[i-X]] = true;
        if (i >= Y) Transit[grundy[i-Y]] = true;
        if (Transit[0] == false) grundy[i] = 0;
        else if (Transit[1] == false) grundy[i] = 1;
        else grundy[i] = 2;
    }

    // [出力]
    int XOR_Sum = 0;
    for (int i = 1; i <= N; i++) XOR_Sum = (XOR_Sum ^ grundy[A[i]]);
    if (XOR_Sum != 0) cout << "First" << endl;
    if (XOR_Sum == 0) cout << "Second" << endl;
    return 0;
}
```

問題 B34　応用問題

$N \le 100000$、$X = 2$、$Y = 3$、$A_i \le 10^{18}$ という制約で例題を解いてください。

ヒント Grundy 数の規則性に着目してみましょう。

5.10 チャレンジ問題

下図のような N 段のピラミッドがあり、最下段には左から順に整数 $A_1, A_2, \ldots, A_N$ が書かれています。また、最上段には 1 つのコマが置かれています。

太郎君と次郎君は、このピラミッドを使ってゲームをします。コマが最下段に到達するまで、各プレイヤーは交互に以下のいずれかの操作を行います（太郎君が先手です）。

- コマを左下方向に 1 つ移動させる。
- コマを右下方向に 1 つ移動させる。

ゲーム終了時のコマの位置に書かれた整数を「スコア」とします。太郎君はスコアを最大化し、次郎君はスコアを最小化するとき、スコアはいくつになりますか。

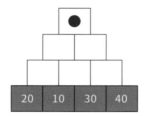

入力形式

N
A_1　A_2　$\cdots$　A_N

出力形式

両者が最善を尽くした場合のスコアを、整数で出力してください。

制約

- $2 \leq N \leq 2000$
- $1 \leq A_i \leq 100000$

入力例 1	出力例 1
4 20 10 30 40	30

諸注意

ここでは説明の都合上、コマが上から i 段目・左から j 番目に存在する状態を (i,j) とします。たとえば最初の状態は $(1,1)$ です。

問題の解説

5.7 節では動的計画法を用いて、ゲームの勝敗を判定する方法を紹介しました。一方、今回のようにスコアが出てくるタイプの問題でも、似たようなアプローチが使えます。まずは以下の二次元配列を考えましょう。

> $\mathrm{dp}[i][j]$: **ゲームが状態 (i,j) まで進行した場合を考える。ここから両者が最善を尽くしたとき、どのようなスコアになるか。**

このとき、最下段からコマを動かすことはできないので、明らかに $\mathrm{dp}[N][i] = A_i$ となります。入力例に対応した図を以下に示します。

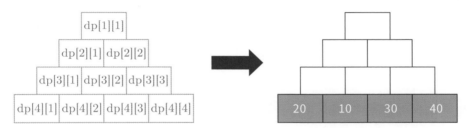

それでは、N - 1 段目より上の $\mathrm{dp}[i][j]$ の値はどうやって計算すれば良いのでしょうか。i が奇数のときはスコアを最大化する太郎君が次に操作し、i が偶数のときはスコアを最小化する次郎君が次に操作するので、次式の通りに計算すれば良いです。

- **i が奇数のとき**：$\mathrm{dp}[i][j] = \max(\mathrm{dp}[i+1][j], \mathrm{dp}[i+1][j+1])$
- **i が偶数のとき**：$\mathrm{dp}[i][j] = \min(\mathrm{dp}[i+1][j], \mathrm{dp}[i+1][j+1])$

入力例に対応した図を以下に示します（入力例に対する答えは $\mathrm{dp}[1][1] = 30$ です）。

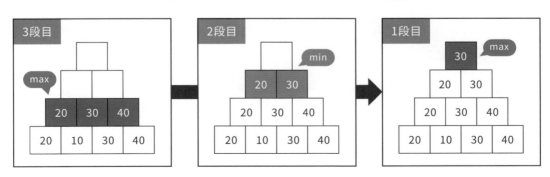

実装・まとめ

　この解法を実装すると **解答例** のようになり、計算量は $O(N^2)$ となります。このように、先手がスコアを最大化し、後手がスコアを最小化するタイプのゲーム問題では、以下のような計算方法を使うことができる場合があります。

- 先手のターンでは、その状態のスコアは「遷移できる状態のスコア」の最大値
- 後手のターンでは、その状態のスコアは「遷移できる状態のスコア」の最小値

　似たような考え方を使うアルゴリズムとして **Minimax法** があり、リバーシ AI などでも利用されています。本書では扱いませんが、興味がある方はインターネットなどで調べてみてください。

解答例（C++）

```cpp
#include <iostream>
#include <algorithm>
using namespace std;

int N, A[2009];
int dp[2009][2009];

int main() {
    // 入力
    cin >> N;
    for (int i = 1; i <= N; i++) cin >> A[i];

    // 動的計画法 [N 段目]
    for (int j = 1; j <= N; j++) dp[N][j] = A[j];

    // 動的計画法 [1～ N-1 段目]
    for (int i = N - 1; i >= 1; i--) {
        for (int j = 1; j <= i; j++) {
            if (i % 2 == 1) dp[i][j] = max(dp[i+1][j], dp[i+1][j+1]);
            if (i % 2 == 0) dp[i][j] = min(dp[i+1][j], dp[i+1][j+1]);
        }
    }

    // 出力
    cout << dp[1][1] << endl;
    return 0;
}
```

5 章のまとめ

5.1　素数判定

素数判定法

$\sqrt{X}$ まで試し割りして全部割り切れなかったとき整数 X は素数である

エラトステネスのふるい

N 以下の素数を計算量 $O(N \log \log N)$ で列挙できる

5.2　最大公約数の計算

ユークリッドの互除法

整数 A, B の最大公約数を求めるアルゴリズム「大きい方を小さい方で割った余りに変更する」という操作を繰り返す
計算量は $O(\log (A + B))$

5.3　余りの計算 (1)：基本

オーバーフローとは

変数の値が扱える限界を超えること（例：long long 型では約 10^{19} が限界）

余りの計算方法

足し算・引き算・掛け算の場合、好きなタイミングで余りをとっても良い

5.4　余りの計算 (2)：累乗

繰り返し二乗法

以下の手順で a^b の値を高速に計算する方法
- $a^1, a^2, a^4, a^8, \cdots$ を求める
- a^b をそれらの掛け算で表す

具体例

$a^{42} = a^2 \times a^8 \times a^{32}$ と表せる

5.5　余りの計算 (3)：割り算

割り算の余り

M が素数かつ b が M の倍数でない時、「$a \div b$ を M で割った余り」は「$a \times b^{M-2}$ を M で割った余り」に書き換えても良い

計算量

繰り返し二乗法を用いて b^{M-2} を計算すれば計算量 $O(\log M)$

5.6　包除原理

2 個の和集合

集合 P, Q の和集合の要素数は、次式で表される
（P の要素数）+（Q の要素数）
－（P と Q の共通部分の要素数）

3 個以上の和集合

奇数個の共通部分は、プラスとして計算
偶数個の共通部分は、マイナスとして計算

5.7　ゲームの必勝法

負けの条件

次の手をどう打っても負けの状態に遷移できないこと

勝ちの条件

負けの状態に遷移できること

5.8　ニム

ニムとは

$A_1, \cdots, A_N$ 個の石が積まれている山があり、一つの山から石を取る操作を交互に行うゲーム

勝敗判定法

$A_1 \,\text{XOR}\, \cdots \,\text{XOR}\, A_N = 0$ で負け

5.9　Grundy 数

Grundy 数の計算法

ある状態の Grundy 数は、遷移できる状態の Grundy 数に含まれない最小の非負整数

6章

考察テクニック

6.0 | 考察テクニック入門

　突然ですが、パズルを解いてみましょう。以下の 4 × 6 のマス目に、6 個すべてのピースを敷き詰めることは可能でしょうか。ただし、ピースは回転させても良いですが、反転させてはならないものとします。プログラミングを使わずに、手を動かして考えてみてください。

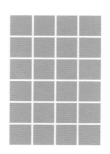
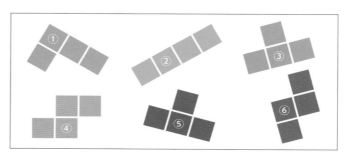

　もちろん答えは **Yes** です。全部で 28 通りの敷き詰め方が考えられ、それらのうち 3 例を下図に示しています。皆さん、何分くらいで解けましたでしょうか。ジグソーパズルに慣れている方にとっては、少し簡単だったかもしれません。

　それでは、パズルをもう一問解いてみましょう。次ページの 4 × 6 のマス目に、6 個すべてのピースを敷き詰めることは可能でしょうか（番号 ⑤ のピースのみ変更されています）。

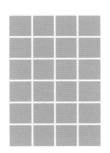
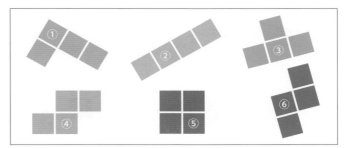

多くの人にとっては、5 つのピースは簡単にハマると思います。しかし、どんな方法を使っても最後の 1 個がハマらず、失敗してしまいます。そして、残念ながらこの問題の答えは **No** であり、6 個全部を敷き詰める方法は存在しないことが知られています。それでは、なぜ No だといえるのでしょうか。本節ではその理由を考えてみましょう。

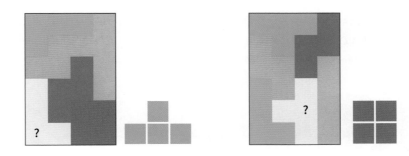

証明を考えてみよう

理由を考える上での最初の思考ステップは、マス目を交互に塗ること です。具体的には、上から x 行目・左から y 列目のマスを (x, y) とするとき、$x + y$ が偶数のマスのみを濃く塗ります。

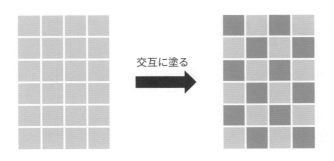

交互に塗る

このとき、各ピースの置かれた場所には、何個の濃いマスを含むのでしょうか。実は、ピース ①・②・④・⑤・⑥ については、どんな置き方をしても必ず **2 個** となります。

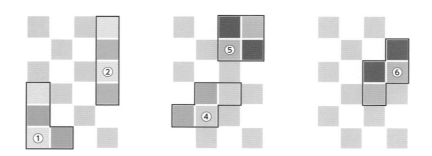

また、ピース ③ については **必ず 1 個または 3 個** となります。下図に示すように、2 個の濃い マスを含むような置き方をすることは絶対にできません。

したがって、仮にすべてのピースを敷き詰めることができるならば、6 個のピースを合わせた 「濃いマスの個数」は **11 個または 13 個** になるはずです。しかし実際は 12 個であるため、条件 に合致せず、すなわち敷き詰め不可能であることが分かるのです。

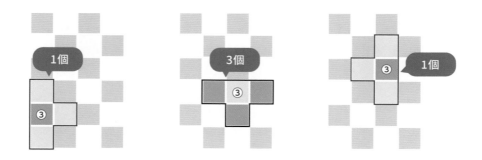

競技プログラミングと「考察」

第 1 ～ 5 章では、競技プログラミングで戦うために必要なアルゴリズムを扱いました。しかし、 アルゴリズム関連の知識だけではなく、前述の数理パズルのような問題を解く **考察力・ひらめき** が要求される場面も決して少なくありません。

そこで本節では、競技プログラミングで頻出の「典型考察パターン 10 選」を学びます。ひらめ きが苦手な人でも理解できるように努めましたので、ぜひお楽しみください。

6.1 | 偶奇を考える

| 問題 A36 | **Travel** | （実行時間制限 1 秒、難易度 ★ 2） |

$N \times N$ のマス目があります。「上下左右に隣り合うマスに移動する」という操作をちょうど K 回行うことで、左上マスから右下マスまで移動できるかどうかを判定してください。

入力形式

N K

出力形式

移動できる場合は Yes、そうでない場合は No と出力してください。

制約

- $2 \leq N \leq 10^9$
- $1 \leq K \leq 10^9$

入力例 1	出力例 1
5 10	Yes

下図のような方法で移動を行った場合、ちょうど 10 手で右下のマスにたどり着きます。

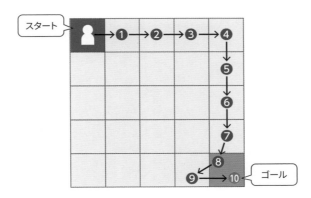

203

問題の解説

早速ですが、答えは以下の 2 つを両方満たす場合に限り Yes、そうでない場合は No です。

- **条件 1**：K の値が $2N-2$ 以上である
- **条件 2**：K は偶数である

イメージ図を以下に示します。しかし、「なぜこの方法で上手くいくのか？」と感じた方もいると思うので、解法の正当性を見ていきましょう。

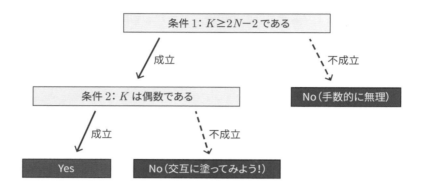

なぜこの解法で良いのか？

第一に、**条件 1** が成り立たない場合に No となるのはなぜでしょうか。この理由は、スタートからゴールまで最短経路で移動したところで $2N-2$ 回の操作が必要であり、手数が足りないことから説明できます。

第二に、**条件 1・条件 2** が両方成り立つ場合に Yes となるのはなぜでしょうか。この理由は、ゴールまで最短経路で移動した後、余った回数で「上→下→上→下→・・・」という移動を繰り返すと、ゴール地点で操作を終えることから説明できます[*1]。

---

*1　最短経路で移動し終わった時点で余った回数は $K-2N+2$ 回であり、この値は偶数です。

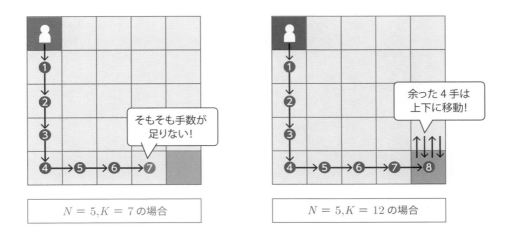

第三に、**条件 1** が成り立ち、**条件 2** が成り立たない場合に No となるのはなぜでしょうか。これは、6.0 節のようにマス目を交互に塗ったとき、**1 回の操作で色が必ず変わること**[*2]から説明できます。

もう少し厳密に記しましょう。スタート地点は緑色ですから、操作を行うと色が「緑→白→緑→白→・・・」と変化します。**ここで操作回数 K は奇数であるため、操作終了時点では白色です。**しかし、ゴール地点は緑色で塗られるため、答えが No であると分かります。

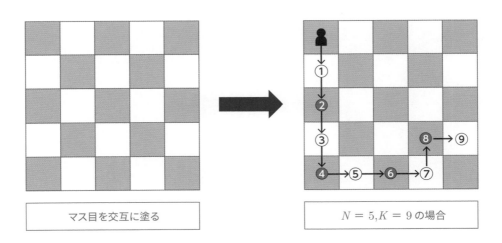

[*2] これは、上から x 行目・左から y 列目のマスを (x,y) とするとき、一回の移動で $x+y$ の偶奇が必ず変化することを意味します。これが本節のタイトル「偶奇を考える」に繋がっています。

解答例（C++）

```
1   #include <iostream>
2   using namespace std;
3
4   int main() {
5       int N, K;
6       cin >> N >> K;
7       if (K >= 2*N-2 && K%2 == 0) cout << "Yes" << endl;
8       else cout << "No" << endl;
9       return 0;
10  }
```

問題 B36　応用問題

N 個の豆電球があり、i 個目 $(1 \le i \le N)$ の豆電球の状態は S_i（ON または OFF）です。「2 つの異なる豆電球の ON ／ OFF を同時に切り替える」という操作を何回か行い、ちょうど K 個の豆電球を ON にすることは可能でしょうか。計算量 $O(N)$ で解いてください。

ヒント ON となっている個数の偶奇は、操作によってどう変わりますか？

6.2 | 足された回数を考える

ALGO 市には N 個の駅と M 個のバス停があり、下図のように道路で結ばれています。すべての組 (i,j) に対して「駅 i からバス停 j までの所要時間」を足した値はいくつですか？

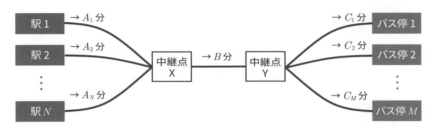

入力形式

$$N \quad M \quad B$$
$$A_1 \quad A_2 \quad \cdots \quad A_N$$
$$C_1 \quad C_2 \quad \cdots \quad C_M$$

出力形式

答えを整数で出力してください。

制約

- $2 \le N, M \le 200000$
- $1 \le B \le 100$
- $1 \le A_i \le 100 \ (1 \le i \le N)$
- $1 \le C_j \le 100 \ (1 \le j \le M)$

入力例 1	出力例 1
2 3 100 10 20 1 2 3	702

答えは 111+112+113+121+122+123=702 分です。

準備：足された回数を考えるとは

　数学や競技プログラミングの問題では、直接計算する代わりに**足された回数**を考えると[*3]、効率的に答えを求められることがあります。例として、以下の計算問題を考えましょう。

$$24 + 24 + 75 + 24 + 24 + 75 + 75 + 24 + 75$$

　この式は「$24 + 24 = 48$」「$48 + 75 = 123$」「$123 + 24 = 147$」と直接計算することもできるのですが、手計算では面倒です。そこで「24 が 5 回足された」「75 が 4 回足された」という事実を利用すれば、$(24 \times 5) + (75 \times 4) = 420$ と楽に計算できます。

解説：遅いアルゴリズム

　それでは例題「Travel 2」を解いてみましょう。まず、すべての組 (i, j) に対して所要時間を直接計算する方法が考えられます。駅 i からバス停 j までの所要時間は $A_i + B + C_j$ 分ですので、入力例の場合は下図のようにして、答えが 702 分であると分かります。しかし、計算量は $O(NM)$ であり、あまり効率的ではありません。

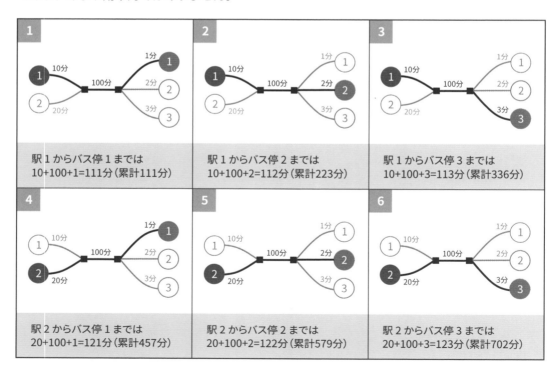

1 駅1からバス停1までは 10+100+1=111分（累計111分）	2 駅1からバス停2までは 10+100+2=112分（累計223分）	3 駅1からバス停3までは 10+100+3=113分（累計336分）
4 駅2からバス停1までは 20+100+1=121分（累計457分）	5 駅2からバス停2までは 20+100+2=122分（累計579分）	6 駅2からバス停3までは 20+100+3=123分（累計702分）

解説：速いアルゴリズム

そこでアルゴリズムを高速化するため、以下のように各値の足された回数を考えてみましょう。

- **質問1：** A_1 は何回足されたか？
- **質問2：** A_2 は何回足されたか？
- **質問3：** B は何回足されたか？
- **質問4：** C_1 は何回足されたか？
- **質問5：** C_2 は何回足されたか？
- **質問6：** C_3 は何回足されたか？

まず、A_i の値は駅 i から出発するときにのみ足されるため、質問1・2の答えは **3回** です。また、B の値はどのような (i, j) でも足されるため、質問3の答えは **6回** です。さらに、C_j の値はバス停 j に到着するときにのみ足されるため、質問4・5・6の答えは **2回** です。

したがって、答えは $(10 + 20) \times 3 + 100 \times 6 + (1 + 2 + 3) \times 2 = 702$ と計算されます。確かに正しい答えが出ていますね。

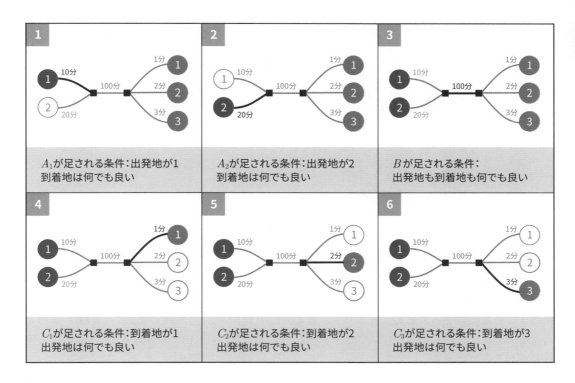

6章 考察テクニック

＊3　このようなテクニックは **主客転倒テクニック** と呼ばれることもあります。

入力例以外のケースでも同様のことがいえます。A_i は M 回、B は NM 回、C_j は N 回足されるため、本問題の答えは次式で表されます。

$$(A_1 + \cdots + A_N) \times M + B \times NM + (C_1 + \cdots + C_M) \times N$$

最後に、今回は各変数が何回足されたかに着目しました。しかしこのテクニックは、より一般に「**問題を複数のパーツに分解し、各パーツの " 答えへの寄与分 " を求める手法**」として捉えることにより、適用範囲がさらに広まります。詳しくは応用問題をご覧ください。

解答例（C++）

```cpp
1   #include <iostream>
2   using namespace std;
3
4   long long N, M, B;
5   long long A[200009], C[200009];
6
7   int main() {
8       // 入力
9       cin >> N >> M >> B;
10      for (int i = 1; i <= N; i++) cin >> A[i];
11      for (int j = 1; j <= M; j++) cin >> C[j];
12
13      // 答えの計算
14      long long Answer = 0;
15      for (int i = 1; i <= N; i++) Answer += A[i] * M;
16      Answer += B * N * M;
17      for (int j = 1; j <= M; j++) Answer += C[j] * N;
18
19      // 出力
20      cout << Answer << endl;
21      return 0;
22  }
```

問題 B37　**応用問題**

整数 x の各位の数字の和を $f(x)$ とします。たとえば $f(288) = 2 + 8 + 8 = 18$ です。整数 N が与えられるので、$f(1) + f(2) + \cdots + f(N)$ の値を求めてください。$N < 10^{15}$ の制約下で、1 秒以内に実行が終わることが望ましいです。

ヒント　難しい問題ですが、「△△桁目の数字が◇◇であるとき」が答えに与える寄与分を考えてみましょう。

6.3 | 上限値を考える

Black Company 1　　　　（ 実行時間制限 1 秒、難易度 ★ 3 ）

株式会社 KYOPRO-MASTER で働いている太郎君は、今後 D 日間の労働計画を立てることにしました。彼は今期の人事評価を上げるため、より多く働きたいと思っています。

しかし、働きすぎると労働基準監督署に怒られてしまいます。具体的には、$i = 1, 2, \ldots, N$ に対して、以下の条件を満たす必要があります。

- 条件 i： $L_i \sim R_i$ 日目について、最も多く働いた日でも H_i 時間以下

太郎君の D 日間の合計労働時間として考えられる最大値は何時間でしょうか。ただし、1 日は 24 時間であるものとします。

入力形式

$$D \quad N$$
$$L_1 \quad R_1 \quad H_1$$
$$\vdots$$
$$L_N \quad R_N \quad H_N$$

出力形式

答えを整数で出力してください。

制約

- $1 \leq D \leq 365$
- $0 \leq N \leq 10000$
- $1 \leq L_i \leq R_i \leq D$
- $10 \leq H_i \leq 24$

入力例 1	出力例 1
5 3 1 2 22 2 3 16 3 5 23	100

入力例で解いてみよう！

まず、本問題では「$L \sim R$ 日目について最も多く働いた日でも H 時間以下」という形式の条件が与えられます。この条件は、「$L \sim R$ 日目の労働時間はすべて H 時間以下」と言い換えることができます。そのため、入力例では以下の 3 つの条件を満たす必要があります。

- **条件 1**：1 日目・2 日目の労働時間は 22 時間以下
- **条件 2**：2 日目・3 日目の労働時間は 16 時間以下
- **条件 3**：3 日目・4 日目・5 日目の労働時間は 23 時間以下

これらをまとめると、1 日目の労働時間は 22 時間以下、2 日目は 16 時間以下、3 日目は 16 時間以下、4 日目は 23 時間以下、5 日目は 23 時間以下となります。上限値をすべて足すと 22 + 16 + 16 + 23 + 23 = 100 となるので、答えが 100 時間以下であることが証明できます。

一方、労働時間を上限値ピッタリに設定した場合、条件 1 〜 3 すべてを満たします。したがって、答えが **100 時間**であると分かります。

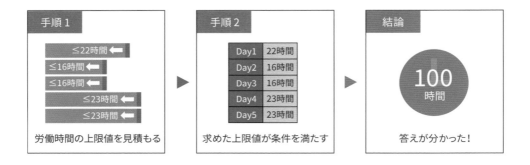

問題の解説

一般のケースでも同じような方法が使えます。d 日目の労働時間の上限値を $\mathrm{LIM}[d]$ とするとき、この値は次のようにして計算することができます。

- **手順 1**：1 日は 24 時間なので、$\mathrm{LIM}[d] = 24$ に初期化する
- **手順 2**：$i = 1, 2, \dots, N$ に対して、次のような処理を行う
  - $L_i \leq d \leq R_i$ に対して、$\mathrm{LIM}[d]$ を $\min(\mathrm{LIM}[d], H_i)$ に更新する

一方、求めた上限値は N 個すべての条件を満たします。したがって、$\mathrm{LIM}[1]$ から $\mathrm{LIM}[D]$ までの総和を出力すると、正解となります。計算量は $O(ND)$ です。

このように、競技プログラミングでは、「答えは絶対に〇〇を超えない」といった上限値を考えることによって、解法の見通しが良くなることがあります。

解答例（C++）

```
1   #include <iostream>
2   #include <algorithm>
3   using namespace std;
4
5   int D, N;
6   int L[10009], R[10009], H[10009], LIM[10009];
7
8   int main() {
9       // 入力
10      cin >> D >> N;
11      for (int i = 1; i <= N; i++) cin >> L[i] >> R[i] >> H[i];
12
13      // 配列の初期化（1日は24時間）
14      for (int i = 1; i <= D; i++) LIM[i] = 24;
15
16      // 上限値を求める
17      for (int i = 1; i <= N; i++) {
18          for (int j = L[i]; j <= R[i]; j++) LIM[j] = min(LIM[j], H[i]);
19      }
20
21      // 答えを出力
22      int Answer = 0;
23      for (int i = 1; i <= D; i++) Answer += LIM[i];
24      cout << Answer << endl;
25      return 0;
26  }
```

問題 B38　応用問題

N 個の草が一列に並んでおり、1 から N までの番号が付けられています。各草の高さは 1 以上の整数値で表され、それについて次の情報 $S_1, S_2, ..., S_{N-1}$ が分かっています。

- S_i ＝ A のとき：草 i より草 $i+1$ の方が真に高い
- S_i ＝ B のとき：草 i より草 $i+1$ の方が真に低い

N 個の草の高さの合計として考えられる最小値を出力してください。$N \leq 3000$ のケースで 1 秒以内に実行が終わることが望ましいです。

ヒント　草の高さの下限値（それ以下はあり得ないというライン）を計算しよう！

6.4 一手先を考える

Interval Scheduling　　（ 実行時間制限 2 秒、難易度 ★ 3 ）

今日は N 本の映画が上映されます。i 本目の映画は時刻 L_i に開始し、時刻 R_i に終了します。最大でいくつの映画を最初から最後まで見ることができますか。

ただし、映画を見終わった直後に次の映画を見始めることはできますが、同時に複数の映画を見ることはできないものとします。また、この問題は「**区間スケジューリング問題**」と呼ばれている有名な問題です。

入力形式

```
N
L₁   R₁
  :
L_N   R_N
```

$$N$$
$$L_1 \quad R_1$$
$$\vdots$$
$$L_N \quad R_N$$

出力形式

最大でいくつの映画を見ることができるか、整数で出力してください。

制約

- $1 \leq N \leq 300000$
- $0 \leq L_i < R_i \leq 86400$

入力例 1	出力例 1
5 0 4 2 3 3 7 5 9 7 8	3

映画 2・映画 3・映画 5 を選ぶと、合計 3 つの映画を見ることができます。

準備：貪欲法とは

　競プロの問題を解く基本的な方法として、1章では全探索を紹介しました。しかし全探索では、考えるべきパターンの数が爆発的に増加してしまいます。たとえば「Yes か No か」という選択を50回繰り返すだけで、全部で約1125兆通りに膨れ上がります。

　その問題を解決する方法の一つが **貪欲法**、すなわち「**1 ステップ先だけを考えたときの最善手を選び続ける**」というテクニックです。リバーシの対戦において、次にひっくり返せる石の数が最大となる手を打つ戦略をイメージすれば良いでしょう。

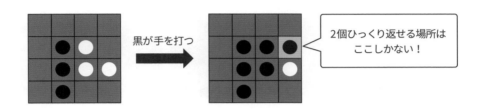

黒が手を打つ

2個ひっくり返せる場所は
ここしかない！

　さて、貪欲法では目先の利益しか考慮しないため、必ず最適な答えを出せるとは限りません。たとえば リバーシで1手先だけを読んでも、強いプレイヤーには勝てません。

　しかし一部の問題では、貪欲法が強力なツールとなります。たとえば1円・5円・10円・50円の硬貨がたくさんあるとき、できるだけ少ない枚数の硬貨でピッタリ72円を支払う問題を考えます。4枚以下で支払う方法は存在しませんが、**大きい金額の硬貨から支払う** というシンプルな貪欲法により、5枚で支払うことができます。

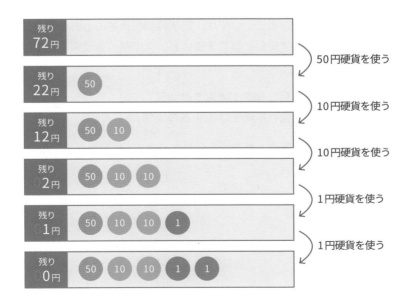

問題の解説：ステップ 1

それでは例題を解いてみましょう。映画を見る戦略としては、以下のものが考えられます。

- **戦略 A**：今見れる中で最も「上映時間が短い」映画を選び続ける
- **戦略 B**：今見れる中で最も「開始時刻が早い」映画を選び続ける
- **戦略 C**：今見れる中で最も「終了時刻が早い」映画を選び続ける

さて、どれが上手くいくのでしょうか。少し衝撃的かもしれませんが、実は **戦略 C** をとると、必ず最も多くの映画を視聴することができます。入力例に対応した図を以下に示します。

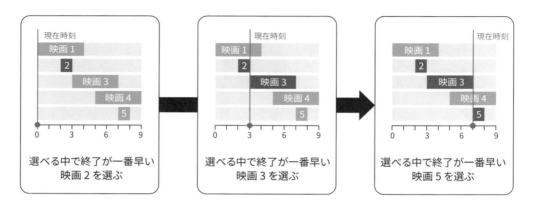

そうなる理由は、次のようにして説明することができます。

まず、その日の一番最初に見る映画については、終了時刻が最速のものを選んで損することは絶対にありません。なぜなら、終了時刻を早くするほど、次に選べる映画の選択肢が増えるからです。たとえば入力例では、

- **映画 1 を選んだ場合**：次に見れる映画は 4, 5 の 2 個
- **映画 2 を選んだ場合**：次に見れる映画は 3, 4, 5 の 3 個

となり、終了時刻の早い映画 2 を選んだ方が有利になります（次図をご覧ください）。

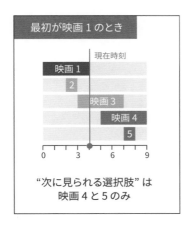

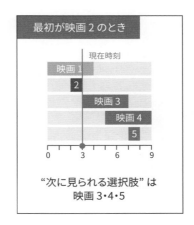

また、2番目に見る映画についても、終了時刻が最速のものを選んで損することは絶対にありません。なぜなら、終了時刻が早いほど、次に選べる映画の選択肢が多くなるからです。3番目以降についても同様のことがいえるため、**戦略C**こそが最適です。

したがって、**コード6.1**のような実装をすると、正しい答えが出力されます。しかし、見る映画の数をAnswerとするとき、計算量が$O(\text{Answer} \times N)$と遅いです。本問題の制約では最大で86400個の映画を見ることになるため[*4]、1秒以内で実行が終わりません。

6 章

考察テクニック

---

*4　たとえば$N = 86400$、$(L_i, R_i) = (i - 1, i)$ などのテストケースが考えられます。

コード 6.1 区間スケジューリング問題の実装

```cpp
#include <iostream>
#include <algorithm>
using namespace std;

int N, L[300009], R[300009];

int main() {
    // 入力
    cin >> N;
    for (int i = 1; i <= N; i++) cin >> L[i] >> R[i];

    // 終了時刻の早いものから貪欲に取っていく（CurrentTime は現在時刻）
    int CurrentTime = 0, Answer = 0;
    while (true) {
        int Min_EndTime = 999999; // 次に選ぶ映画の終了時刻
        for (int i = 1; i <= N; i++) {
            if (L[i] < CurrentTime) continue;
            Min_EndTime = min(Min_EndTime, R[i]);
        }

        // 次に選ぶ映画がある／ない に応じて処理を行う
        if (Min_EndTime == 999999) break;
        CurrentTime = Min_EndTime; Answer += 1;
    }
    cout << Answer << endl;
    return 0;
}
```

解説：ステップ2

　それでは、より高速なアルゴリズムを検討しましょう。まず、$R_1 \le \cdots \le R_N$ を満たす場合、次のようなアルゴリズムによって、映画を終了時刻の早い順に選ぶことができます。

> **手順1**　映画1を選べるなら、それを選ぶ
> **手順2**　映画2を選べるなら、それを選ぶ
> **手順3**　映画3を選べるなら、それを選ぶ
> **手順4**　映画 $4, 5, \cdots, N$ についても同様のことを行う。

　そうでない場合も、映画を終了時刻の早い順にソート（**→ 3.1 節**）すれば良いです。入力例でのアルゴリズムの流れを下図に示します。なお、アルゴリズム全体の計算量は、ソートがボトルネックとなって $O(N\log N)$ です。

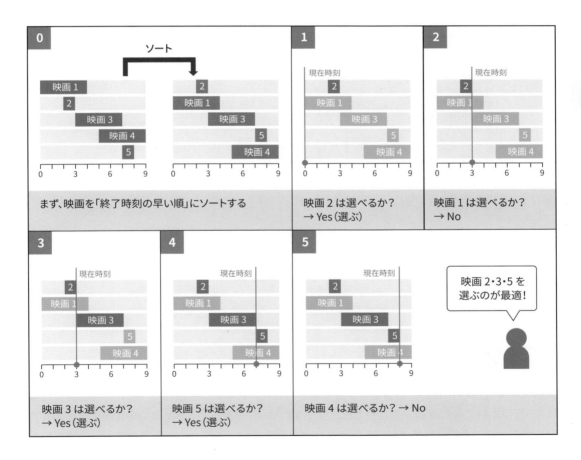

解答例（C++）

```cpp
1  #include <iostream>
2  #include <vector>
3  #include <algorithm>
4  using namespace std;
5
6  int N, L[300009], R[300009];
7  vector<pair<int, int>> tmp; // 映画をソートするための一時変数
8
9  int main() {
10     // 入力
11     cin >> N;
12     for (int i = 1; i <= N; i++) {
13         cin >> L[i] >> R[i];
14         tmp.push_back(make_pair(R[i], L[i]));
15     }
16
17     // R の小さい順にソート
18     sort(tmp.begin(), tmp.end());
19     for (int i = 1; i <= N; i++) {
20         R[i] = tmp[i-1].first;
21         L[i] = tmp[i-1].second;
22     }
23
24     // 終了時刻の早いものから貪欲に取っていく（CurrentTime は現在時刻）
25     int CurrentTime = 0, Answer = 0;
26     for (int i = 1; i <= N; i++) {
27         if (CurrentTime <= L[i]) {
28             CurrentTime = R[i];
29             Answer += 1;
30         }
31     }
32     cout << Answer << endl;
33     return 0;
34 }
```

問題 B39　応用問題

太郎君は今日から D 日間、仕事をしようと思いました。仕事の選択肢は N 個あり、i 個目の仕事は X_i 日目以降になれば選ぶことができ、完了すれば Y_i 円もらえます。1 つの仕事をするのに 1 日かかるとき、太郎君は最大何円を稼ぐことが出来ますか。$N \leq 2000$ を満たすケースで 5 秒以内に実行が終わることが望ましいです。

ヒント それぞれの日について「最も多い金額がもらえる仕事」をするのが最適です。

机の上に N 本の棒が置かれています。左から i 番目の棒（以下、棒 i とする）の長さは A_i メートルです。3 つの異なる棒を選んで正三角形を作る方法は何通りありますか。

入力形式

N
A_1　A_2　$\cdots$　A_N

出力形式

答えを整数で出力してください。

制約

- $3 \le N \le 200000$
- $1 \le A_i \le 100$（特に A_i は**整数**であることに注意）

入力例 1	出力例 1
7 1 2 1 2 1 2 1	5

正三角形を作る方法として、以下の 5 通りがあります。

- 棒 1・棒 3・棒 5 を選ぶ。一辺の長さが 1 である正三角形ができる。
- 棒 1・棒 3・棒 7 を選ぶ。一辺の長さが 1 である正三角形ができる。
- 棒 1・棒 5・棒 7 を選ぶ。一辺の長さが 1 である正三角形ができる。
- 棒 3・棒 5・棒 7 を選ぶ。一辺の長さが 1 である正三角形ができる。
- 棒 2・棒 4・棒 6 を選ぶ。一辺の長さが 2 である正三角形ができる。

単純な解法

まずは「棒を 3 本選ぶ方法を全探索する」という解法が思いつくでしょう。これを実装すると**コード 6.2** のようになり、確かに正しい答えが出ます。しかし、$N = 200000$ のケースでは 10^{15} 通り以上を調べる必要があり、1 秒以内で実行が終わりません。

コード 6.2 全探索による解法

```cpp
1   #include <iostream>
2   using namespace std;
3
4   int main() {
5       // 入力
6       int N, A[200009]; long long Answer = 0;
7       cin >> N;
8       for (int i = 1; i <= N; i++) cin >> A[i];
9
10      // 全探索（選ぶ棒の番号を小さい順に i, j, k とする）
11      for (int i = 1; i <= N; i++) {
12          for (int j = i + 1; j <= N; j++) {
13              for (int k = j + 1; k <= N; k++) {
14                  if (A[i] == A[j] && A[j] == A[k]) Answer += 1;
15              }
16          }
17      }
18      cout << Answer << endl;
19      return 0;
20  }
```

工夫した解法

そこで正三角形の作り方を分類しましょう。制約は $1 \leq A_i \leq 100$ であるため、正三角形の一辺の長さをレベルで表すとき、レベル 1 から レベル 100 までの 100 種類が考えられます。

さて、各レベルの正三角形を作る方法は何通りあるのでしょうか[*5]。正三角形を作るには 3 本の棒を選ぶ必要があるため、長さ x メートルの棒の個数が $\mathrm{cnt}[x]$ 本であるとき、

- **レベル 1** で正三角形を作る方法：$_{\mathrm{cnt}[1]}\mathrm{C}_3$ 通り
- **レベル 2** で正三角形を作る方法：$_{\mathrm{cnt}[2]}\mathrm{C}_3$ 通り
- **レベル 3** で正三角形を作る方法：$_{\mathrm{cnt}[3]}\mathrm{C}_3$ 通り

となります。そして**レベル 4** 以降も同じことがいえます。したがって、本問題の答えは $_{\mathrm{cnt}[1]}\mathrm{C}_3 +_{\mathrm{cnt}[2]}\mathrm{C}_3 + \cdots +_{\mathrm{cnt}[100]}\mathrm{C}_3$ 通りであるといえます。

[*5]　一般に、n 個のモノの中から r 個を選ぶ方法は $_n\mathrm{C}_r$ 通りあります（→ **5.5 節**）。

具体例を考えよう

例として、$N = 11$、$A = [1,2,1,3,3,3,1,2,1,3,2]$ のケースを考えてみましょう。このケースでは、長さ 1 の棒が 4 本、長さ 2 の棒が 3 本、長さ 3 の棒が 4 本存在します。すなわち、$\mathrm{cnt}[1] = 4$、$\mathrm{cnt}[2] = 3$、$\mathrm{cnt}[3] = 4$ となります。したがって、

- **レベル 1** の正三角形を作る方法は $_4C_3 = 4$ 通り
- **レベル 2** の正三角形を作る方法は $_3C_3 = 1$ 通り
- **レベル 3** の正三角形を作る方法は $_4C_3 = 4$ 通り

となり、正三角形の作り方は全部で $4 + 1 + 4 = 9$ 通りであることが分かります。

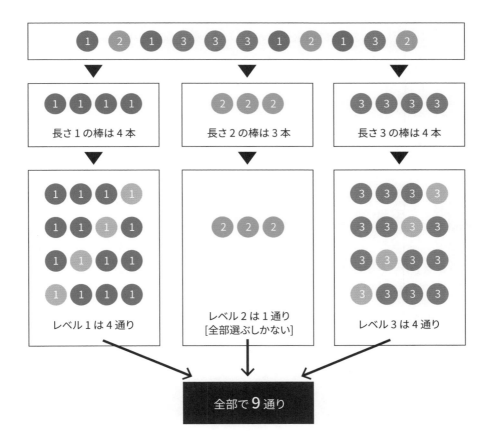

以上をまとめると、本問題は**各長さの棒の個数をカウント**することによって効率的に解くことができます。個数を前計算するという考察テクニックは、競技プログラミングで頻出です。

解答例（C++）

```
1    #include <iostream>
2    using namespace std;
3
4    int main() {
5        // 入力
6        int N, A[200009]; long long cnt[109], Answer = 0;
7        cin >> N;
8        for (int i = 1; i <= N; i++) cin >> A[i];
9
10       // 個数を数える
11       for (int i = 1; i <= 100; i++) cnt[i] = 0;
12       for (int i = 1; i <= N; i++) cnt[A[i]] += 1;
13
14       // 答えを求める
15       // nC3 = n * (n-1) * (n-2) / 6 を使っている
16       for (int i = 1; i <= 100; i++) {
17           Answer += cnt[i] * (cnt[i]-1) * (cnt[i]-2) / 6;
18       }
19       cout << Answer << endl;
20       return 0;
21   }
```

問題B40　**応用問題**

長さ N の配列 $A = [A_1, \ldots, A_N]$ が与えられます。$1 \le x < y \le N$ かつ $A_x + A_y$ の値が 100 の倍数であるような組 (x,y) の個数はいくつありますか。$N \le 200000$ を満たすケースで 1 秒以内に実行が終わることが望ましいです。

ヒント　$\mathrm{cnt}[p]$ を「$A_i \bmod 100 = p$ となるような i の個数」としましょう！

6.6 後ろから考える

Tile Coloring （ 実行時間制限 1 秒、難易度 ★ 3 ）

N 枚のタイルがあり、最初はすべて白色で塗られています。太郎君は以下の操作を繰り返すことで、左から i 番目のタイルの色を文字 S_i（R のとき赤色、B のとき青色）にしたいです。

- 連続する 3 つのタイルを赤色で塗り替える
- 連続する 3 つのタイルを青色で塗り替える

太郎君が目的を達成できるかどうかを判定するプログラムを作成してください。なお、以降は説明の都合上、左から i 番目のタイルを「タイル i」と呼ぶことにします。

入力形式

N
$S_1 S_2 \cdots S_N$

出力形式

太郎君が目的を達成できるとき Yes、そうでないとき No を出力してください。

制約

- $3 \leq N \leq 200000$
- 文字 S_i は R または B のいずれかである

入力例 1	出力例 1
7 BBRRRBB	Yes

たとえば以下のような順序で操作を行えば、目的を達成できます。

- タイル 1,2,3 を青色で塗る（現在の盤面：青青青白白白白）
- タイル 5,6,7 を青色で塗る（現在の盤面：青青青白青青青）
- タイル 3,4,5 を赤色で塗る（現在の盤面：青青赤赤赤青青）

問題の解説：ステップ1

　競技プログラミングでは、後ろから考えることも大切です。もし「最初の1手目・2手目はどう操作すべきか？」と考察して上手くいかなかったとしても、最後の一手が引き金となって、解法に近づくケースは決して少なくありません。

　それでは、「後ろから考える」というアイデアを利用して例題を解いてみましょう。まず、最後の一手で色を塗り替えた3つのタイルの色は絶対に同じです。たとえば、下図で最後に操作したタイル3, 4, 5は同じ色です。そのため、**もし「連続する3つのタイルが同じ色である箇所」が存在しない場合、答えはNoである**といえます。

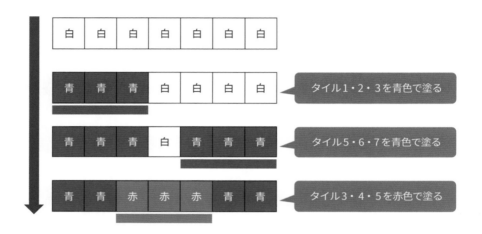

問題の解説：ステップ2

逆に、連続する3つが同じ色である箇所が存在する場合はどうでしょうか。実は、タイル p, $p+1$, $p+2$ が同じ色であるとき、以下の手順により目的を達成することができます。

手順1： 左から順に塗ることで、タイル $p-1$ より左のタイルの色を確定させる。
手順2： 右から順に塗ることで、タイル $p+3$ より右のタイルの色を確定させる。
手順3： 最後に、タイル $p,p+1,p+2$ を色 S_p で塗る。

たとえば、目的の盤面が「青赤**青青青**赤青赤赤」である場合の操作手順は下図のようになります。この図では、確定したタイルにマル印を付けています。

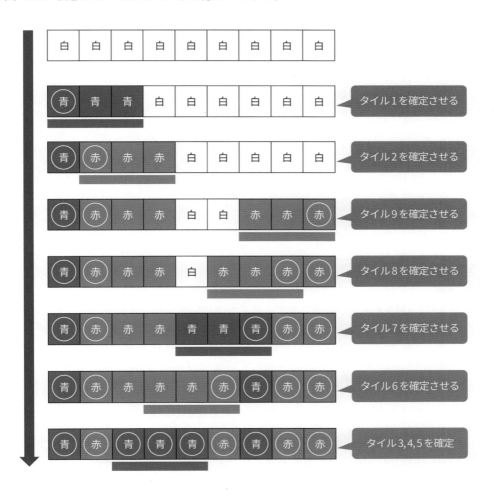

以上のことから、連続する 3 つのタイルが同じ色である箇所が存在すれば答えは Yes、そうでなければ答えは No となります。これを実装すると **解答例** のようになります。

解答例（C++）

```cpp
#include <iostream>
using namespace std;

int main() {
    // 入力
    int N; char S[200009];
    cin >> N;
    for (int i = 1; i <= N; i++) cin >> S[i];

    // 答えを求める
    bool Answer = false;
    for (int i = 1; i <= N - 2; i++) {
        if (S[i]=='R' && S[i+1]=='R' && S[i+2]=='R') Answer = true;
        if (S[i]=='B' && S[i+1]=='B' && S[i+2]=='B') Answer = true;
    }

    // 出力
    if (Answer == true) cout << "Yes" << endl;
    else cout << "No" << endl;
    return 0;
}
```

問題 B41 **応用問題**

変数 x, y があり、最初は両方の値が 1 です。以下の 2 種類の操作を何回か行うことで、変数 x の値を X、変数 y の値を Y にする方法を一つ求めてください。

- x の値を $x + y$ に変更する
- y の値を $x + y$ に変更する

$X, Y \leq 10^6$ の制約下で 10 秒以内に実行が終わることが望ましいです。ただし X と Y の最大公約数は 1 であるとします。

ヒント 最後の操作から順番に考えましょう！

6.7 | 固定して全探索

情報高校の 1 年 1 組には N 人の生徒が在籍しています。各生徒には **体力** と **気力** を表す整数値が定められており、生徒 $i(1 \leq i \leq N)$ の体力は A_i、気力は B_i です。

1 年 1 組の担任である太郎君は、レクリエーションの一環として、生徒のうち何人かを選んでサッカーをすることにしました。もし参加者のレベル差が大きい場合、一部の人だけが活躍して面白くないので、以下の条件を満たすようにしたいです。

- どの 2 人の参加者も、体力の差が K 以下である
- どの 2 人の参加者も、気力の差が K 以下である

最大何人でサッカーをすることができるか、出力するプログラムを作成してください。

入力形式

$$N \quad K$$
$$A_1 \quad B_1$$
$$:$$
$$A_N \quad B_N$$

出力形式

答えを整数で出力してください。

制約

- $1 \leq N \leq 300$
- $1 \leq K \leq 100$
- $1 \leq A_i \leq 100$
- $1 \leq B_i \leq 100$（ 特に K, A_i, B_i は**整数**であることに注意 ）

入力例 1	出力例 1
4 30 20 30 10 40 50 10 30 60	3

解法の概要

　この問題では、参加者の選び方を 2^N 通り全探索するという方法が考えられますが、計算量の面で絶望的です。しかし、ここで全探索的なアプローチを諦める必要はありません。実は、**参加者の選び方ではなく「体力と気力の下限値」を全探索する**と、現実的な時間で答えを出すことができます。

全探索をどう工夫するか？

　まず、参加者の体力の下限値 a、参加者の気力の下限値 b が決まったと仮定します。このとき、以下の 2 つの条件を満たす生徒のみ、サッカーに参加することができます。もちろん、2 つの条件を満たす生徒全員を参加させるのが最適です。

- 体力が a 以上 $a+K$ 以下である
- 気力が b 以上 $b+K$ 以下である

　したがって、整数の組 (a,b) を全探索し、その中で参加可能な生徒数が最大となるものを答えとすれば良いです。入力例での計算過程を下図に示します。

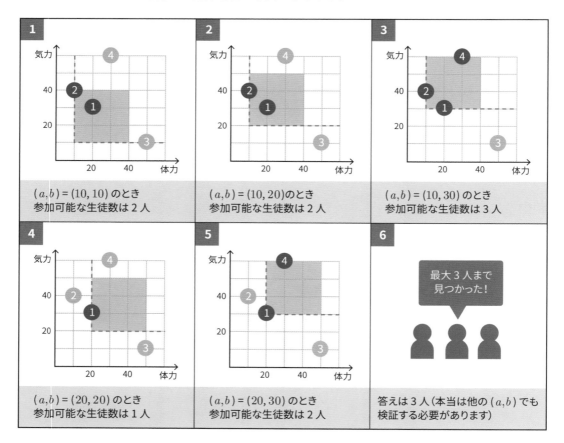

1
$(a,b)=(10,10)$ のとき
参加可能な生徒数は 2 人

2
$(a,b)=(10,20)$ のとき
参加可能な生徒数は 2 人

3
$(a,b)=(10,30)$ のとき
参加可能な生徒数は 3 人

4
$(a,b)=(20,20)$ のとき
参加可能な生徒数は 1 人

5
$(a,b)=(20,30)$ のとき
参加可能な生徒数は 2 人

6
最大 3 人まで見つかった！

答えは 3 人（本当は他の (a,b) でも検証する必要があります）

計算回数について

　それでは、工夫した全探索の計算回数はどの程度になるのでしょうか。まず、本問題の制約は A_i, B_i ともに 100 以下です。そのため、(a, b) の組としては以下の範囲に含まれる $100 \times 100 = 10000$ 通りを全探索すれば十分です。

- $1 \leq a \leq 100$
- $1 \leq b \leq 100$

　一方、(a, b) の値が決まった後は、各生徒の体力と気力が参加可能な範囲に含まれるかどうかを直接調べると、N 回程度の計算をすることになります。したがって、全体の計算回数は $10000 \times N$ 回程度です[*6]。

　このように、何も考えずに全探索すると計算量が爆発してしまう問題でも、**何を全探索するか（どの値を固定して考えるか）を変えるだけで、一気に効率が良くなることもあります。**

解答例（C++）

```cpp
#include <iostream>
#include <algorithm>
using namespace std;

int N, K;
int A[309], B[309];

// 整数の組（a, b）が決まったときの、参加可能な生徒数を返す関数
int GetScore(int a, int b) {
    int cnt = 0;
    for (int i = 1; i <= N; i++) {
        if (a<=A[i] && A[i]<=a+K && b<=B[i] && B[i]<=b+K) {
            cnt += 1;
        }
    }
    return cnt;
}

int main() {
    // 入力
    cin >> N >> K;
    for (int i = 1; i <= N; i++) cin >> A[i] >> B[i];

    // (a, b) の組を全探索
    int Answer = 0;
```

＊6　二次元累積和（→2.3節）を使うと、プログラム全体の計算回数を $N + 10000$ 回程度まで削減することができます。興味のある方は実装してみてください。

```
26      for (int a = 1; a <= 100; a++) {
27          for (int b = 1; b <= 100; b++) {
28              int Score = GetScore(a, b);
29              Answer = max(Answer, Score);
30          }
31      }
32
33      // 出力
34      cout << Answer << endl;
35      return 0;
36  }
```

問題 B42　応用問題

N 枚のカードがあり、i 枚目のカードの表には整数 A_i、裏には整数 B_i が書かれています。太郎君はカードを何枚か選び、以下で定義されるスコアを最大にしたいです。

> [スコア] = [選んだカードにおける表の総和の絶対値]
>
> 　　　　 + [選んだカードにおける裏の総和の絶対値]

スコアとして考えられる最大値はいくつですか。$N \le 100000$, $-10^9 \le A_i, B_i \le 10^9$ を満たすケースで、1秒以内に実行が終わることが望ましいです。

ヒント「表の総和を正／負のどちらにするか」「裏の総和を正／負のどちらにするか」を全探索しましょう！

6.8 | 問題を言い換える

| 問題 A43 | **Travel 3** | （ 実行時間制限 1 秒、難易度 ★ 4 ） |

全長 L メートルの ALGO トンネルには、現在 N 人がいます。人 i は西端から A_i メートルの位置におり、方向 B_i へ歩いています（E のとき東、W のとき西）。

トンネルの幅は狭いため、2 人が同じ位置に来たら移動方向を変えます。全員が秒速 1 メートルで歩くとき、最後の人がトンネルの外に出るのは何秒後ですか。

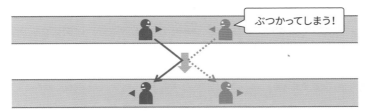

ぶつかってしまう！

入力形式

> N　L
> A_1　B_1
> 　：
> A_N　B_N

出力形式

答えを整数で出力してください。

制約

- $1 \leq N \leq 200000$
- $1 \leq A_1 < A_2 < \cdots < A_N < L \leq 10^9$

入力例 1	出力例 1
3 100 20 E 50 E 70 W	80

問題の解説

　この問題を解く最もシンプルな方法は、人の動きを直接シミュレーションすることです。しかし、テストケースによっては衝突回数が $N^2/4$ 回程度になります。$N = 200000$ ではおよそ 100 億回であるため、1秒以内に実行を終えることができません。

　それでは、より効率的な解法につなげるために、人の動きを観察してみましょう。まずは人同士を区別しない場合[7]、**「2人が衝突して向きを変えること」**と**「2人がすれ違うこと」**は等価です。模式図を以下に示します。

| 2人が衝突して向きを変える | 等価 | 2人がそのまますれ違う |

　本当に正しいのかと疑問に思った方は、入力例に対応した次ページの図をご覧ください。

- **図の左側**：向きを変えたときの人の動き
- **図の右側**：すれ違ったときの人の動き

を示しています。人の番号はめちゃくちゃ（例：最後にトンネルから抜けるのが人1になっている）ですが、人を区別しないときの位置は、確かに同じになっているのです。たとえば40秒後の時点では、両方の図で「西端から30, 60, 90メートルの位置」に人がいます。

---

[7] 本問題では「最後の人がトンネルの外に出るのは何秒後か」を答えれば良いので、最後に出る者が人1であろうと人2であろうと関係ありません。ですから、人同士を区別しなくても全く問題ありません。

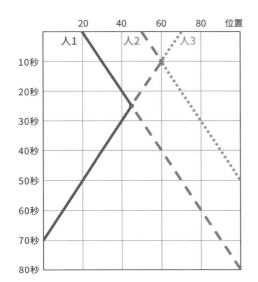
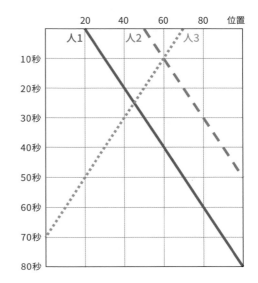

したがって例題の答えは、以下の問題の答えと一致します。

> （前略）トンネルの幅は十分広いため、2 人が同じ位置に来ても、すれ違ってそのまま進みます。最後の人がトンネルの外に出るのは何秒後ですか。

そして、言い換えられた後の問題は簡単に解くことができます。人 i がトンネルの外に出るまでの時間は、移動方向が東のとき $L - A_i$ 秒、西のとき A_i 秒ですので、その最大値を出力すれば良いです。

解答例（C++）

```cpp
1   #include <iostream>
2   #include <algorithm>
3   using namespace std;
4
5   int N, L;
6   int A[200009]; char B[200009];
7
8   int main() {
9       // 入力
10      cin >> N >> L;
11      for (int i = 1; i <= N; i++) cin >> A[i] >> B[i];
12
13      // 答えを求める
14      int Answer = 0;
15      for (int i = 1; i <= N; i++) {
16          if (B[i] == 'E') Answer = max(Answer, L - A[i]);
17          if (B[i] == 'W') Answer = max(Answer, A[i]);
18      }
19      cout << Answer << endl;
20      return 0;
21  }
```

問題 B43　応用問題

N 人の生徒がクイズ大会に参加しました。この大会では M 問が出題され、i 問目では A_i 番目の生徒を除く全員が正解しました。各生徒の最終的な正解数を求めるプログラムを作成してください。計算量は $O(N + M)$ であることが望ましいです。

ヒント 「不正解数を求める問題」に言い換えてみましょう！

長さ N の配列 $A = [A_1, \ldots , A_N]$ があり、最初はすべての i について $A_i = i$ となっています。あなたは配列に対して Q 回の操作を行います。j 回目の操作は文字列 $Query_j$ で表されます。

- **変更操作：** $Query_j = 1$ x y のとき、A_x の値を y に変更する
- **反転操作：** $Query_j = 2$ のとき、配列 A を逆順にする
- **取得操作：** $Query_j = 3$ x のとき、A_x の値を答える

すべての取得操作に対して、正しく答えるプログラムを作成してください。

入力形式

N　Q
$Query_1$
　　$:$
$Query_Q$

出力形式

取得操作に対する答えを順番に出力してください。詳しくは入出力例をご覧ください。

制約

- $1 \leq N \leq 200000$
- $1 \leq Q \leq 200000$
- どのタイミングでも、配列 A の要素は 1 以上 10^9 以下の整数である

入力例 1	出力例 1
5 4 1 4 8 3 2 2 3 2	2 8

配列 A は $[1,2,3,4,5] \rightarrow [1,2,3,8,5] \rightarrow [5,8,3,2,1]$ と変化します。

解法の概要

まず、配列 A の変化を直接シミュレーションするという方法が考えられます。しかし、**反転操作** では配列内の全要素を書き換える必要があるため、操作 1 回の計算量が $O(N)$ となり遅いです。そこで、配列を反転させる代わりに「配列が逆方向になっているかどうかを表す変数」を持つと、すべての操作を計算量 $O(1)$ で処理することができます。

解説：ステップ 1

まずは反転操作と取得操作だけを処理することを考えましょう。2 回反転したら元に戻るので、配列 A としてあり得る状態は以下のいずれかになります。

- **状態 1：** 配列 A 全体が反転していない（すなわち $A = [1, 2, ..., N]$ である）
- **状態 2：** 配列 A 全体が反転している（すなわち $A = [N, ..., 2, 1]$ である）

したがって、変数 State に「現在の状態がどちらであるか」を記録すると、取得操作に正しく答えることができます[*8]。具体的には以下の通りになります。

- **State=1** のとき：A_x の値は x である
- **State=2** のとき：A_x の値は $N + 1 - x$ である

なお、下図は操作の例を示したものとなっています（注：入力例とは異なる例です）。

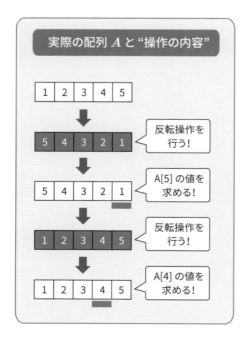
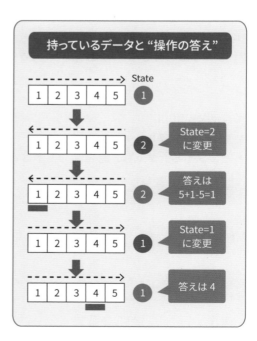

解説：ステップ 2

変更操作が行われる場合も、同じようなアイデアで解くことができます。まず、反転操作を無視したときの A_x の値を E[x] に記録します。すなわち、

- **State=1** のとき：配列 E は配列 A と同じ
- **State=2** のとき：配列 E は配列 A の逆順

となるようにします。このとき、A_x の値は以下のようになります。

- **State=1** のとき：E[x]
- **State=2** のとき：E[N+1−x]

A_x の値を y に変える変更操作を行いたいときは、上記の値を y に変更すれば良いです。これでようやく、3 種類の操作すべてを計算量 $O(1)$ で処理することができました。

このように、変数 State を追加で管理するなど、データの持ち方を工夫することで、アルゴリズムが改善される場合があります。

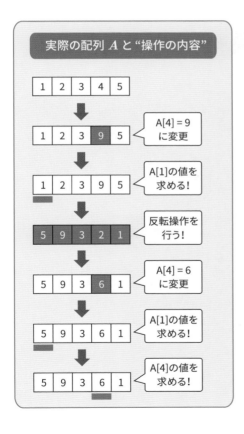

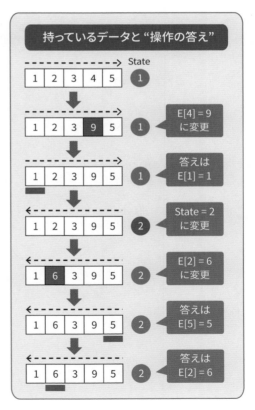

＊8　すなわち、反転操作が偶数回行われたとき State=1、奇数回行われたとき State=2 となります。

解答例（C++）

```cpp
1   #include <iostream>
2   using namespace std;
3
4   int N, Q, State = 1;
5   int E[200009];
6
7   int main() {
8       // 入力→配列の準備
9       cin >> N >> Q;
10      for (int i = 1; i <= N; i++) E[i] = i;
11
12      // クエリの処理
13      for (int i = 1; i <= Q; i++) {
14          int Type, x, y; cin >> Type;
15
16          // [1] 変更操作
17          if (Type == 1) {
18              cin >> x >> y;
19              if (State == 1) E[x] = y;
20              if (State == 2) E[N+1-x] = y;
21          }
22
23          // [2] 反転操作
24          if (Type == 2) {
25              if (State == 1) State = 2;
26              else State = 1;
27          }
28
29          // [3] 取得操作
30          if (Type == 3) {
31              cin >> x;
32              if (State == 1) cout << E[x] << endl;
33              if (State == 2) cout << E[N + 1 - x] << endl;
34          }
35      }
36      return 0;
37  }
```

問題 B44　応用問題

$N \times N$ のマス目があり、上から i 行目・左から j 列目のマス (i,j) には整数 $A_{i,j}$ が書かれています。
以下の2種類の操作を処理するプログラムを作成してください。

- 交換操作：整数 x,y が与えられるので、x 行目と y 行目を交換する
- 取得操作：整数 x,y が与えられるので、マス (x,y) に書かれた整数を答える

合計操作回数を Q 回とするとき、計算量が $O(N^2 + Q)$ であることが望ましいです。

ヒント　「x 行目には元々の何行目の値が書かれているか」を表す変数 T[x] を用意しましょう。

6章

考察テクニック

6.10 | 不変量に着目する

Card Elimination （ 実行時間制限 1 秒、難易度 ★ 5 ）

太郎君は N 枚のカードを持っています。i 枚目 $(1 \leq i \leq N)$ のカードの色は文字 A_i で表され、R が赤、B が青、W が白に対応します。

彼は、下図の 6 種類の操作を行うことができます。たとえば右下の操作は「青 1 枚と赤 1 枚を、白 1 枚に交換する操作」です。ここで、操作を $N-1$ 回行うと 1 枚のカードが残ります。最後に残ったカードの色を C にすることが可能かどうか、判定するプログラムを作成してください。

入力形式

$N \quad C$
$A_1 A_2 \cdots A_N$

出力形式

最後のカードの色を C にできるとき Yes、そうでないとき No を出力してください。

制約

- $2 \leq N \leq 200000$
- 文字 C は R・B・W のいずれか
- 文字 A_i は R・B・W のいずれか

入力例 1	出力例 1
4 B WBBR	Yes

問題の解説

まず、操作手順を全探索するという方法があります。しかし、あり得る操作手順の数は $N = 10$ の時点で約 26 億通りまで膨れ上がるため、もはや絶望的です。

そこで何か法則性を見つけるために、入力例の場合を考えてみましょう。少し衝撃的かもしれませんが、**実はどのような手順で操作を行っても、最後の 1 枚は青色になります**。以下に操作の例を示します。

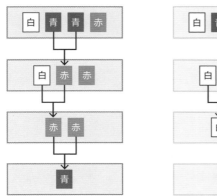 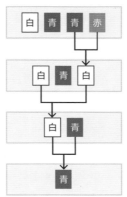 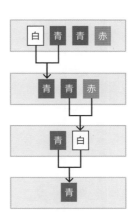

この理由を説明するため、白のカードを 0、青のカードを 1、赤のカードを 2 という整数で表しましょう。また、現在あるカードに対応する整数の合計を **スコア** と呼ぶことにしましょう。たとえば入力例の場合、白・青・青・赤の 4 枚のカードがありますので、スコアは 0 + 1 + 1 + 2 = 4 です。

このとき、6 種類すべての操作について、スコアは 0 または 3 減少します。したがって、「**スコアを 3 で割った余り**」は最初から最後まで一切変化しないのです。

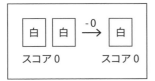  

6 章

考察テクニック

以上のことから、操作開始時のスコアを score とするとき、最後に残る 1 枚の色は次の通りになります。入力例は、score = 4 であるため青色です。

- score **を 3 で割った余りが 0 :** 白色
- score **を 3 で割った余りが 1 :** 青色
- score **を 3 で割った余りが 2 :** 赤色

このように、「スコアを 3 で割った余り」といった **不変量** に着目することが、解法のカギになる場合もあります。なお、不変量とは操作などによって変化しない値のことを指します。

解答例（C++）

```cpp
1   #include <iostream>
2   using namespace std;
3
4   int main() {
5       // 入力
6       int N; char C, A[200009];
7       cin >> N >> C;
8       for (int i = 1; i <= N; i++) cin >> A[i];
9
10      // スコアの計算
11      int score = 0;
12      for (int i = 1; i <= N; i++) {
13          if (A[i] == 'W') score += 0;
14          if (A[i] == 'B') score += 1;
15          if (A[i] == 'R') score += 2;
16      }
17      // 出力
18      if (score % 3 == 0 && C == 'W') cout << "Yes" << endl;
19      else if (score % 3 == 1 && C == 'B') cout << "Yes" << endl;
20      else if (score % 3 == 2 && C == 'R') cout << "Yes" << endl;
21      else cout << "No" << endl;
22      return 0;
23  }
```

問題 B45　応用問題

黒板に 3 つの整数 a, b, c が書かれています。「3 つ中 2 つの整数を選び、片方に + 1、もう片方に - 1 する」という操作を何回か行い、書かれた整数を全部 0 にすることはできますか。

ヒント 「書かれた整数の合計」が不変量になることを使うと、計算量 $O(1)$ で解けます。

6 章のまとめ

6.1　偶奇を考える

テクニックの概要

偶数と奇数で分けて考える

具体例

マス目を交互に塗っていく（$x+y$ の偶奇）

6.2　足された回数を考える

テクニックの概要

「何が何回足されたか」を考えて計算を楽にする

具体例

$3+3+5+5+5+5+3+5$ を直接計算せず
「3 が 3 個、5 が 5 個」を利用して計算する

6.3　上限値を考える

テクニックの手順

1.「絶対に答えが〇〇を超えない」という上限値 a を
見積もる
2. 答えを a にできることを証明する

6.4　一手先を考える

テクニックの概要

一手読みをしたときの最善手を選び続ける
貪欲法とも呼ばれている

具体例

硬貨の問題、区間スケジューリング問題

6.5　個数を考える

テクニックの概要

数え上げなどをまとめて行きたいとき、あらかじめ
個数をカウントしておく

具体例

配列 A 中に x が含まれる個数 cnt$[x]$ を数える

6.6　後ろから考える

テクニックの概要

最初の一手から考えて上手くいかなかった場合
最後の一手から考えるのも良い

6.7　固定して全探索

テクニックの概要

「何を全探索するか」を工夫すると、
調べるパターン数を減らせることがある

具体例

最小値などを全探索する

6.8　問題を言い換える

テクニックの概要

問題を「単純で考えやすいもの」に言い換える

具体例

人を区別しない場合は、「衝突する」を「すれ違う」
に言い換えることができる

6.9　データの持ち方を工夫する

テクニックの概要

配列が逆順になっているかどうかの情報を持つなど、
管理するデータを工夫することで、アルゴリズムが
改善される場合もある

6.10　不変量に着目する

テクニックの概要

偶奇や「3 で割った余り」など、操作を行っても変わ
らない値（不変量）に着目して解く

6 章

考察テクニック

245

7章

ヒューリスティック

7.0 | ヒューリスティック系コンテストとは

第 1 章から第 6 章までは、「正しい答えを出すプログラム」の提出の速さを競う **アルゴリズム系コンテスト** で必要なテクニックを学びました。

しかし、競技プログラミングの大会には、他にも **ヒューリスティック系コンテスト** があります。これは、正しい答え（最適解）を出すのが難しい問題に対し、できるだけ良い答えを出すプログラムを書き、そのスコアを競う大会です。第 7 章では、主にヒューリスティック系コンテストで頻出のアルゴリズムを学びます。

順位	スコア
1位	1,010,101,010 pts
2位	998,244,353 pts
3位	924,844,033 pts

最適解を出すのが難しい問題が与えられる　→　できるだけ良い答えを出すプログラムを書く　→　スコアの高い答えを出した参加者が上位に

ヒューリスティック系コンテストの特徴

ヒューリスティック系コンテストは「できるだけ良い答え」を競うものであるため、**様々な解法アプローチ** が考えられます。参加者が 100 人いれば、90 通りくらいの解法があるでしょう。それゆえアルゴリズム系コンテストより面白いと思う人もいます。

また、**だんだんとスコアを上げていく喜び** を味わえるのも特徴の一つです。コンテスト終了まで改善を加えながらスコアを向上させていくのは、育成ゲームのような楽しさがあります。最初に思いついた解法を実装して高得点が出なかったとしても、別の解法で逆転することも可能です。

AtCoder Heuristic Contest の紹介

ヒューリスティック系コンテストには様々なものがありますが、その中でも AtCoder 社が開催している **AtCoder Heuristic Contest (AHC)** が有名です。2022 年 9 月現在、コンテストが月 1 ペースで開催されており、コンテスト時間は 4 時間から 2 週間までと幅広いです。

リンク：`https://atcoder.jp/contests/ahc001`

開始時刻	コンテスト名	時間	Rated対象
2022-04-24(日) 15:00	Ⓑ◉ ALGO ARTIS プログラミングコンテスト2022（AtCoder Heuristic Contest 010）	04:00	All
2022-03-26(土) 15:00	Ⓑ◉ モノグサプログラミングコンテスト2022（AtCoder Heuristic Contest 009）	04:00	All
2022-02-12(土) 12:00	Ⓑ◉ MC Digital プログラミングコンテスト2022（AtCoder Heuristic Contest 008）	343:00	All

7.1 | 貪欲法

二次元平面上に N 個の都市があり、1 から N までの番号が付けられています。都市 i は座標 (X_i, Y_i) にあり、都市 i から都市 j までの距離は次式で表されます。

$$\sqrt{(X_i - X_j)^2 + (Y_i - Y_j)^2}$$

都市 1 から出発し、すべての都市を一度ずつ通った後、都市 1 へ戻ってくる経路のうち、合計距離ができるだけ短いものを出力してください。なお、この問題は「巡回セールスマン問題」と呼ばれています。

入力形式

N
X_1　Y_1
　　:
X_N　Y_N

出力形式

$N + 1$ 行にわたって、通った都市の番号を順番に出力してください。特に、1 行目と $N + 1$ 行目は 1 である必要があります。詳しくは入力例・出力例を参照してください。

制約

- $N = 150$
- $0 \leq X_i, Y_i \leq 1000$
- 入力はランダムに生成される

得点

各テストケースに対して、以下のように得点が定められます（小数点以下は切り捨て）。

- 出力が条件を満たさない場合、0 点
- 出力が条件を満たす場合、合計距離を D として、$10^6 \div D$ 点

全部で 50 個のテストケースがあり、最終的な得点はそれらの合計となります。まずは 4000 点を目指してみましょう。

入力例 1	出力例 1
7	1
1 1	2
4 1	6
2 5	7
3 4	3
3 2	4
4 2	5
5 5	1

この入力例に対応する図は以下の通りです。都市 $1 \to 2 \to 6 \to 7 \to 3 \to 4 \to 5 \to 1$ の順に移動すると、合計距離が約 15.81 となります。

なお、これは説明用のテストケースであり、制約を満たしていない（採点用テストケースには含まれない）ことに注意してください。制約を満たす入力例は、自動採点システムの問題ページからダウンロードしてください。

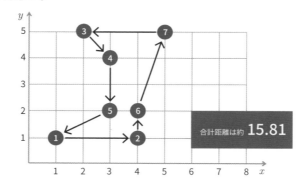

解説

　一手先を読む貪欲法（→ **6.4 節**）は、ヒューリスティック系の問題でも活躍します。たとえば今回の例題では、「今選べる中で一番近い都市に移動する」という素朴な貪欲法により、ある程度のスコアを出すことができます。

　実際、入力例の場合、次ページの図の通り合計距離 17.47[1] をたたき出すことができています。残り都市数が少ない終盤では距離が長くなっていますが、序盤の短さでカバーしていることが大きな勝因です。

---

[1]　たとえば都市 $1 \to 2 \to 3 \to 4 \to 5 \to 6 \to 7 \to 1$ の順番に移動すると、合計移動距離は約 20.71 になります。これと比較すれば格段に良いです。

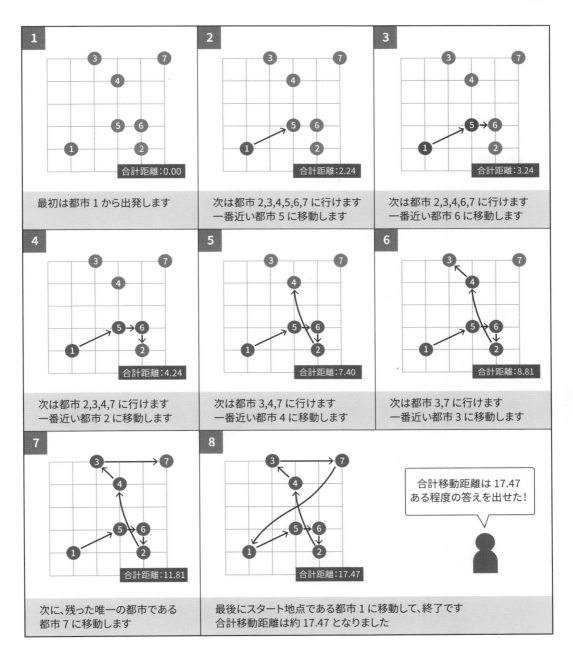

貪欲法の実装

このアルゴリズムを実装すると **解答例** のようになり、自動採点システムでは 4230 点が得られます。なお、距離を求めるときに必要な $\sqrt{a}$ の計算は、C++ の場合 sqrt(a)、Python の場合 a ** 0.5 という形式で実装することができます。

解答例 (C++)

```cpp
1   #include <iostream>
2   #include <cmath>
3   using namespace std;
4
5   int N, X[159], Y[159];
6   int P[159]; // 都市を訪れる順番の情報
7   bool visited[159]; // visited[i]=true のとき都市 i を訪問した
8
9   // 都市 p と q の間の距離を求める関数
10  double GetDistance(int p, int q) {
11      return sqrt((X[p]-X[q])*(X[p]-X[q]) + (Y[p]-Y[q])*(Y[p]-Y[q]));
12  }
13
14  // 貪欲法によって答えを求める関数
15  void PlayGreedy() {
16      // 配列の初期化
17      int CurrentPlace = 1;
18      for (int i = 1; i <= N; i++) visited[i] = false;
19      P[1] = 1; visited[1] = true;
20
21      // 貪欲法スタート
22      for (int i = 2; i <= N; i++) {
23          double MinDist = 10000.0; // 現時点での距離の最小
24          int Min_ID = -1; // 次はどの都市に移動すれば良いか
25
26          // 距離が最小となる都市を探す
27          for (int j = 1; j <= N; j++) {
28              if (visited[j] == true) continue;
29              double NewDist = GetDistance(CurrentPlace, j);
30              if (MinDist > NewDist) {
31                  MinDist = NewDist;
32                  Min_ID = j;
33              }
34          }
35
36          // 現在位置の更新
37          visited[Min_ID] = true;
38          P[i] = Min_ID;
39          CurrentPlace = Min_ID;
```

```
40        }
41
42        // 最後に訪問する都市
43        P[N+1] = 1;
44    }
45
46    int main() {
47        // 入力
48        cin >> N;
49        for (int i = 1; i <= N; i++) cin >> X[i] >> Y[i];
50
51        // 貪欲法
52        PlayGreedy();
53
54        // 出力
55        for (int i = 1; i <= N + 1; i++) cout << P[i] << endl;
56        return 0;
57    }
```

7.2 局所探索法

局所探索法は、解を少しずつ改善していくことで、最終的に質の高い解を 1 つ生成するアルゴリズムです。以下の **手順 1・手順 2** が基礎となっています。

> **手順 1：**初期解（スタート地点）を適当に生成する
> **手順 2：**小さな変更をランダムに行い、スコアが良くなれば採用することを繰り返す

このようなアルゴリズムは、山を登っていくイメージにたとえて **山登り法** と呼ばれることもあります。模式図を以下に示します。

ここで、**手順 2** における「小さな変更」の範囲を **近傍** と呼ぶことがあり、近傍をどう設定するかによって、最終的に得られるスコアが大きく変わります。たとえば巡回セールスマン問題の場合、区間の移動順序を反転させる変更を繰り返すと、上手くいくことが知られています（**2-opt 法** と呼ばれる手法です）。下図が反転操作の一例です。

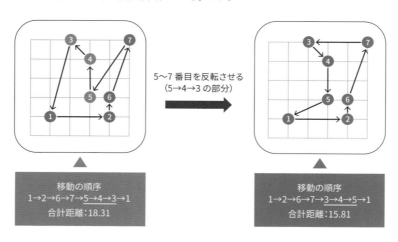

それでは、7.1 節の入力例 1 に対して局所探索法を適用してみましょう。初期解を「都市 1 → 2 → 3 → 4 → 5 → 6 → 7 → 1」とするとき、計算過程は下図のようになります。最終的には合計距離を 16.36 まで減らすことができました。

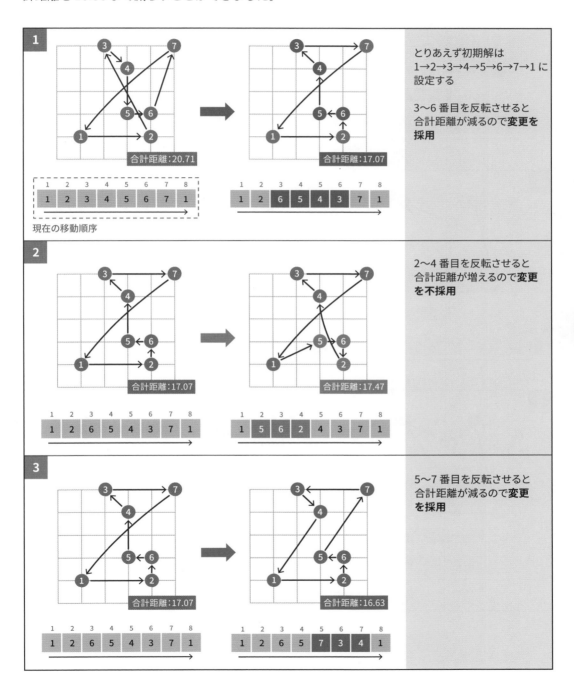

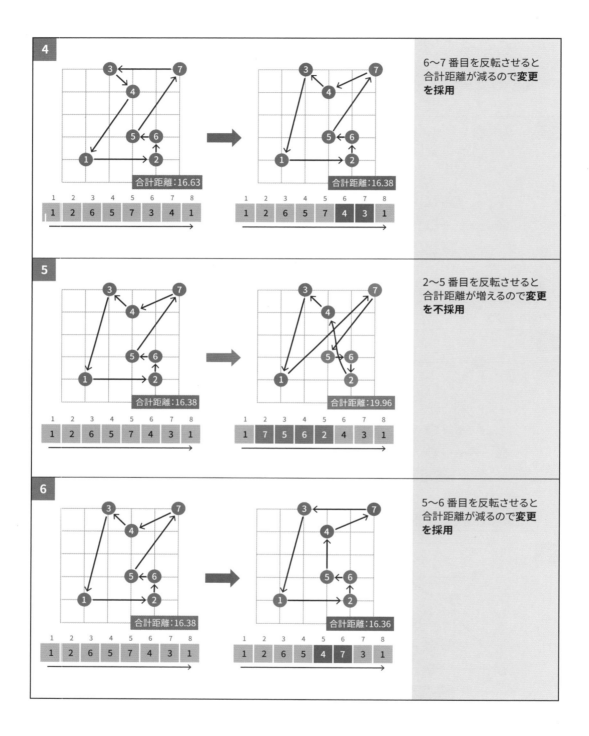

4

合計距離：16.63 → 合計距離：16.38

1	2	3	4	5	6	7	8
1	2	6	5	7	3	4	1

1	2	3	4	5	6	7	8
1	2	6	5	7	4	3	1

6～7番目を反転させると合計距離が減るので**変更を採用**

5

合計距離：16.38 → 合計距離：19.96

1	2	3	4	5	6	7	8
1	2	6	5	7	4	3	1

1	2	3	4	5	6	7	8
1	7	5	6	2	4	3	1

2～5番目を反転させると合計距離が増えるので**変更を不採用**

6

合計距離：16.38 → 合計距離：16.36

1	2	3	4	5	6	7	8
1	2	6	5	7	4	3	1

1	2	3	4	5	6	7	8
1	2	6	5	4	7	3	1

5～6番目を反転させると合計距離が減るので**変更を採用**

実装について

局所探索法を実装すると **解答例** のようになります。ループ回数を 20 万回に設定した場合は約 0.1 秒で実行が終わり、自動採点システムでは 4775 点が得られます。

なお、このプログラムでは初期解を $1 \to 2 \to 3 \to \cdots \to N \to 1$ に設定しています[*2]。また、反転する区間はほぼ一様ランダムに選ばれます。具体的には、2 以上 N 以下の整数 L, R がランダムに選ばれ、小さい方を左端、大きい方を右端に設定しています。11 行目の RandInt(a, b) については次ページの補足をご覧ください。

解答例（C++）

```
1    #include <iostream>
2    #include <cmath>
3    #include <ctime>
4    #include <algorithm>
5    using namespace std;
6
7    int N, X[159], Y[159];
8    int P[159];
9
10   // a 以上 b 以下の整数をランダムに返す関数
11   int RandInt(int a, int b) {
12       return a + rand() % (b - a + 1);
13   }
14
15   // 都市 p と q の間の距離を求める関数
16   double GetDistance(int p, int q) {
17       return sqrt((X[p]-X[q])*(X[p]-X[q]) + (Y[p]-Y[q])*(Y[p]-Y[q]));
18   }
19
20   // スコアを計算する関数
21   double GetScore() {
22       double sum = 0;
23       for (int i = 1; i <= N; i++) sum += GetDistance(P[i], P[i + 1]);
24       return sum;
25   }
26
27   int main() {
28       // 入力
29       cin >> N;
```

[*2]　初期解を「$1 \to 2 \to \cdots \to N \to 1$」ではなく「7.1 節の貪欲法で得られた解」に設定した場合、スコアが 4933 点まで上がります。

```
30      for (int i = 1; i <= N; i++) cin >> X[i] >> Y[i];
31
32      // 初期解生成
33      P[1] = 1; P[N + 1] = 1;
34      for (int i = 2; i <= N; i++) P[i] = i;
35
36      // 山登り法
37      double CurrentScore = GetScore();
38      for (int t = 1; t <= 200000; t++) {
39          // ランダムに反転させる区間 [L, R] を選ぶ
40          int L = RandInt(2, N);
41          int R = RandInt(2, N);
42          if (L > R) swap(L, R);
43
44          // reverse は配列の L～R 番目を反転させる関数
45          reverse(P + L, P + R + 1);
46          double NewScore = GetScore();
47
48          // 改善すればスコアを更新、悪化すれば元に戻す
49          if (CurrentScore >= NewScore) CurrentScore = NewScore;
50          else reverse(P + L, P + R + 1);
51      }
52
53      // 出力
54      for (int i = 1; i <= N + 1; i++) cout << P[i] << endl;
55      return 0;
56  }
```

補足：乱数生成について（C++）

乱数を生成する方法は様々ですが、C++ の場合は以下の rand() 関数を使うと簡単です。

> rand() 関数は 0 以上 RAND_MAX 以下の整数をランダムに返す関数である。ここで定数 RAND_MAX は実行環境によって異なる大きい値である。たとえば Visual Studio では 32767、AtCoder のコードテストでは 2147483647 となっている。

したがって、0 以上 N−1 以下のランダムな整数は rand() % N と書くことで得られます。同様に、a 以上 b 以下のランダムな整数は **コード 7.1** のようにして得られます。

コード 7.1 RandInt 関数の実装

```
1    // a 以上 b 以下の整数をランダムに返す関数
2    int RandInt(int a, int b) {
3        return a + rand() % (b - a + 1);
4    }
```

rand() 関数は大変お手軽ですが、乱数の質がやや悪いです[*3]。そこで良質な乱数を生成する方法として、**XOR シフト** や **メルセンヌ・ツイスタ** などが知られています。本書の範囲外ですが、興味のある方はインターネットなどで調べてみてください。

7 章

ヒューリスティック

＊3 ヒューリスティック系コンテストでは rand() 関数で十分なことも多いです。

局所探索法はシンプルですが、重大な欠点を抱えています。これは、「小さな変更をしてもスコアが改善しない」というニセの最適解にハマってしまい、真の最適解にたどり着けないことです。たとえば下図左側の小高い丘に移動すると、右側の頂上まで行けなくなってしまいます。

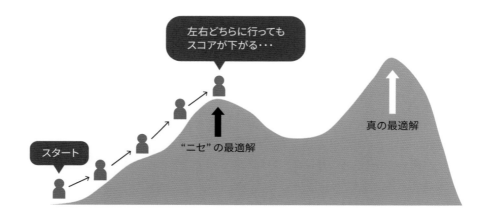

これは巡回セールスマン問題でも同じです。7.1 節で述べた通り、入力例では合計距離を15.81 まで減らすことが可能です。しかし、7.2 節の図の最後（合計距離 16.36）に対して、「区間の移動順序を反転させる変更」をどう行っても、解が悪化してしまいます。すなわち、局所探索法によって真の最適解が得られるとは限らないのです。

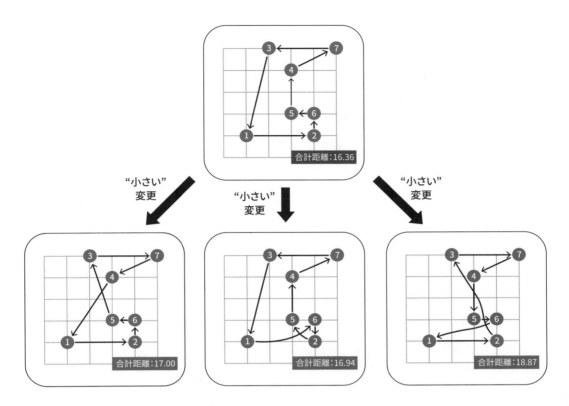

焼きなまし法とは

　前述の問題点を解消するために考案されたのが **焼きなまし法** です。焼きなまし法は、一定の確率でスコアを悪化させる変更を許すというアイデアが基本になっています。

　しかしながら、大きくスコアを落とすような変更をするのは良くないので、スコアの落差 Δ が大きいほど採用確率 p を下げることが多いです。具体的には次式がよく利用されます（e は **自然対数の底** であり、約 2.718 という値です）。

$$p = \begin{cases} 1 & （スコアが改善する場合） \\ e^{-\Delta/T} & （スコアが悪化する場合） \end{cases}$$

　ここで T は **温度** と呼ばれるパラメータです（詳しくは後述します）。たとえば $T=10$ の場合、スコアを 5 悪化させる変更は 61% の確率で採用しますが、10 悪化だと 37%、20 悪化だと 14%、30 悪化だと 5%、50 悪化だと 1% まで下がっていきます。

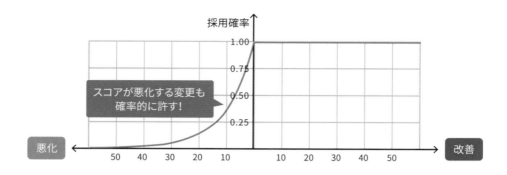

焼きなまし法の温度

最後に、実装にあたって大切な「温度の調整」について記します。一般に、焼きなまし法の実行過程においては、以下の2つのことがいえます。

- **序盤：** ニセの最適解から脱出しやすいように、悪化を許す確率を高くすべき
- **終盤：** 真の最適解に近づきやすいように、悪化を許す確率を低くすべき

したがって、焼きなまし法では実行時間が経つにつれて、徐々に温度 T を下げる方針が有効です。たとえば **解答例** ではループ回数を20万回に設定しており、次表のように温度を下げています。このとき、自動採点システムでは 5071 点が得られます。

何回目のループか	1	・・・	5万	・・・	10万	・・・	15万	・・・	20万
温度 T	30	・・・	23	・・・	16	・・・	9	・・・	2

解答例（C++）

```cpp
1   #include <iostream>
2   #include <cmath>
3   #include <ctime>
4   #include <algorithm>
5   using namespace std;
6
7   int N, X[159], Y[159];
8   int P[159];
9
10  // 0 以上 1 以下のランダムな実数を返す関数
11  double Randouble() {
12      return 1.0 * rand() / RAND_MAX;
13  }
14
15  int main() {
16      // 入力
17      cin >> N;
18      for (int i = 1; i <= N; i++) cin >> X[i] >> Y[i];
19
20      // 初期解生成
21      P[1] = 1; P[N + 1] = 1;
22      for (int i = 2; i <= N; i++) P[i] = i;
23
24      // 焼きなまし法（GetScore 関数、RandInt 関数は 7.2 節を参照）
25      double CurrentScore = GetScore();
26      for (int t = 1; t <= 200000; t++) {
27          int L = RandInt(2, N);
28          int R = RandInt(2, N);
29          if (L > R) swap(L, R);
30          reverse(P + L, P + R + 1);
31          double NewScore = GetScore();
32
33          // 7.2 節の解答例から変更した唯一の部分（Probability は採用確率）
34          double T = 30.00 - 28.00 * t / 200000.0;
35          double Probability = exp(min(0.0, (CurrentScore - NewScore) / T));
36          if (Randouble() < Probability) CurrentScore = NewScore;
37          else reverse(P + L, P + R + 1);
38      }
39
40      // 出力
41      for (int i = 1; i <= N + 1; i++) cout << P[i] << endl;
42      return 0;
43  }
```

7.4 ビームサーチ

Heuristic 2 （実行時間制限 1 秒、難易度 ★ 6）

長さ 20 の配列 $X = [X[1], X[2], ... , X[20]]$ があり、最初はすべての要素がゼロとなっています。あなたは配列に対して T 回の操作を行います。i 手目 $(1 \le i \le T)$ では、以下のうちいずれかを選択します。

- **操作 A** ： $X[P_i]$、$X[Q_i]$、$X[R_i]$ に + 1 を加算する。
- **操作 B** ： $X[P_i]$、$X[Q_i]$、$X[R_i]$ に - 1 を加算する。

各操作が終わった後、「$X[j] = 0$ となる j の個数」だけスコアが加算されます（すなわち、スコアの加算は全部で T 回行われます）。できるだけスコアが大きくなるような操作手順を求めてください。

入力形式

T
P_1 Q_1 R_1
   :
P_T Q_T R_T

出力形式

T 行にわたって出力してください。i 行目には、i 手目に行う操作の番号（A または B）を出力してください。

制約

- $T = 100$
- $1 \le P_i < Q_i < R_i \le 20 \ (1 \le i \le T)$
- 入力はランダムに生成される

得点

各テストケースに対して、スコアと同じ点数が得られます。全部で 50 個のテストケースがあり、最終的な得点はそれらの合計となります。

入力例1	出力例1
3 1 2 3 2 3 4 3 4 5	A B A

この入力例に対応する図は以下の通りです。1手目終了後にスコア 17、2手目終了後にスコア 18、3手目終了後にスコア 17 が加算され、合計で 17 + 18 + 17 = 52 となります。

なお、これは説明用のテストケースであり、制約を満たしていない（採点用テストケースには含まれない）ことに注意してください。制約を満たす入力例は、自動採点システムの問題ページからダウンロードしてください。

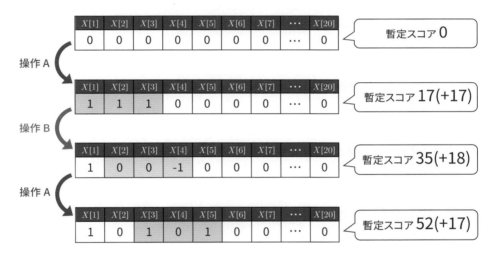

シンプルな解法

　最も単純な方法は、**1 手先のスコアが最大となる操作を選び続ける** という貪欲法です。下図の通り、入力例ではスコア 52 をたたき出すことができます。また、サポートページ（**→ 0.4 節**）に掲載されているような実装をした場合、自動採点システムでは 37454 点が得られます。

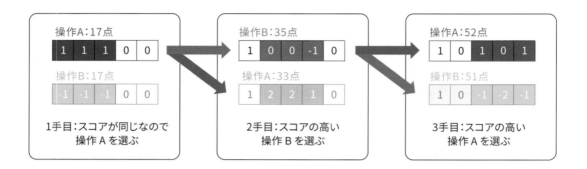

ビームサーチとは

　貪欲法には重大な欠点があります。これは、各段階につき 1 つの状態しか考えていないことです。もしかしたら 2 番目・3 番目に良い手が長期的には最善になるかもしれないのに、1 手先を読んだときの最善手以外はバサッと切り捨てられてしまいます。

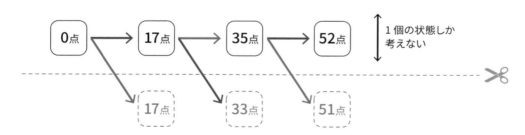

　この問題点を解消する手法が **ビームサーチ** です。ビームサーチでは、スコアが上位 k 個となるものを残して探索を進めていきます。ここで定数 k は **ビーム幅** と呼ばれ、実行時間制限などに応じて適切に調整します。次ページに模式図を示します（入力例と対応していないことに注意）。
　イメージが湧かない方は、動物の生存競争にたとえると理解しやすいかもしれません。増殖したら上位 k 個以外の個体を死滅させ、また増殖したら上位 k 個以外の個体を死滅させる、といったことを繰り返すようなイメージです。

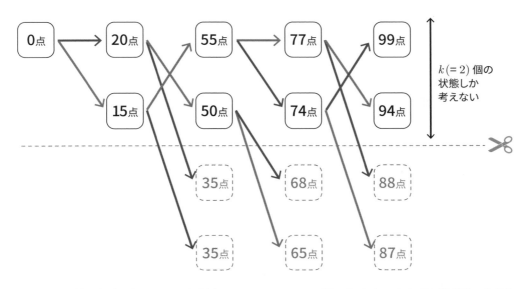

また、具体的な操作手順は、辺を逆走することによって得られます。たとえば下図のように1位（99点）から出発した場合、赤→赤→青→青という操作手順が得られます。第4章を既に読まれた方は、動的計画法の復元（→ **4.2 節**）を思い出すと良いでしょう。

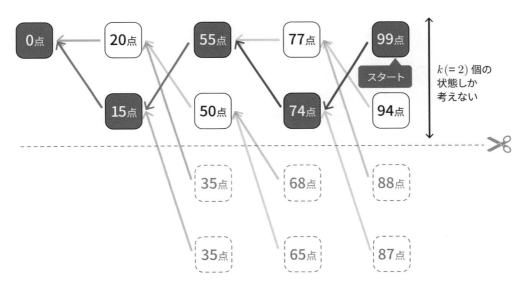

ビームサーチの実装：Part 1

それではビームサーチを実装してみましょう。まず、「i 手目終了時点での第 j 位の盤面」を表す変数 $\mathrm{Beam}[i][j]$ には、以下の 4 つの情報を記録します。

- score：現時点でのスコア
- X：現時点での配列 X の値
- LastMove：i 手目は操作 A・B のどちらか
- LastPos：i-1 手目時点では第何位であったか

特に最後の 2 つは、ビームサーチの復元のために必要な情報です。これらの情報は、以下の構造体 State を用いて管理することができます。

コード 7.2　構造体 State の実装

```
1  struct State {
2      int score; // 暫定スコア
3      int X[29]; // 現在の配列 X の値
4      char LastMove; // 最後の動き（'A' または 'B'）
5      int LastPos; // Beam[i-1][どこ] から遷移したか
6  };
```

ビームサーチの実装：Part 2

次に、$\mathrm{Beam}[i][j]$ を計算する部分は **コード 7.3** のように実装できます。ここで変数 Candidate は、次の盤面として考えられる候補を管理したリストとなっています。ビーム幅を k とするとき、最大 $2k$ 個の要素が入ります。

コード 7.3　ビームサーチの計算部分の実装

```
1   // 0 手目の状態を設定
2   // NumState[i] は i 手目時点での状態数（必ずビーム幅以下になる）
3   // 0 手目は X=[0,0,...,0] しか存在しないので NumState[0]=1
4   NumState[0] = 1;
5   Beam[0][0].score = 0;
6   for (int i = 1; i <= N; i++) Beam[0][0].X[i] = 0;
7
8   // ビームサーチ
9   for (int i = 1; i <= T; i++) {
10      vector<State> Candidate;
11      for (int j = 0; j < NumState[i-1]; j++) {
12          // 操作 A の場合
```

```
13          State SousaA = Beam[i-1][j];
14          SousaA.LastMove = 'A';
15          SousaA.LastPos = j;
16          SousaA.X[P[i]] += 1;
17          SousaA.X[Q[i]] += 1;
18          SousaA.X[R[i]] += 1;
19          for (int k = 1; k <= N; k++) {
20              if (SousaA.X[k] == 0) SousaA.score += 1;
21          }
22
23          // 操作 B の場合
24          State SousaB = Beam[i-1][j];
25          SousaB.LastMove = 'B';
26          SousaB.LastPos = j;
27          SousaB.X[P[i]] -= 1;
28          SousaB.X[Q[i]] -= 1;
29          SousaB.X[R[i]] -= 1;
30          for (int k = 1; k <= N; k++) {
31              if (SousaB.X[k] == 0) SousaB.score += 1;
32          }
33
34          // 候補に追加
35          Candidate.push_back(SousaA);
36          Candidate.push_back(SousaB);
37      }
38
39      // ソートして Beam[i] の結果を計算する
40      sort(Candidate.begin(), Candidate.end(), greater<State>());
41      NumState[i] = min(WIDTH, (int)Candidate.size());
42      for (int j = 0; j < NumState[i]; j++) Beam[i][j] = Candidate[j];
43  }
```

　しかし、このままではソートに必要な「構造体 State の大小比較」ができないので「暫定スコアの高い方が上」になるように比較関数を設定します。これは **コード 7.4** のように実装できます。

コード 7.4　比較関数の実装

```
1  // sort 関数の順序を決める（スコアが大きい方が「大きい」とする）
2  bool operator>(const State& a1, const State& a2) {
3      if (a1.score > a2.score) return true;
4      else return false;
5  }
```

7章

ヒューリスティック

ビームサーチの実装：Part 3

　最後に、操作手順の復元を **コード 7.5** のように実装します。変数 CurrentPlace は、現時点で第何位の状態にいるかをメモしたものとなっています。

　以上の内容をまとめると **解答例** のようになります。ビーム幅を 10000 に設定した場合、自動採点システムでは 48804 点が得られます。貪欲法と比べると、はるかに高いスコアです。

コード 7.5　操作手順の復元の実装

```
1  int CurrentPlace = 0;
2  for (int i = T; i >= 1; i--) {
3      Answer[i] = Beam[i][CurrentPlace].LastMove;
4      CurrentPlace = Beam[i][CurrentPlace].LastPos;
5  }
```

解答例（C++）

```
1   #include <iostream>
2   #include <vector>
3   #include <algorithm>
4   #include <functional>
5   using namespace std;
6
7   // 盤面の状態を表す構造体
8   struct State {
9       int score;      // 暫定スコア
10      int X[29];      // 現在の配列 X の値
11      char LastMove;  // 最後の動き（'A' または 'B'）
12      int LastPos;    // Beam[i-1][どこ] から遷移したか
13  };
14
15  // sort 関数の順序を決める（スコアが大きい方が「大きい」とする）
16  bool operator>(const State& a1, const State& a2) {
17      if (a1.score > a2.score) return true;
18      else return false;
19  }
20
21  // 必要な変数・配列（WIDTH はビーム幅、NumState[i] は i 手目時点での状態数）
22  const int WIDTH = 10000;
23  const int N = 20;
24  int T, P[109], Q[109], R[109];
25  int NumState[109];
26  State Beam[109][WIDTH];
27  char Answer[109];
```

```
28
29   // ビームサーチを行う関数
30   void BeamSearch() {
31       // 0 手目の状態を設定
32       NumState[0] = 1;
33       Beam[0][0].score = 0;
34       for (int i = 1; i <= N; i++) Beam[0][0].X[i] = 0;
35
36       // ビームサーチ
37       for (int i = 1; i <= T; i++) {
38           vector<State> Candidate;
39           for (int j = 0; j < NumState[i-1]; j++) {
40               // 操作 A の場合
41               State SousaA = Beam[i-1][j];
42               SousaA.LastMove = 'A';
43               SousaA.LastPos = j;
44               SousaA.X[P[i]] += 1;
45               SousaA.X[Q[i]] += 1;
46               SousaA.X[R[i]] += 1;
47               for (int k = 1; k <= N; k++) {
48                   if (SousaA.X[k] == 0) SousaA.score += 1;
49               }
50
51               // 操作 B の場合
52               State SousaB = Beam[i-1][j];
53               SousaB.LastMove = 'B';
54               SousaB.LastPos = j;
55               SousaB.X[P[i]] -= 1;
56               SousaB.X[Q[i]] -= 1;
57               SousaB.X[R[i]] -= 1;
58               for (int k = 1; k <= N; k++) {
59                   if (SousaB.X[k] == 0) SousaB.score += 1;
60               }
61
62               // 候補に追加
63               Candidate.push_back(SousaA);
64               Candidate.push_back(SousaB);
65           }
66
67           // ソートして Beam[i] の結果を計算する
68           sort(Candidate.begin(), Candidate.end(), greater<State>());
69           NumState[i] = min(WIÐTH, (int)Candidate.size());
70           for (int j = 0; j < NumState[i]; j++) Beam[i][j] = Candidate[j];
71       }
72   }
73
74   int main() {
75       // 入力
76       cin >> T;
```

```
77      for (int i = 1; i <= T; i++) cin >> P[i] >> Q[i] >> R[i];
78
79      // ビームサーチ
80      BeamSearch();
81
82      // ビームサーチの復元（CurrentPlace は配列 Beam のどの位置を見ているかを表す）
83      int CurrentPlace = 0;
84      for (int i = T; i >= 1; i--) {
85          Answer[i] = Beam[i][CurrentPlace].LastMove;
86          CurrentPlace = Beam[i][CurrentPlace].LastPos;
87      }
88
89      // 出力
90      for (int i = 1; i <= T; i++) cout << Answer[i] << endl;
91      return 0;
92  }
```

補足：評価関数について

　最後に、ヒューリスティック系の問題で大切となるキーワードを一つ紹介します。「どういう局面を良しとするかの決め方」を **評価関数** といいます。評価関数は多種多様であり、どれを選択するかによって、最終的に得られるスコアが大幅に変わることもあります。

　たとえば本節の冒頭では、評価関数を **暫定スコア** とし、その値が最大のものを選び続ける貪欲法を説明しました。この解法では 37454 点となります。一方、評価関数を **配列 X の絶対値の合計** に変えると、同じ貪欲法でも 40978 点まで上がります[*4]。

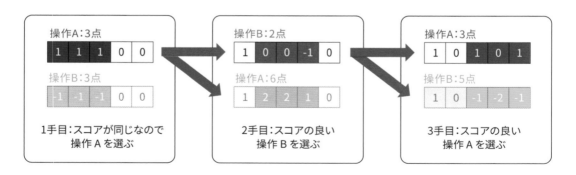

---

*4　たとえば $A = [1,0,-1,-2,-1,0, ... ,0]$ の場合、評価関数の値は $|1| + |0| + |-1| + |-2| + |-1| = 5$ です。なお、実装例はサポートページに掲載されています。

7.5 | チャレンジ問題

問題 A50　山型足し算　　　　　　　　　（実行時間制限 6 秒、難易度 ★ 5 ）

$N \times N$ のマス目 B があり、上から i 行目・左から j 列目 $(0 \le i,j \le N-1)$ のマスを (j,i) とします。特に、左上のマスは $(0,0)$ です。

最初はすべてのマスに整数 0 が書かれています（これを、初期マス目とします）。あなたはマス目に対して、以下の操作を行うことができます。

- 操作 (X,Y,H):「マス (i,j) に書かれている整数に $\max(0, H-|X-i|-|Y-j|)$ を加算すること」をすべてのマスで行う

たとえば $N=5$ の初期マス目から、操作 $(1,0,2)$、操作 $(2,2,3)$ をその順に行ったとき、マス目の状態は下図のように変化します。

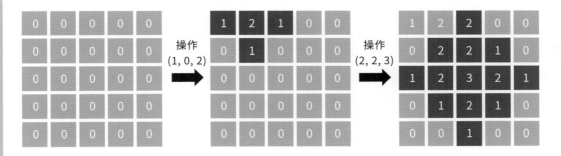

さて、この問題では $N \times N$ のマス目 A が与えられます。マス目 A の位置 (j, i) には整数 $A_{i,j}$ が書かれています。最大 1000 回の操作を行うことで、マス目 B をマス目 A にできるだけ近づける方法を求めてください。

入力形式

$$
\begin{array}{ccc}
A_{0,0} & A_{0,1} \cdots & A_{0,N-1} \\
& \vdots & \\
A_{N-1,0} & A_{N-1,1} \cdots & A_{N-1,N-1}
\end{array}
$$

出力形式

以下の形式で出力してください。ただし、全体の操作回数を Q 回とし、i 回目 $(1 \le i \le Q)$ には

操作 (X_i, Y_i, H_i) を行うものとします。ここで、$0 \le Q \le 1000$、$0 \le X_i \le N - 1$、$0 \le Y_i \le N - 1$、$1 \le H_i \le N$ を満たす必要があります。

$$
\begin{array}{ccc}
Q & & \\
X_1 & Y_1 & H_1 \\
& \vdots & \\
X_Q & Y_Q & H_Q
\end{array}
$$

制約

- $N = 100$
- $0 \le A_{i,j} \le 100000$
- マス目 A は初期マス目から 1000 回の操作をランダムに行ったものである

得点

すべての操作を終えた後に、位置 (j,i) に書かれた整数を $B_{i,j}$ とします。このとき、各テストケースに対する得点は、以下のように定められます。

- 出力が条件を満たさない場合：0 点
- 出力が条件を満たす場合：200,000,000 - ($|A_{i,j} - B_{i,j}|$ の合計) 点

全部で 50 個のテストケースがあり、最終的な得点はそれらの合計となります。本問題では、9,995,000,000 点を目指してみましょう。

入力例 1	出力例 1
2 1 1 0 0 1 1 2 1 0 1 2 3 2 1 0 1 2 1 0 0 0 1 0 0	2 1 0 2 2 2 3

この入出力例における「マス目 A」と「操作後のマス目 B」を次ページに示します。$|A_{i,j} - B_{i,j}|$ の合計値は 5 であるため、199,999,995 点が得られます。

なお、これは説明用の例であり、制約を満たしていない（採点用テストケースには含まれない）ことに注意してください。制約を満たす入力例は、自動採点システムの問題ページからダウンロードすることができます。

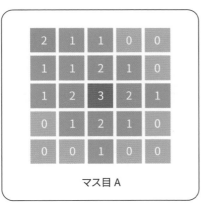

マス目 A

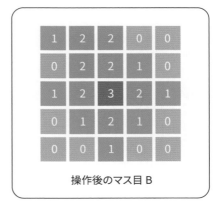

操作後のマス目 B

この問題について

　この問題は、「HACK TO THE FUTURE 2018 予選」という 8 時間コンテストで出題され
たものです。練習用ではなく本番用として作られた問題であるため、難易度がやや高くなってい
ます。読み飛ばしても構いませんが、興味のある方はぜひ挑戦してみましょう。

　なお、コンテスト本番の順位表は、以下の URL から閲覧できます。プログラムを提出すると
きに「本番なら何位相当なんだろう・・・」と気になった方は、ぜひご活用ください。

● https://atcoder.jp/contests/future-contest-2018-qual/standings

はじめの一歩

　まずは最初の一手として、正の得点を取るプログラムを書いてみましょう[*5]。たとえば、$H_i =$
1 の操作をランダムに 1000 回行う **コード 7.6** を提出すると、4,625,995,259 点が得られます。
本番では 291/327 位相当の成績です。

[*5]　一般に、ヒューリスティック系コンテストでは「とりあえず正の得点を獲得すること」が最初の一手として大切
　　 です。なぜなら、問題文の理解の助けになったり、出力形式の確認ができたりするからです。

コード 7.6 4,625,995,259 点を獲得するプログラム

```cpp
#include <iostream>
using namespace std;

int N = 100;
int A[109][109];
int X[1009], Y[1009], H[1009];

int main() {
    // 入力
    for (int i = 0; i < N; i++) {
        for (int j = 0; j < N; j++) cin >> A[i][j];
    }

    // 答えを生成
    for (int i = 1; i <= 1000; i++) {
        X[i] = rand() % N; // 0 以上 N-1 以下のランダムな整数
        Y[i] = rand() % N; // 0 以上 N-1 以下のランダムな整数
        H[i] = 1;
    }

    // 出力
    cout << "1000" << endl;
    for (int i = 1; i <= 1000; i++) {
        cout << X[i] << " " << Y[i] << " " << H[i] << endl;
    }
    return 0;
}
```

より良い解法のアイデア

次に、山登り法 (→ 7.2 節) をベースとした解法を検討します。まず山登り法では、近傍 (小さい変更の範囲) を決める必要があります。i 回目に行う操作を (X_i, Y_i, H_i) とするとき、近傍としては以下のものが考えられます。

- **近傍 A**：適当な番号 a,b を選び、(X_a, Y_a, H_a) と (X_b, Y_b, H_b) を交換
- **近傍 B**：適当な番号 t を選び、(X_t, Y_t, H_t) の値を一様ランダムに変更
- **近傍 C**：適当な番号 t を選び、(X_t, Y_t, H_t) の値をわずかに動かす

さて、どれが上手くいくのでしょうか。答えは **近傍 C** です。もちろん、3 つすべてを実装しても良いのですが、「スコアが操作の順序に依存しないので **近傍 A** は悪そう」といった直感を働かせることで、良さそうな候補を絞り込むことができます。

t	X_t	Y_t	H_t
1	12	87	49
2	67	42	13
3	78	74	18
4	33	91	80
5	25	24	72

小さい変更 →

t	X_t	Y_t	H_t
1	12	87	49
2	67	42	13
3	76	69	21
4	33	91	80
5	25	24	72

小さい変更 →

t	X_t	Y_t	H_t
1	13	86	53
2	67	42	13
3	76	69	21
4	33	91	80
5	25	24	72

実装ステップ 1：スコアの計算

　ヒューリスティック系コンテストでは、プログラムが数百行程度と長くなることが多く、一度にすべてを実装しようとするとバグを生みやすいです。そのため、全体をいくつかの部分に分解し、書きやすいところから実装するのが大切です。

　それでは、スコアを計算する関数 GetScore から実装しましょう。マス目 A・B に書かれた整数を二次元配列 A・B を用いて記録するとき、実装例は **コード 7.7** のようになります。

コード 7.7　スコアを計算するプログラム

```
1    // 現在のスコアを返す関数
2    int GetScore() {
3        int sum = 0;
4        for (int i = 0; i < N; i++) {
5            for (int j = 0; j < N; j++) sum += abs(A[i][j] - B[i][j]);
6        }
7        return 200000000 - sum;
8    }
```

実装ステップ 2 : 変更操作

次に、1 つの番号 t に対して (X_t, Y_t, H_t) の値を (x, y, h) に変更し、それに応じて二次元配列 B を更新するプログラムを実装してみましょう。自然に実装すると **コード 7.8** のようになります。配列 B を更新する際、すべての値をゼロに戻しています。

コード 7.8　変更操作を行うプログラム (遅い)

```
1   // X[t]=x, Y[t]=y, H[t]=h に変更する関数
2   void Change(int t, int x, int y, int h) {
3       // X[t], Y[t], H[t] の変更
4       X[t] = x;
5       Y[t] = y;
6       H[t] = h;
7
8       // 配列 B のリセット (ゼロに戻す)
9       for (int i = 0; i < N; i++) {
10          for (int j = 0; j < N; j++) B[i][j] = 0;
11      }
12
13      // 配列 B の更新
14      for (int q = 1; q <= Q; q++) {
15          for (int i = 0; i < N; i++) {
16              for (int j = 0; j < N; j++) {
17                  B[j][i] += max(0, H[q]-abs(X[q]-i)-abs(Y[q]-j));
18              }
19          }
20      }
21  }
```

しかし、このプログラムには致命的な問題点があります。これは、操作回数を Q としたときの計算量が $O(QN^2)$ となっていることです。本問題では $Q = 1000$、$N = 100$ であるため、Change 関数を一回実行しただけで 10^7 回程度の計算を要します。このままでは、実行時間制限の 6 秒以内に、山登り法の「小さな変更」を数百回しか行うことができません。

計算量の改善

そこで以下のようなアルゴリズムを使うと、計算量が $O(N^2)$ まで改善され、前述の問題点を解消することができます。

> **手順 1**　変更前における「操作 (X_t, Y_t, H_t) の寄与分」を配列 B に引き算
> **手順 2**　変更後における「操作 (X_t, Y_t, H_t) の寄与分」を配列 B に足し算

たとえば、$(X_1, Y_1, H_1) = (1,0,2)$、$(X_2, Y_2, H_2) = (2,2,3)$ である状態から、(X_2, Y_2, H_2) の値を $(2,3,2)$ に変更するとき、アルゴリズムの流れは次図のようになります。

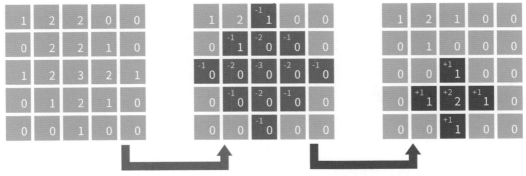

手順1：操作 (2,2,3) を引く　　　　手順2：操作 (2,3,2) を足す

以上の内容を実装すると **コード 7.9** のようになります。このように、ヒューリスティック系の問題でも、計算量の改善が役立つ場合があります。

コード 7.9　変更操作を行うプログラム（速い）

```
1   // X[t]=x, Y[t]=y, H[t]=h に変更する関数
2   void Change(int t, int x, int y, int h) {
3       // [ 手順 1] 配列 B に対して引き算
4       for (int i = 0; i < N; i++) {
5           for (int j = 0; j < N; j++) {
6               B[j][i] -= max(0, H[t] - abs(X[t] - i) - abs(Y[t] - j));
7           }
8       }
9
10      // X[t], Y[t], H[t] の変更
11      X[t] = x;
12      Y[t] = y;
13      H[t] = h;
14
15      // [ 手順 2] 配列 B に対して足し算
16      for (int i = 0; i < N; i++) {
17          for (int j = 0; j < N; j++) {
18              B[j][i] += max(0, H[t] - abs(X[t] - i) - abs(Y[t] - j));
19          }
20      }
21  }
```

7
章

ヒューリスティック

実装ステップ 3：山登り法

最後に、山登り法の本体は **コード 7.10** のように実装できます。このプログラムでは、できるだけ多くのループを回すため、実行時間制限の 6 秒ギリギリまで山登り法を続けています。ここで、「20 万回」のようなループ回数ではなく「6 秒」のようなループ時間で区切るのは少し難しいですが、C++ の場合は時刻をミリ秒単位で返す clock 関数を使うと上手くいきます。なお、(X_t, Y_t, H_t) に対して行う「小さな変更」の範囲は、次表の通りになっています。

変数	小さな変更の範囲
X_t	-9 以上 +9 以下の範囲で一様ランダムに変化させる
Y_t	-9 以上 +9 以下の範囲で一様ランダムに変化させる
H_t	-19 以上 +19 以下の範囲で一様ランダムに変化させる

コード 7.10 山登り法を行うプログラム

```
1   void Yamanobori() {
2       // 変数の設定（5.95 秒ループを回す／CLOCKS_PER_SEC は 1 秒が何ミリ秒かを表す）
3       int TIMELIMIT = 5.95 * CLOCKS_PER_SEC;
4       int CurrentScore = GetScore();
5       int ti = clock();
6
7       // 山登り法スタート
8       while (clock() - ti < TIMELIMIT) {
9           // (t, new_x, new_y, new_h) の組をランダムに選ぶ
10          // 関数 RandInt は 7.2 節の解答例を参照
11          int t = RandInt(1, Q);
12          int old_x = X[t], new_x = X[t] + RandInt(-9, 9);
13          int old_y = Y[t], new_y = Y[t] + RandInt(-9, 9);
14          int old_h = H[t], new_h = H[t] + RandInt(-19, 19);
15          if (new_x < 0 || new_x >= N) continue;
16          if (new_y < 0 || new_y >= N) continue;
17          if (new_h <= 0 || new_h > N) continue;
18
19          // とりあえず変更し、スコアを評価する
20          Change(t, new_x, new_y, new_h);
21          int NewScore = GetScore();
22
23          // スコアに応じて採用／不採用を決める
24          if (CurrentScore < NewScore) CurrentScore = NewScore;
25          else Change(t, old_x, old_y, old_h);
26      }
27  }
```

実装のまとめ

　長くなりましたが、ステップ 1 〜 3 を合成させると **解答例** のようになります。このプログラムを提出すると 9,995,417,565 点が得られ、コンテスト本番では 36/327 位相当（上位 11%）の成績となります。ここまでお疲れ様でした。

　なお、Python・Java での実装例は、サポートページ（**→ 0.4 節**）をご覧ください。プログラミング言語によって計算速度が異なるため、スコアも当然変化します。

解答例（C++）

```cpp
1   #include <iostream>
2   #include <cmath>
3   #include <ctime>
4   #include <algorithm>
5   using namespace std;
6
7   int N = 100;
8   int Q = 1000;
9   int A[109][109], B[109][109];
10  int X[1009], Y[1009], H[1009];
11
12  // L 以上 R 以下のランダムな整数を返す関数
13  int RandInt(int L, int R) {
14      return rand() % (R - L + 1) + L;
15  }
16
17  // 現在のスコアを返す関数
18  int GetScore() {
19      int sum = 0;
20      for (int i = 0; i < N; i++) {
21          for (int j = 0; j < N; j++) sum += abs(A[i][j] - B[i][j]);
22      }
23      return 200000000 - sum;
24  }
25
26  // X[t]=x, Y[t]=y, H[t]=h に変更する関数
27  void Change(int t, int x, int y, int h) {
28      for (int i = 0; i < N; i++) {
29          for (int j = 0; j < N; j++) {
30              B[j][i] -= max(0, H[t] - abs(X[t] - i) - abs(Y[t] - j));
31          }
32      }
33      X[t] = x;
34      Y[t] = y;
35      H[t] = h;
36      for (int i = 0; i < N; i++) {
37          for (int j = 0; j < N; j++) {
```

```
38              B[j][i] += max(0, H[t] - abs(X[t] - i) - abs(Y[t] - j));
39          }
40      }
41  }
42
43  void Yamanobori() {
44      // 変数の設定（5.95 秒ループを回す）
45      int TIMELIMIT = 5.95 * CLOCKS_PER_SEC;
46      int CurrentScore = GetScore();
47      int ti = clock();
48
49      // 山登り法スタート
50      while (clock() - ti < TIMELIMIT) {
51          int t = RandInt(1, Q);
52          int old_x = X[t], new_x = X[t] + RandInt(-9, 9);
53          int old_y = Y[t], new_y = Y[t] + RandInt(-9, 9);
54          int old_h = H[t], new_h = H[t] + RandInt(-19, 19);
55          if (new_x < 0 || new_x >= N) continue;
56          if (new_y < 0 || new_y >= N) continue;
57          if (new_h <= 0 || new_h > N) continue;
58
59          // とりあえず変更し、スコアを評価する
60          Change(t, new_x, new_y, new_h);
61          int NewScore = GetScore();
62
63          // スコアに応じて採用／不採用を決める
64          if (CurrentScore < NewScore) CurrentScore = NewScore;
65          else Change(t, old_x, old_y, old_h);
66      }
67  }
68
69  int main() {
70      // 入力
71      for (int i = 0; i < N; i++) {
72          for (int j = 0; j < N; j++) cin >> A[i][j];
73      }
74
75      // 初期解を生成
76      for (int i = 1; i <= 1000; i++) {
77          X[i] = rand() % N; // 0 以上 N-1 以下のランダムな整数
78          Y[i] = rand() % N; // 0 以上 N-1 以下のランダムな整数
79          H[i] = 1;
80          B[Y[i]][X[i]] += 1;
81      }
82
83      // 山登り法
84      Yamanobori();
85
86      // 出力
87      cout << "1000" << endl;
```

```
88        for (int i = 1; i <= 1000; i++) {
89            cout << X[i] << " " << Y[i] << " " << H[i] << endl;
90        }
91        return 0;
92    }
```

さらなる高みへ

　解答例では、X_t, Y_t の値を ± 9 まで、H_t の値を ± 19 までの範囲で変更しました。しかし、この値を適切にチューニングすると、さらに高いスコアが狙えます。たとえば、X_t, Y_t の変更範囲を ± 1、H_t の変更範囲を ± 14 に設定した場合、9,996,485,740 点が得られます。

　また、山登り法が進むにつれ「小さな変更」の範囲を狭めていくと、より良い解を出すことができます。たとえば、次表のように H_t の変更範囲を変えた場合、9,997,496,472 点が得られます。

現時点でのスコア	H_t の変更範囲	経過時間の目安
199,500,000 点未満	-14 以上 +14 以下	0.00 ～ 0.70 秒
199,500,000 点以上 199,900,000 点未満	-7 以上 +7 以下	0.70 ～ 1.75 秒
199,900,000 点以上	-1 以上 +1 以下	1.75 ～ 5.95 秒

　さらに、山登り法の代わりに焼きなまし法（→ **7.3 節**）を使うという工夫も有効です。たとえば初期温度を 180、最終温度を 1 に設定した場合、9,998,108,423 点が得られます。コンテスト本番では 10/327 位相当（上位 3%）の成績です。

コード 7.11　焼きなまし法の実装（解答例の 64 ～ 65 行目に対応）

```
1    // 関数 Randouble は 7.3 節の解答例を参照
2    double TEMP = 180.0 - 179.0 * (clock() - ti) / TIMELIMIT;
3    double PROB = exp(min(0.0, 1.0 * (NewScore - CurrentScore) / TEMP));
4    if (Randouble() < PROB) CurrentScore = NewScore;
5    else Change(t, old_x, old_y, old_h);
```

　本書ではページ数の都合上扱いませんが、他にも様々なアプローチが考えられます。興味のある方は、さらなる高みへチャレンジしてみてください。

コラム4 再帰関数

　自分自身を呼び出す関数を **再帰関数** といいます。たとえば以下の関数 func は再帰関数です。なぜなら、func の中で自分自身の関数 func(N-1) を呼び出しているからです。しかし、再帰関数が実際にどのような動きをしているのかはイメージしづらいので、具体例を見ていきましょう。

コード 7.12　再帰関数の例

```
1   int func(int N) {
2       if (N == 1) return 1;
3       return func(N-1) + N;
4   }
```

　まず、関数 func(1) を呼び出した場合、条件 N==1 に当てはまるので 1 が返されます。また func(4) を呼び出した場合の挙動は下図のようになり、10 が返されます。そして一般に func(N) を呼び出した場合、$1 + 2 + 3 + \cdots + N$ の値が返されます。

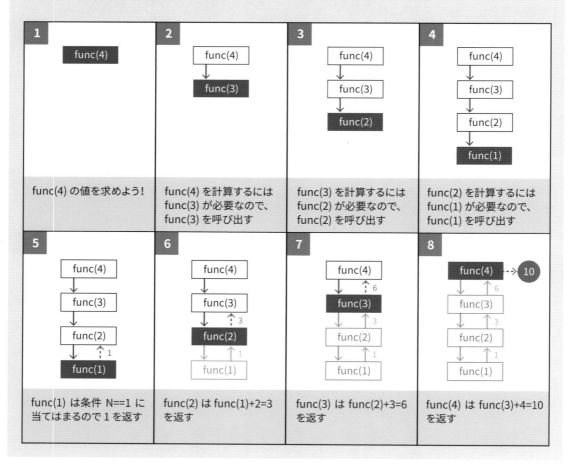

1	2	3	4
func(4) の値を求めよう!	func(4) を計算するには func(3) が必要なので、func(3) を呼び出す	func(3) を計算するには func(2) が必要なので、func(2) を呼び出す	func(2) を計算するには func(1) が必要なので、func(1) を呼び出す

5	6	7	8
func(1) は条件 N==1 に当てはまるので 1 を返す	func(2) は func(1)+2=3 を返す	func(3) は func(2)+3=6 を返す	func(4) は func(3)+4=10 を返す

再帰関数の例 (2)：ユークリッドの互除法

　再帰関数は、整数 A と B の最大公約数を高速に求める、ユークリッドの互除法（→ **5.2 節**）の実装にも役立ちます。5.2 節で述べた通り、再帰関数を使わない場合は実装に 10 行以上を要します。しかし再帰関数を使った場合、**コード 7.13** のようにたった 4 行で実装できます。

コード 7.13 　ユークリッドの互除法の実装

```
int GCD(int A, int B) {
    if (B == 0) return A;
    return GCD(B, A % B);
}
```

　本当に正しく計算できるのかと疑問に思った方は、具体例をご覧ください。432 と 117 の最大公約数は 9 ですが、GCD(432,117) を呼び出した場合、次のようにして 9 が返されます。

1. GCD(432,117) を計算するために GCD(117,81) を呼び出す
2. GCD(117,81) を計算するために GCD(81,36) を呼び出す
3. GCD(81,36) を計算するために GCD(36,9) を呼び出す
4. GCD(36,9) を計算するために GCD(9,0) を呼び出す
5. GCD(9,0) は条件 B==0 を満たすため、A の値である 9 を返す
6. GCD(9,0) の値が 9 だと分かったので、GCD(36,9) は 9 を返す
7. GCD(36,9) の値が 9 だと分かったので、GCD(81,36) は 9 を返す
8. GCD(81,36) の値が 9 だと分かったので、GCD(117,81) は 9 を返す
9. GCD(117,81) の値が 9 だと分かったので、GCD(432,117) は 9 を返す

　次ページの図は再帰関数の挙動と『5.2 節の解答例』の挙動を比較したものとなっています。A と B が一部逆になっていることを除けば、非常によく似た動作をしていますね。

7章
ヒューリスティック

<table>
<tr><td>

再帰関数の場合

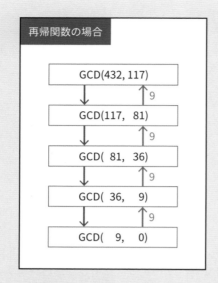

</td><td>

5.2節 解答例の場合

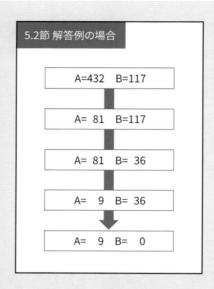

</td></tr>
</table>

再帰関数の例：最大値を求める

最後に紹介する例は**コード 7.14** です。関数 GetMax(1, N+1) を呼び出すと、整数 $A_1, A_2, ..., A_N$ の最大値が返されます。（最大値は for 文でも計算できますが、ここでは再帰関数に慣れていただくため、あえてこのような説明をしています）

コード 7.14　最大値を求める関数

```
 1    // A[Left], A[Left+1], ..., A[Right-1] の最大値を求める関数
 2    int GetMax(int Left, int Right) {
 3        // 区間に含まれる要素が１つになった場合
 4        if (Right - Left == 1) return A[Left];
 5        // 左半分と右半分に分割する
 6        int Mid = (Left + Right) / 2;
 7        int res1 = GetMax(Left, Mid);  // res1 は「左半分の最大値」
 8        int res2 = GetMax(Mid, Right); // res2 は「右半分の最大値」
 9        return max(res1, res2);
10    }
```

　少し複雑ですが、このプログラムの構造は次のようになっています。まず左半分の最小値 res1 を再帰的に求めます。次に右半分の最小値 res2 を再帰的に求めます。最後に 2 つの値のうち大きい方を返します。イメージ図を以下に示します。

　たとえば $N = 4$、$A = [31, 41, 59, 26]$ のケースでは、下図のようにして最大値 59 を返します。なお、今回のように区間を半分に分割していくタイプの再帰関数は、第 8 章で学ぶ「セグメント木」でも使いますので、ぜひ理解しておくようにしましょう。

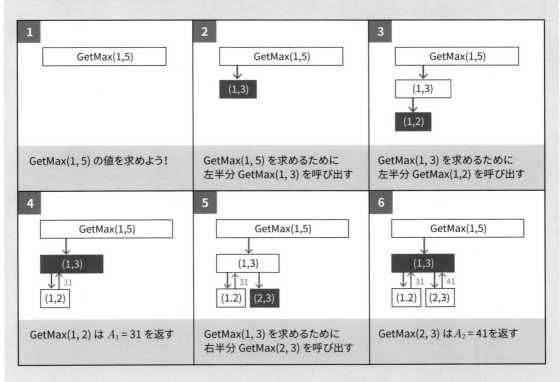

7章
ヒューリスティック

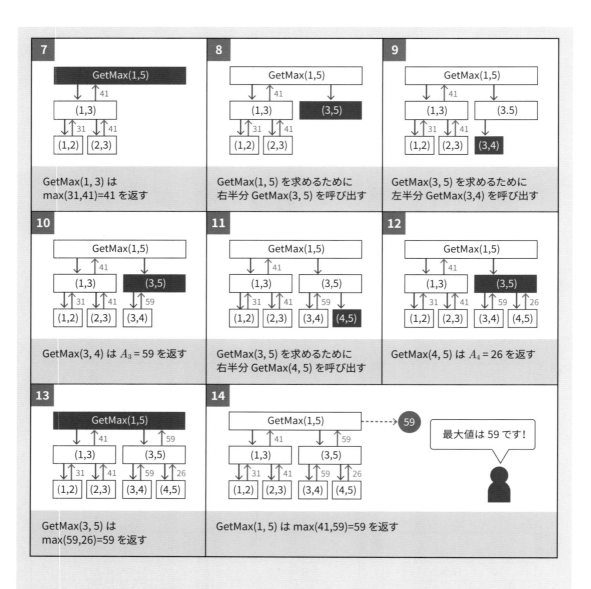

7	8	9
GetMax(1, 3) は max(31,41)=41 を返す	GetMax(1, 5) を求めるために 右半分 GetMax(3, 5) を呼び出す	GetMax(3, 5) を求めるために 左半分 GetMax(3, 4) を呼び出す

10	11	12
GetMax(3, 4) は $A_3 = 59$ を返す	GetMax(3, 5) を求めるために 右半分 GetMax(4, 5) を呼び出す	GetMax(4, 5) は $A_4 = 26$ を返す

13	14
GetMax(3, 5) は max(59,26)=59 を返す	GetMax(1, 5) は max(41,59)=59 を返す

最大値は 59 です！

7章のまとめ

7.0 ヒューリスティック系コンテストとは

コンテストの概要
最適解を出すのが難しい問題に対して、スコアの高さを競うコンテスト

コンテストの特徴
・様々な解法アプローチがある
・スコアを伸ばすのが楽しい人もいる

7.1 貪欲法

貪欲法とは
一手先の評価値を最大化する手を打ち続ける手法

具体例
巡回セールスマン問題では、今選べる中で一番近い都市に移動する

7.2 局所探索法

局所探索法とは
「小さい変更をランダムに行い、解が改善したら採用すること」を繰り返して、徐々に解の質を高めていく手法

7.3 焼きなまし法

局所探索法の問題点
ニセの最適解にハマってしまう

焼きなまし法とは
一定の確率で「悪化させる変更」を許す
落差を $\mathit{\Delta}$ とするときの許容確率は $e^{-\mathit{\Delta}/T}$ とすることが多い（T を温度という）

7.4 ビームサーチ

ビームサーチとは
各段階において、スコアが上位 k 個となるものを残して探索を進める手法（k をビーム幅という）

評価関数とは
「どういう局面を良しとするか」の決め方

7.5 さらなる攻略法

・プログラムが長くなるので、書きやすい部分から実装することが大切
・ヒューリスティック系の問題で「計算量の改善」が求められることも
・近傍などのチューニングによってスコアが上がる可能性もある

8章

データ構造と
クエリ処理

8.0 | データ構造とは

　ここまで二分探索・動的計画法・山登り法といった「アルゴリズム」自体を中心に解説してきましたが、本章では少し趣向を変えて、アルゴリズム効率化のカギとなる **データ構造** について扱います。

データ構造とは

　まず、データ構造は「データの持ち方」のことです。身近な例として、授業プリントというデータを管理することを考えてみましょう。管理方法としては、

- **方法1**：適当な順番で並べる
- **方法2**：新しいプリントを上にする
- **方法3**：教科ごとにまとめる

などが考えられますね。このような**データの管理法**を、プログラミングではデータ構造といいます。

方法1
適当な順番に並べる

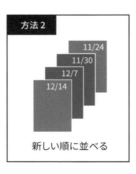
方法2
新しい順に並べる

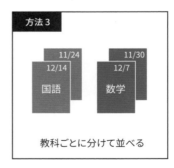
方法3
教科ごとに分けて並べる

　データ構造は多種多様ですが、どれを使うかによって、効率に大きな差が出ることがあります。たとえば、最新のプリントを復習する機会が多い人にとっては、**方法1** や **方法3** だと取り出すのに時間がかかる一方、**方法2** だとスムーズに取り出せます。また、試験直前に特定の科目のプリントを総復習したい人にとっては、**方法3** が最適です。

　したがって、状況に応じて適切なデータ構造を選択することが大切です。なお、「最新のプリントを見る」といった処理のことを、プログラミング用語では **クエリ** といいます。

方法2が最適

方法3が最適

どんなデータ構造がある？

競技プログラミングで扱うデータ構造には、どのようなものがあるのでしょうか。代表例として、本を積むようにしてデータを管理する **スタック**（→ 8.1 節）があります。そのほかにも、キュー・優先度付きキュー・連想配列・ハッシュ・セグメント木などが有名です。

スタック

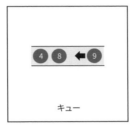

キュー

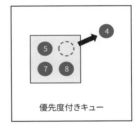

優先度付きキュー

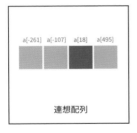

連想配列

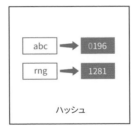

ハッシュ

セグメント木

標準ライブラリについて

このようなデータ構造は、自力でゼロから実装してもかまいません。しかし、多くのプログラミング言語には、**標準ライブラリ** と呼ばれる便利な機能が備わっています。これを使うと、データ構造を短いプログラムで実装することができます。

そのため、本章で扱う全 10 問のうち最初の 5 問では、C++ や Python における[*1] 標準ライブラリの説明にも重点を置いています。

---

*1　ページ数の都合上、Java について紙面で紹介することはできませんが、サポートページにサンプルプログラムがあるのでこちらを参照してください。

問題 A51 | **Stack** （実行時間制限 2 秒、難易度 ★ 2）

以下の 3 種類のクエリを高速に処理するプログラムを実装してください。

- **クエリ 1**：x という題名の本を机の一番上に積む。
- **クエリ 2**：一番上に積まれている本の題名を答える。
- **クエリ 3**：一番上に積まれている本を机から取り出す。

ただし、最初は机の上に本が積まれておらず、与えられるクエリの数は Q 個であるとします。

入力形式

$Query_i$ は i 回目のクエリの情報を表します。クエリ 1 の場合は 1 x、クエリ 2 の場合は 2、クエリ 3 の場合は 3 という形式で与えられます。詳しくは入力例をご覧ください。

Q
$Query_1$
  :
$Query_Q$

出力形式

クエリ 2 の答えを、順番に出力してください。

制約

- $1 \leq Q \leq 100000$
- 与えられる本の題名は 20 文字以下であり、英小文字からなる
- クエリ 2 およびクエリ 3 の時点では、一冊以上の本が積まれている

入力例 1	出力例 1
5 1 futuremap 1 howtospeak 2 3 2	howtospeak futuremap

スタックとは

　スタックは、次の 3 種類のクエリを処理することができるデータ構造です。これらのクエリは、問題文中のクエリ 1 〜 3 にそのまま対応しています。

> **クエリ 1**　スタックの一番上に要素 x を追加する
> **クエリ 2**　スタックの一番上の要素を取得する
> **クエリ 3**　スタックの一番上の要素を削除する

　以下の図は、スタックが変化していく様子を示したものとなっています。

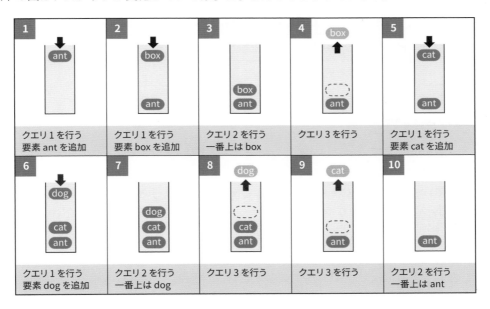

スタックの実装（C++）

　C++ の場合、標準ライブラリ（**→ 8.0 節**）として提供されている stack 型[*2] を使うと、スタックを実装することができます。重要な機能の例を以下に示します。

プログラム	行う操作	具体例
stack< 型 >	スタックを定義する	stack<string> S
S.push(x)	**クエリ 1**：S の一番上に要素 x を追加	S.push("ant")
S.top()	**クエリ 2**：S の一番上の要素を取得	string Answer = S.top()
S.pop()	**クエリ 3**：S の一番上の要素を削除	—
S.empty()	S が空かどうかを返す	—

＊2　C++ でスタックを利用するには、プログラムの最初に #include <stack> と書く必要があることに注意してください。

スタックの実装 (Python)

　Python の場合、標準ライブラリとして提供されている deque モジュールを使うと、スタックを実装することができます。重要な機能の例を以下に示します。

プログラム	行う操作	具体例
deque()	空の deque を返す	S = deque()
S.append(x)	**クエリ1:** S の一番上に要素 x を追加	S.append("ant")
S[-1]	**クエリ2:** S の一番上の要素を取得	Answer = S[-1]
S.pop()	**クエリ3:** S の一番上の要素を削除[*3]	—
len(S)	S の要素数を返す	—

スタックの計算量

　C++ や Python の標準ライブラリを使った場合、**クエリ1・クエリ2・クエリ3** すべてを計算量 $O(1)$ で処理することができます。

　したがって、以下の **解答例(C++)** の計算量は $O(Q)$ となり、実行時間制限に間に合います。なお、Python・Java の解答例を知りたい方は、サポートページ (**→ 0.4 節**) をご覧ください。

＊3　実際には、S.pop() でクエリ2とクエリ3を同時に処理することができます。

解答例（C++）

```
1   #include <iostream>
2   #include <stack>
3   #include <string>
4   using namespace std;
5
6   int Q;
7   int QueryType[100009]; string x[100009];
8   stack<string> S;
9
10  int main() {
11      // 入力
12      cin >> Q;
13      for (int i = 1; i <= Q; i++) {
14          cin >> QueryType[i];
15          if (QueryType[i] == 1) cin >> x[i];
16      }
17
18      // クエリの処理
19      for (int i = 1; i <= Q; i++) {
20          if (QueryType[i] == 1) S.push(x[i]);
21          if (QueryType[i] == 2) cout << S.top() << endl;
22          if (QueryType[i] == 3) S.pop();
23      }
24      return 0;
25  }
```

問題 B51　応用問題

対応の取れているカッコ列 S が与えられます。S の何文字目と何文字目が対応しているかを、すべて出力してください。たとえば (())() の場合、「1 文字目と 4 文字目」「2 文字目と 3 文字目」「5 文字目と 6 文字目」が対応しています。S の文字数が 200000 以下であるようなケースで、1 秒以内に実行が終わることが望ましいです。

ヒント 左から順に読んでいき、「現時点で対応の取れていない開きカッコが何文字目にあるか」をスタックに記録しましょう！

8.2 | キュー

問題 A52 | Queue （実行時間制限 2 秒、難易度 ★ 2）

以下の 3 種類のクエリを高速に処理する、行列管理システムを実装してください。

- **クエリ 1**：行列の最後尾に x さんが並ぶ。
- **クエリ 2**：行列の先頭にいる人の名前を答える。
- **クエリ 3**：行列の先頭にいる人を列から抜けさせる。

ただし、最初は行列に人がおらず、与えられるクエリの数は Q 個であるとします。

入力形式

$Query_i$ は i 回目のクエリの情報を表します。クエリ 1 の場合は 1 x、クエリ 2 の場合は 2、クエリ 3 の場合は 3 という形式で与えられます。詳しくは入力例をご覧ください。

Q
$Query_1$
$\quad\vdots$
$Query_Q$

出力形式

クエリ 2 の答えを、順番に出力してください。

制約

- $1 \leq Q \leq 100000$
- 与えられる人の名前は 20 文字以下であり、英小文字からなる
- クエリ 2 およびクエリ 3 の時点では、一人以上が列に存在する

入力例 1	出力例 1
5 1 taro 1 hanako 2 3 2	taro hanako

キューとは

キュー は、以下の 3 種類のクエリを処理することができるデータ構造です。これらのクエリは、問題文中のクエリ 1 〜 3 にそのまま対応しています。

> **クエリ 1** キューの最後尾に要素 x を追加する。
> **クエリ 2** キューの先頭要素を取得する。
> **クエリ 3** キューの先頭要素を削除する。

以下の図は、キューが変化していく様子を示したものとなっています。

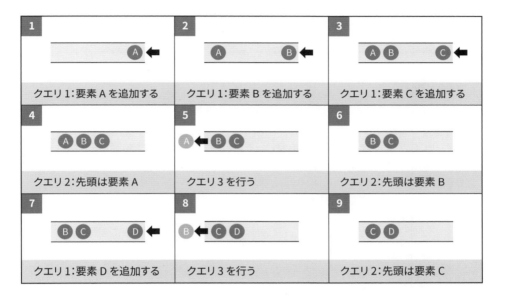

キューの実装 (C++)

C++ の場合、標準ライブラリ（→ **8.0 節**）として提供されている queue 型[*4] を使うと、キューを実装することができます。重要な機能の例を以下に示します。

プログラム	行う操作	具体例
queue< 型 >	キューを定義する	queue<string> T
T.push(x)	**クエリ 1**：T の最後尾に要素 x を追加	T.push("A")
T.front()	**クエリ 2**：T の先頭要素を取得	string Answer = T.front()
T.pop()	**クエリ 3**：T の先頭要素を削除	―
T.empty()	T が空かどうかを返す	―

[*4] C++ でキューを利用するには、プログラムの最初に #include <queue> と書く必要があることに注意してください。

キューの実装（Python）

　Python の場合、スタックと同じ deque モジュールを使うと、キューを実装することができます。重要な機能の例を以下に示します。

プログラム	行う操作	具体例
deque()	空の deque を返す	T = deque()
T.append(x)	**クエリ1：** T の最後尾に要素 x を追加	T.append("A")
T[0]	**クエリ2：** T の先頭要素を取得	Answer = T[0]
T.popleft()	**クエリ3：** T の先頭要素を削除 [*5]	―
len(T)	T の要素数を返す	―

キューの計算量

　C++ や Python の標準ライブラリを使った場合、**クエリ1・クエリ2・クエリ3** すべてを計算量 $O(1)$ で処理することができます。

　したがって、以下の **解答例(C++)** の計算量は $O(Q)$ となり、実行時間制限に間に合います。なお、Python・Java の解答例を知りたい方は、サポートページ（**→ 0.4 節**）をご覧ください。

解答例（C++）

```cpp
#include <iostream>
#include <queue>
#include <string>
using namespace std;

int Q;
int QueryType[100009]; string x[100009];
queue<string> T;

int main() {
    // 入力
    cin >> Q;
    for (int i = 1; i <= Q; i++) {
        cin >> QueryType[i];
        if (QueryType[i] == 1) cin >> x[i];
    }
    // クエリの処理
    for (int i = 1; i <= Q; i++) {
        if (QueryType[i] == 1) T.push(x[i]);
        if (QueryType[i] == 2) cout << T.front() << endl;
        if (QueryType[i] == 3) T.pop();
    }
```

```
23        return 0;
24    }
```

補足：デックについて

　ここまでスタックとキューを紹介しましたが、両方の機能を兼ね備えたデータ構造もあり、**デック**と呼ばれています。具体的には、主に以下の4種類の操作[6]を計算量 $O(1)$ で行います。

- **クエリ1：**デックの先頭に要素 x を追加
- **クエリ2：**デックの先頭にある要素を削除
- **クエリ3：**デックの最後尾に要素 x を追加
- **クエリ4：**デックの最後尾にある要素を削除

　C++ の場合、標準ライブラリの「deque 型」を使うと実装することができます。本書では詳しく扱いませんが、興味のある方はインターネット等で調べてみてください。

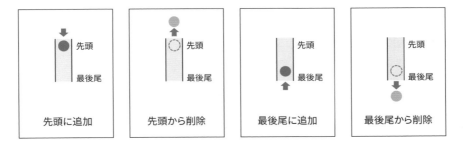

問題 B52　応用問題

N 個のボールが一列に並べられており、ボール i の最初の色は A_i（黒または白）です。以下のシミュレーションを行うとき、最終的なボールの色はどうなりますか。

- まず、キューに要素 X を追加し、ボール X を青で塗る。
- その後、キューが空になるまで以下の操作を繰り返す。
  ○ キューの先頭要素（pos とする）を削除する
  ○ ボール pos -1 が白のとき、これを青で塗り、キューに pos -1 を追加する
  ○ ボール pos +1 が白のとき、これを青で塗り、キューに pos +1 を追加する

　ヒント　このシミュレーションは、幅優先探索（→ **9.3** 節）と密接に関わっています。

＊5　実際には、S.popleft() でクエリ2とクエリ3を同時に処理することができます。
＊6　それ以外にも、先頭の要素を取得するなどの操作を行うことができます。また、プログラミング言語によっては、ランダムアクセスを計算量 $O(1)$ で行える場合もあります。

8.3 優先度付きキュー

問題 A53　**Priority Queue**　　（ 実行時間制限 2 秒、難易度 ★ 2 ）

以下の 3 種類のクエリを高速に処理する、販売システムを実装してください。

- **クエリ 1：** 価格が x 円の商品が 1 つ追加される。
- **クエリ 2：** 今ある商品の中の最小価格を答える。
- **クエリ 3：** 最も安い商品が 1 つ売れる。

ただし、最初は商品が 1 つもなく、与えられるクエリの数は Q 個であるとします。

入力形式

$Query_i$ は i 回目のクエリの情報を表します。クエリ 1 の場合は 1 x、クエリ 2 の場合は 2、クエリ 3 の場合は 3 という形式で与えられます。詳しくは入力例をご覧ください。

Q
$Query_1$
$\vdots$
$Query_Q$

出力形式

クエリ 2 の答えを、順番に出力してください。

制約

- $1 \leq Q \leq 100000$
- 商品の値段は 1 以上 1000000 以下の整数である
- クエリ 2 およびクエリ 3 の時点では、一つ以上の商品が存在する

入力例 1	出力例 1
3 1 2420 1 1650 2	1650

優先度付きキューとは

優先度付きキュー は、以下の 3 種類のクエリを処理することができるデータ構造です。

クエリ 1 優先度付きキューに要素 x を追加する。
クエリ 2 優先度付きキューに入っている最小の要素を取得する。
クエリ 3 優先度付きキューに入っている最小の要素を削除する。

以下の図は、優先度付きキューが変化していく様子を示したものとなっています。

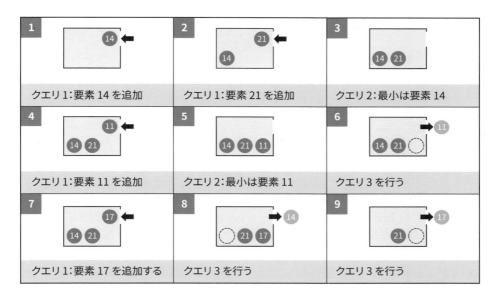

優先度付きキューの実装方法（C++）

C++ の場合、標準ライブラリ（**→ 8.0 節**）として提供されている priority_queue 型[*7] を使うと、優先度付きキューを実装することができます。重要な機能の例を以下に示します。

プログラム	行う操作	具体例
priority_queue<型>	優先度付きキューを定義	priority_queue<int> T [*8]
T.push(x)	**クエリ 1:** T に x を追加	T.push(14)
T.top()	**クエリ 2:** T の最小要素を取得	Ans = T.top()
T.pop()	**クエリ 3:** T の最小要素を削除	—
T.empty()	T が空かどうかを返す	—

[*7] C++ で優先度付きキューを利用するには、プログラムの最初に #include <vector> および #include <queue> と書く必要があることに注意してください。
[*8] デフォルトの設定では「最大の要素」を取り出す優先度付きキューになります。「最小の要素」を取り出すものにしたい場合は、priority_queue<int, vector<int>, greater<int>> と書く必要があります。

優先度付きキューの実装方法 (Python)

Python の場合、標準ライブラリとして提供されている heapq モジュール[9] を使うと、優先度付きキューを実装することができます。重要な機能の例を以下に示します。キューの実装方法とは全然違いますね。

プログラム	行う操作	具体例
変数名 = []	空の優先度付きキューを定義	T = []
heapq.heappush(T,x)	**クエリ1:**T に x を追加	heapq.heappush(T,14)
heapq.heappop(T)	**クエリ2/3:**T の最小要素を取得し、それを削除する	Ans = heapq.heappop(T)
len(T)	T の要素数を返す	—

優先度付きキューの計算量

C++ や Python の標準ライブラリを使った場合、**クエリ1・クエリ2・クエリ3** すべてを計算量 $O(\log N)$ またはそれより効率的に処理することができます。ここで、N は現時点で優先度付きキューに入っている要素の数を指します。

したがって、以下の **解答例(C++)** の計算量は $O(Q \log Q)$ となり、実行時間制限に間に合います。なお、Python・Java の解答例を知りたい方は、サポートページ (**→ 0.4 節**) をご覧ください。

解答例 (C++)

```cpp
1   #include <iostream>
2   #include <queue>
3   #include <vector>
4   using namespace std;
5
6   int Q;
7   int QueryType[100009], x[100009];
8   priority_queue<int, vector<int>, greater<int>> T;
9
10  int main() {
11      // 入力
12      cin >> Q;
13      for (int i = 1; i <= Q; i++) {
14          cin >> QueryType[i];
15          if (QueryType[i] == 1) cin >> x[i];
16      }
```

---

*9 実は、優先度付きキューは内部では **ヒープ** を用いて実装されています。興味のある方はインターネット等で調べてみてください。

```
17
18        // クエリの処理
19        for (int i = 1; i <= Q; i++) {
20            if (QueryType[i] == 1) T.push(x[i]);
21            if (QueryType[i] == 2) cout << T.top() << endl;
22            if (QueryType[i] == 3) T.pop();
23        }
24        return 0;
25    }
```

問題 B39 | 応用問題

6.4 節の応用問題 (→ p.220) を計算量 $O(N \log N)$ で解くプログラムを実装してください。

ヒント どのような情報を優先度付きキューに管理させれば良いのでしょうか。

8.4 連想配列

問題 A54　Map （ 実行時間制限 2 秒、難易度 ★ 2 ）

以下の 2 種類のクエリを高速に処理する、成績管理システムを実装してください。

- **クエリ 1：**生徒 x の成績が y 点であると登録される。
- **クエリ 2：**生徒 x の成績を答える。

ただし、最初は誰の成績も登録されておらず、与えられるクエリの数は Q 個であるとします。

入力形式

$Query_i$ は i 回目のクエリの情報を表します。クエリ 1 の場合は 1 x y、クエリ 2 の場合は 2 x という形式で与えられます。詳しくは入力例をご覧ください。

```
Q
Query_1
  :
Query_Q
```

出力形式

クエリ 2 の答えを、順番に出力してください。

制約

- $1 \leq Q \leq 100000$
- 成績は 0 以上 100 以下の整数である
- 生徒の名前は 20 文字以下であり、英小文字からなる
- クエリ 1 では、同じ名前の人が二度登録されることはない
- クエリ 2 では、その時点で未登録の人の点数を聞くことはない

入力例 1	出力例 1
3 1 tanaka 49 1 suzuki 50 2 tanaka	49

連想配列とは

連想配列 は「添字の制限がない配列」のことです。たとえば通常の配列で int A[100000] と定義した場合、A[123456] などにアクセスすると良くないことが起こり得ます。

一方、連想配列を使った場合、A[1234567890] や A[-100] などにアクセスすることも可能です。また、添字は整数である必要もなく、文字列やブール値などでも構いません。

A[0]	A[1]	A[2]	A[3]	A[4]
100	85	49	50	75

通常の配列のイメージ
（決められた範囲しか使えない）

※int A[5] という配列を定義した場合

A["tanaka"]	A["suzuki"]	A["sato"]	A["wada"]
49	50	79	100

連想配列のイメージ
（添字は文字列などでも良い!）

連想配列の実装（C++）

C++ の場合、標準ライブラリ（→ **8.0** 節）として提供されている map 型[10] を使うと、連想配列を実装することができます。以下にソースコードの例を示します。

なお、C++ の連想配列の初期値は基本的に 0（要素が文字列の場合は空文字列）となることに注意してください。たとえば 16 行目では 0 と出力されます。

コード 8.1　map を使ったプログラムの例

```
1   // 連想配列の定義     | map< 添字の型 , 型 > という形
2   // 連想配列のアクセス | 通常の配列とほぼ同じ
3   // -------------------------------------------------------------
4
5   // 添字が string 型、記録する値が int 型の連想配列を定義
6   map<string, int> Map;
7
8   // 連想配列のアクセス
9   Map["tanaka"] = 49;
10  Map["suzuki"] = 50;
11  cout << Map["tanaka"] << endl; // 49 と出力される
12  cout << Map["suzuki"] << endl; // 50 と出力される
13
14  Map["suzuki"] = 53;
15  cout << Map["suzuki"] << endl; // 53 と出力される
16  cout << Map["sato"] << endl;   // 0 と出力される
```

＊ 10　C++ で map 型を使用したい場合、プログラムの最初に #include <map> と書く必要があります。

307

連想配列の実装（Python）

Python の場合、辞書型（dict）を使うと連想配列を実装することができます。重要な機能の例を以下に示します。なお、C++ とは異なり、未登録の要素にアクセスしようとするとエラーが起こることに注意してください。たとえば前述の **コード 8.1** をそのまま Python に書き換えた場合、Map["sato"] を出力しようとした時点でエラーが起こります。

プログラム	行う操作	具体例
連想配列 = {}	空の連想配列を定義	Map = {}
if(添字 in Map)	Map[添字] が存在するかを判定	if (25 in Map):
Map[添字] = x	Map[添字] の値を x にする	Map["tanaka"] = 49

連想配列の計算量

C++ の標準ライブラリを使った場合、配列のアクセスに計算量 $O(\log N)$ かかります。ここで N はその時点で連想配列に登録されている要素の数とします。

したがって、以下の **解答例（C++）** の計算量は $O(Q \log Q)$ となり、実行時間制限に間に合います。なお、Python の場合は内部での実装方法が異なるため、クエリ 1 回の計算量は $O(1)$ です。

解答例（C++）

```cpp
#include <iostream>
#include <string>
#include <map>
using namespace std;

int Q;
int QueryType[100009], y[100009];
string x[100009];
map<string, int> Map;

int main() {
    // 入力
    cin >> Q;
    for (int i = 1; i <= Q; i++) {
        cin >> QueryType[i];
        if (QueryType[i] == 1) cin >> x[i] >> y[i];
        if (QueryType[i] == 2) cin >> x[i];
    }

```

```
20      // クエリの処理
21      for (int i = 1; i <= Q; i++) {
22          if (QueryType[i] == 1) Map[x[i]] = y[i];
23          if (QueryType[i] == 2) cout << Map[x[i]] << endl;
24      }
25      return 0;
26  }
```

問題 B54 応用問題

整数 $A_1, A_2, ..., A_N$ が与えられます。$1 \le j < i \le N$ かつ $A_j = A_i$ を満たすような組 (i,j) は全部で
いくつありますか。計算量 $O(N\log N)$ で求めてください。

ヒント $i = 1,2,...,N$ の順に「$A_j = A_i$ を満たす j の個数」を求めるにはどうすれば良い？

8.5 | 集合の管理（C++ のみ）

問題 A55 | Set （実行時間制限 3 秒、難易度 ★ 4）

以下の 3 種類のクエリを高速に処理するプログラムを実装してください。

- **クエリ 1：** 整数 x が書かれたカードが机に置かれる。
- **クエリ 2：** 整数 x が書かれたカードが机から除去される。
- **クエリ 3：** 机にある x 以上のカードのうち最小のものを答える。

ただし、最初の時点では机の上に 1 個もカードが置かれていないものとします。

入力形式

$Query_i$ は i 回目のクエリの情報を表します。クエリ 1 の場合は 1 x、クエリ 2 の場合は 2 x、クエリ 3 の場合は 3 x という形式で与えられます。詳しくは入力例をご覧ください。

$$Q$$
$$Query_1$$
$$\vdots$$
$$Query_Q$$

出力形式

クエリ 3 の答えを、順番に出力してください。ただし、x 以上のカードが机の上に存在しないクエリについては、-1 と出力してください。

制約

- $1 \le Q \le 100000$
- $1 \le x \le 10^9$
- クエリ 1 では、置かれている整数のカードが追加されることはない
- クエリ 2 では、置かれていない整数のカードが除去されることはない

入力例 1	出力例 1
3 1 77 3 40 3 80	77 −1

310

この節に関する注意

本節では Python での実装方法を解説していません。そのため、Python で学習を進めている方は読み飛ばしても構いません。なお、本節では主に C++ の set 型について取り上げますが、本節以外の例題・応用問題で set 型を使うことはないので、ご安心ください。

C++ の set 型（Part 1）

set 型は集合を管理するデータ型であり、基本的な機能は次表の通りです。

プログラム	行う操作	具体例
set< 型 >	set 型の変数を定義する	set<int> S
S.insert(x)	**クエリ 1：** S に x を追加する	S.insert(15)
S.erase(x)	**クエリ 2：** S から x を削除する	S.erase(24)
S.count(x)	S に x が含まれるかどうかを 0 か 1 で返す	if(S.count(15)==1)
S.size()	S に含まれる要素数を返す	―

以下にソースコードの例を示します。なお、set 型では **既に入っている要素を追加しても無視される** ことに注意してください（7 行目・12 行目）。

コード 8.2 set を使ったプログラムの例 (1)

```
1    set<int> S;
2
3    // 操作を行っていく
4    S.insert(1);  // S = {1}
5    S.insert(2);  // S = {1, 2}
6    S.insert(4);  // S = {1, 2, 4}
7    S.insert(2);  // S = {1, 2, 4} ←ここで {1, 2, 2, 4} にならないことに注意！
8    cout << S.size() << endl;  // 3 と出力される
9
10   S.erase(2);   // S = {1, 4}
11   S.insert(9);  // S = {1, 4, 9}
12   S.insert(9);  // S = {1, 4, 9}    ←ここで {1, 4, 9, 9} にならないことに注意！
13   cout << S.size() << endl;  // 3 と出力される
14
15   if (S.count(2) == 1) cout << "2 is included" << endl; // 出力されない
16   if (S.count(9) == 1) cout << "9 is included" << endl; // 出力される
```

C++ の set 型 (Part 2)

set 型の大きな特徴の一つは、**二分探索 (→ 3 章)** を行う機能が付いていることです[*11]。以下の 2 行のプログラムを書くだけで、S の中に含まれる「x 以上で最小の値」が分かります。

```
1  auto itr = S.lower_bound(x);
2  cout << (*itr) << endl; // 「x 以上で最小の値」が出力される
```

しかし、どのようなケースでも正しく出力されるとは限りません。S の最大値より大きい値を x として指定した場合、2 行目で未定義動作を起こす場合があります。未定義動作を回避するには、**コード 8.3** のように条件分岐を使うなどの工夫をする必要があることに注意してください。

コード 8.3　set を使ったプログラムの例 (2)

```
1  auto itr = S.lower_bound(x);
2  if (itr == S.end()) { // x が S の最大値より大きいとき、itr==S.end() を満たす
3      cout << "-1" << endl; // このような場合は -1 を出力
4  }
5  else {
6      cout << (*itr) << endl; // そうでない場合は通常通り
7  }
```

C++ の set 型 (Part 3)

さて、今回の例題は Part1 および Part2 で紹介した機能だけでも十分解くことができます。しかし競技プログラミングでは、他にも以下の 2 つの機能が使える場面も多いです。

- itr++：1 個大きい値に移動する
- itr--：1 個小さい値に移動する

これらの機能を使ったプログラムの例を **コード 8.4** に示します。なお、ここまでに説明した機能は、N を要素数とするとき、基本的に計算量 $O(\log N)$ で動作します[*12]。

[*11]　C++ の set 型は、内部的には小さい順に並び替えを行うことで管理されています。

[*12]　ただし、S.size() など計算量 $O(1)$ の処理もあります。

コード 8.4 set を使ったプログラムの例 (3)

```
1   // S = {15, 35, 50} の状態からスタートすることを考える
2   auto itr1 = S.lower_bound(40);
3   cout << (*itr1) << endl;   // 50 と出力される
4
5   itr1--;
6   cout << (*itr1) << endl;   // (1 個小さい) 35 と出力される
7
8   itr1++;
9   cout << (*itr1) << endl;   // (1 個大きい) 50 と出力される
```

解答例（C++）

```
1   #include <iostream>
2   #include <set>
3   using namespace std;
4
5   int main() {
6       // 入力
7       int Q, QueryType[100009], x[100009];
8       cin >> Q;
9       for (int i = 1; i <= Q; i++) cin >> QueryType[i] >> x[i];
10
11      // クエリの処理
12      set<int> S;
13      for (int i = 1; i <= Q; i++) {
14          if (QueryType[i] == 1) S.insert(x[i]);
15          if (QueryType[i] == 2) S.erase(x[i]);
16          if (QueryType[i] == 3) {
17              auto itr = S.lower_bound(x[i]);
18              if (itr == S.end()) cout << "-1" << endl;
19              else cout << (*itr) << endl;
20          }
21      }
22      return 0;
23  }
```

問題 B55 **応用問題**

以下の 2 種類のクエリを高速に処理するプログラムを実装してください。

- クエリ 1：整数 x と書かれたカードが机に置かれる。
- クエリ 2：整数 x と「机にあるカード」の差の最小値を答える。

ヒント x 以上の最小値と x 以下の最大値が分かれば、クエリ 2 に答えられます。

8.6 文字列のハッシュ

N 文字の文字列 S が与えられます。以下の Q 個のクエリを処理してください。

- i 個目のクエリ：$S[a_i, b_i]$ と $S[c_i, d_i]$ は一致するか？
- ただし、$S[l, r]$ は「S の l 文字目から r 文字目までの部分」を指す。

たとえば $S =$ abcbabc の場合、$S[1,3]$ と $S[5,7]$ は一致します。

入力形式

```
N   Q
S
a₁   b₁   c₁   d₁
  :
a_Q   b_Q   c_Q   d_Q
```

$$N \quad Q$$
$$S$$
$$a_1 \quad b_1 \quad c_1 \quad d_1$$
$$\vdots$$
$$a_Q \quad b_Q \quad c_Q \quad d_Q$$

出力形式

Q 行にわたって出力してください。i 行目には、i 個目のクエリで文字列が一致する場合 Yes、そうでない場合 No と出力してください。

制約

- $1 \leq N \leq 200000$
- $1 \leq Q \leq 200000$
- $b_i - a_i = d_i - c_i$
- S は英小文字からなる N 文字の文字列である

入力例 1	出力例 1
7 3 abcbabc 1 3 5 7 1 5 2 6 1 2 6 7	Yes No No

解説の概要

　まずは「一文字ずつ比較する」という方法が考えられます。しかし、この方法では 1 クエリ当たり最大 N 回の比較が必要です。たとえば $S =$ ababababa のときに $S[1,9]$ と $S[3,11]$ が一致するかどうかを判定したい場合、9 回の比較が必要です。このままでは全体の計算量が $O(NQ)$ となり、実行時間制限に間に合いません。

　そこで、文字列を直接比較するのではなく、代わりに「文字列のハッシュ値」が等しいかどうかを比較するという方法を使うと、より効率的に答えを求めることができます。ここで **ハッシュ値** は、文字列をある規則に従って数値に変換したものです。

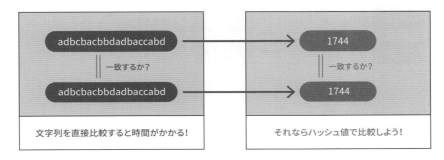

ハッシュ値の計算方法

　ハッシュ値を計算する方法は様々ですが、競技プログラミングでは B 進法を使うのが手軽です。すなわち、文字列 T の i 文字目を $T[i]$ とするとき、ハッシュ値を次のように設定します[13]。

$$(ハッシュ値) = B^{K-1}T[1] + \cdots + B^1 T[K-1] + B^0 T[K]$$

　しかし、文字列が長くなるとハッシュ値が巨大な数になります。たとえば $B = 100$ の場合、文字列が 100 文字の時点で 200 桁という途方もない数になります。そのため、適当な素数 M で割った余りをとることが多いです。以下に $B = 100$ のときの例を示します。

---

[13]　$T[i]$ が文字のままだとハッシュ値を計算できないので、たとえば a を 1、b を 2、・・・、z を 26 と対応させると良いでしょう。

ハッシュ衝突について

　余りをとる方法には一つ問題点があります。下図に示すように、異なる文字列のハッシュ値も等しくなってしまうことがあるのです。これを **ハッシュ衝突** といいます。

　しかし、ハッシュ値は原則ランダムに分布するため[*14]、異なる文字列なのにハッシュ値が等しくなる可能性は $1/M$ 程度と非常に小さいです。したがって、M が十分大きければ問題になりません。

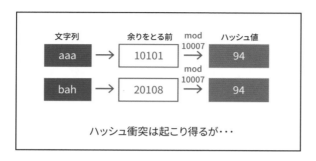
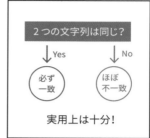

高速なハッシュ値の計算

　それでは、文字列 $S[l,r]$ のハッシュ値を計算してみましょう。直接計算すると $O(r - l)$ 時間かかってしまうので、まずは以下の値を前計算することを考えます。

- H_1：$S[1,1]$ のハッシュ値
- H_2：$S[1,2]$ のハッシュ値
- H_3：$S[1,3]$ のハッシュ値
- $H_4, H_5, ..., H_N$ についても同様

　ここで文字列 $S[1,i]$ は、文字列 $S[1,i - 1]$ の後ろに $T[i]$ を付加したものであるため、H_i の値は $B \times H_{i-1} + T[i]$ となります。$S =$ abca のときの計算過程を次ページに示します。

＊14　しかし、問題によっては M が数万〜数億程度であっても不十分なことがあります。このようなケースでは、複数の素数 M を用意し、すべてハッシュ値が一致すれば「文字列が等しい」と判定する手法が有効です。また、悪意のあるテストケースが用意されている場面や、プログラムを見てから悪意のある入力を生成することができるような場面では、B, M の値を乱数にするなどの工夫が有効です。

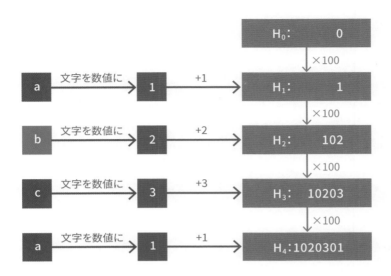

そうすると、文字列 $S[l,r]$ のハッシュ値は $H_r - B^{r-l+1} \times H_{l-1}$ と計算することができます（理由は後述）。たとえば $S = \text{abca}$ の場合は次のようになります。

- **$S[2,4]$ のハッシュ値：** $H_4 - 100^3 \times H_1 = 20301$
- **$S[3,4]$ のハッシュ値：** $H_4 - 100^2 \times H_2 = 301$

ここで B^{r-l+1} の値は繰り返し二乗法（→ **5.4 節**）を使って求めても良いですが、$r - l + 1$ の値は N 以下ですので、$B^0, B^1, \ldots, B^N$ の値を前計算しておくと効率的です。

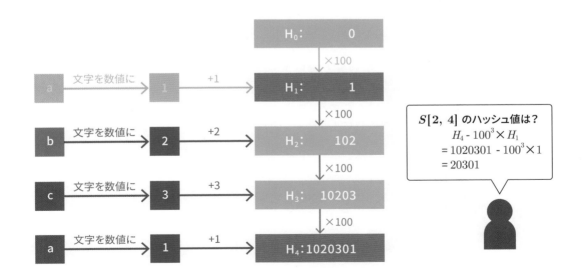

解答例（C++）

```cpp
1   #include <iostream>
2   using namespace std;
3
4   // 入力で与えられる変数
5   long long N, Q;
6   string S;
7   long long a[200009], b[200009], c[200009], d[200009];
8
9   // ハッシュ値を計算するための変数
10  long long mod = 2147483647;
11  long long T[200009], H[200009];
12  long long Power100[200009];
13
14  // S[l, r] のハッシュ値を返す関数
15  // 余りの計算に注意！（5.3 節）
16  long long Hash_value(int l, int r) {
17      long long val = H[r] - (H[l - 1] * Power100[r - l + 1] % mod);
18      if (val < 0) val += mod;
19      return val;
20  }
21
22  int main() {
23      // 入力
24      cin >> N >> Q;
25      cin >> S;
26      for (int i = 1; i <= Q; i++) cin >> a[i] >> b[i] >> c[i] >> d[i];
27
28      // 文字を数値に変換（C++ の文字列は 0 文字目から始まることに注意！）
29      for (int i = 1; i <= N; i++) T[i] = (S[i - 1] - 'a') + 1;
30
31      // 100 の n 乗（本文中の B^0, B^1, ... に対応）を前計算する
32      Power100[0] = 1;
33      for (int i = 1; i <= N; i++) Power100[i] = 100LL * Power100[i - 1] % mod;
34
35      // H[1], ..., H[N] を計算する
36      H[0] = 0;
37      for (int i = 1; i <= N; i++) H[i] = (100LL * H[i - 1] + T[i]) % mod;
38
39      // クエリに答える
40      for (int i = 1; i <= Q; i++) {
41          long long Hash1 = Hash_value(a[i], b[i]);
42          long long Hash2 = Hash_value(c[i], d[i]);
43          if (Hash1 == Hash2) cout << "Yes" << endl;
44          else cout << "No" << endl;
45      }
46      return 0;
47  }
```

補足：この方法で上手くいく理由

最後に、$S[l,r]$ のハッシュ値がなぜ $H_r - B^{r-l+1} \times H_{l-1}$ となるのかを証明します。

まずハッシュ値の定義より、H_r の値は以下のようになります。

$$B^{r-1}T[1] + \cdots + B^{r-l+1}T[l-1] + B^{r-l}T[l] + \cdots + B^0T[r]$$

一方、$B^{r-l+1} \times H_{l-1}$ の値は以下のようになります。

$$B^{r-1}T[1] + \cdots + B^{r-l+1}T[l-1]$$

そこで一つ目の式から二つ目の式の値を引くと、青色部分が消え、赤色部分だけが残ります。そして赤色部分の値は、$S[l,r]$ のハッシュ値を定義から計算したときの値と一致します。

問題 B56 | **応用問題**

回文とは、前から読んでも後ろから読んでも変わらない文字列のことを指します。たとえば "abba" や "level" は回文です。それについて、以下の Q 個のクエリに答えてください。

- i 個目のクエリ：$S[L_i, R_i]$ は回文か？

S の文字数が 100000 以下であり、$Q \leq 100000$ を満たすケースで 2 秒以内に実行が終わることが望ましいです。

ヒント 前から読んだとき／後ろから読んだときのハッシュ値を計算しましょう[15]。

---

[15] 本書の範囲外ですが、Manacher のアルゴリズムを使って解くこともできます。

8章 データ構造とクエリ処理

8.7 ダブリング

Doubling （実行時間制限 2 秒、難易度 ★ 5）

N 個の穴がある砂場に、一匹のアリが住んでいます。このアリは規則的な動きをすることが知られており、穴 i $(1 \leq i \leq N)$ に入った翌日には穴 A_i に移動します。
それについて、以下の Q 個のクエリを処理してください。

- j 個目のクエリ：いま穴 X_j にいるとき、Y_j 日後にはどの穴にいるか？

入力形式

```
N    Q
A₁   A₂  …  A_N
X₁   Y₁
  ⋮
X_Q  Y_Q
```

$N \quad Q$
$A_1 \quad A_2 \quad \cdots \quad A_N$
$X_1 \quad Y_1$
$\quad \vdots$
$X_Q \quad Y_Q$

出力形式

Q 行にわたって出力してください。j 行目には、j 個目のクエリの答えを出力してください。

制約

- $1 \leq N \leq 100000$
- $1 \leq Q \leq 100000$
- $1 \leq A_i \leq N$
- $1 \leq X_j \leq N$
- $1 \leq Y_j \leq 10^9$

入力例 1	出力例 1
7 4	2
2 4 1 7 6 5 3	1
1 1	3
1 5	6
2 13	
5 999999999	

解説の概要

まずは「アリの動きを直接シミュレーションする方法」が思いつくでしょう。しかし、本問題の制約は $Y_j \leq 10^9$ と大きく、さらに最大で 100000 個のクエリを処理する必要があるため、実行時間制限には間に合いません。

そこで、1 日後・2 日後・4 日後・8 日後・16 日後… にいる穴の場所を前計算しておく **ダブリング** という手法を使うと、より効率的に答えを求めることができます。

ステップ1：前計算

ダブリングにおける最初のステップは、各 i に対して以下のような値を前計算することです。

- 穴 i にいた 2^0 $(=1)$ 日後の場所 dp[0][i]
- 穴 i にいた 2^1 $(=2)$ 日後の場所 dp[1][i]
- 穴 i にいた 2^2 $(=4)$ 日後の場所 dp[2][i]
- 穴 i にいた 2^3 $(=8)$ 日後の場所 dp[3][i]

明らかに、dp[0][i] = A_i が成り立ちます。また、1 日後の 1 日後は 2 日後、2 日後の 2 日後は 4 日後、4 日後の 4 日後は 8 日後ですので、dp[1][i] 以降は次のように計算することができます。

- dp[1][i] = dp[0][dp[0][i]]
- dp[2][i] = dp[1][dp[1][i]]
- dp[3][i] = dp[2][dp[2][i]]

たとえば $A = [2,4,1,7,6,5,3]$ の場合は下図のようになります。特に、穴 1 にいた 8 日後の場所 dp[3][1] については、次のようにして計算されます。

- 穴 1 にいた 4 日後の場所は dp[2][1] = 3
- 穴 3 にいた 4 日後の場所は dp[2][3] = 7
- したがって、穴 1 にいた 8 日後の場所は dp[2][dp[2][1]] = dp[2][3] = 7

なお、本問題では $Y_j < 2^{30}$ が成り立つので、2^{29} 日後の場所 dp[29][i] まで計算すれば十分です。

	穴1	穴2	穴3	穴4	穴5	穴6	穴7
1 日後の場所：dp[0][i]	2	4	1	7	6	5	3
2 日後の場所：dp[1][i]	4	7	2	3	5	6	1
4 日後の場所：dp[2][i]	3	1	7	2	5	6	4
8 日後の場所：dp[3][i]	7	3	4	1	5	6	2

ステップ2：クエリの処理

　それでは前計算の結果を利用してクエリを処理しましょう。まずは例として、穴 2 にいた 13 日後の場所を計算します。$13 = 2^3 + 2^2 + 2^0$ より、13 日後は 8 日後の 4 日後の 1 日後ですので、以下のようにして答えが 3 であると分かります。

- 穴 2 にいた 8 日後の場所は $\mathrm{dp}[3][2] = 3$
- 穴 3 にいた 4 日後の場所は $\mathrm{dp}[2][3] = 7$
- 穴 7 にいた 1 日後の場所は $\mathrm{dp}[0][7] = 3$

　一般のケースでも同様です。n の 2 進法表記における 2^d の位が 1 であるときに限り、「2^d 日後に進む操作」を行えば、n 日後に進むことができます。

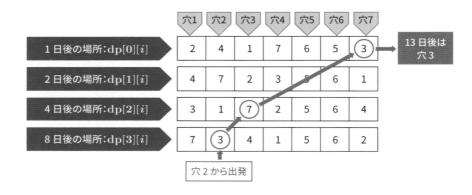

解答例（C++）

```
1   #include <iostream>
2   using namespace std;
3
4   int N, Q, A[100009], X[100009], Y[100009];
5   int dp[32][100009];
6
7   int main() {
8       // 入力
9       cin >> N >> Q;
10      for (int i = 1; i <= N; i++) cin >> A[i];
11      for (int j = 1; j <= Q; j++) cin >> X[j] >> Y[j];
12
13      // 前計算
14      for (int i = 1; i <= N; i++) dp[0][i] = A[i];
15      for (int d = 1; d <= 29; d++) {
16          for (int i = 1; i <= N; i++) dp[d][i] = dp[d-1][dp[d-1][i]];
17      }
18
```

```
19        // クエリの処理
20        for (int j = 1; j <= Q; j++) {
21            int CurrentPlace = X[j];
22            for (int d = 29; d >= 0; d--) {
23                if ((Y[j] / (1 << d)) % 2 != 0) CurrentPlace = dp[d][CurrentPlace];
24            }
25            cout << CurrentPlace << endl;
26        }
27        return 0;
28    }
```

問題 B57　**応用問題**

$1, 2, ..., N$ それぞれに対して、「各位の数字の和を引く」という操作を K 回行った後の整数を出力してください。たとえば 108 に対して 3 回の操作を行うと、108→99→81→72 と変化します。なお、計算量は $O(N \log K)$ であることが望ましいです。

ヒント 1 回操作した後、2 回操作した後、4 回操作した後、⋯ を考えましょう。

8.8 | セグメント木：RMQ

RMQ *16 （実行時間制限 3 秒、難易度 ★ 5）

配列 $A = [A_1, A_2, \ldots, A_N]$ があり、最初は全ての要素が 0 になっています。以下の 2 種類のクエリを処理するプログラムを作成してください。

- **クエリ 1：** A_{pos} の値を x に更新する。
- **クエリ 2：** $A_l, A_{l+1}, \ldots, A_{r-1}$ の最大値を答える。

ただし、与えられるクエリの数は全部で Q 個であるとします。

入力形式

$Query_i$ は i 回目のクエリの情報を表します。クエリ 1 の場合は 1 pos x、クエリ 2 の場合は 2 l r という形式で与えられます。詳しくは入力例をご覧ください。

```
N   Q
Query₁
Query₂
   :
Query_Q
```

出力形式

クエリ 2 の答えを、順番に出力してください。

制約

- $1 \le N \le 100000$
- $1 \le Q \le 100000$
- 配列 A の要素は常に 0 以上 10^9 以下の整数である

入力例 1	出力例 1
8 4 1 3 16 2 4 7 1 5 13 2 4 7	0 13

＊ 16　RMQ は Range Maximum Queries の略

セグメント木とは

セグメント木は、「〇〇番目から△△番目までの要素の最大値を求めてください」といった区間に関するクエリを得意とするデータ構造です。

セグメント木の各セルには、**区間に関する情報** を記録します。1 段目のセルには「A_1 から A_N までの最大値」といった全体の情報を書き込みますが、

- 2 段目のセルには全体の 1/2 の長さの区間
- 3 段目のセルには全体の 1/4 の長さの区間
- 4 段目のセルには全体の 1/8 の長さの区間

を書き込み、下になるにつれて扱う区間が短くなります。$N = 8$ の場合は下図の通りです。

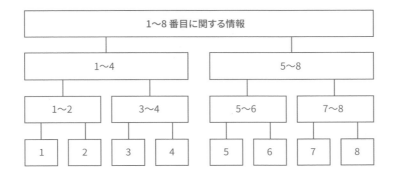

例題におけるセグメント木

それでは、セグメント木を使って例題を解いてみましょう。まず、今回は「A_l から A_{r-1} までの最大値を求める」といったクエリを処理する必要があるので、各セルには**区間の最大値**を記録します。

たとえば $A = [27,18,36,37,25,54,21,11]$ の場合は下図のようになります。二段目の左側のセルには、A_1 から A_4 までの最大値 37 が記録されています。

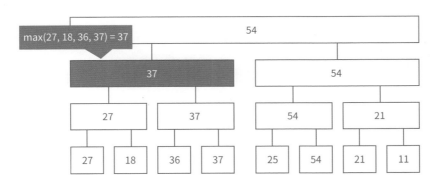

クエリ1の処理

A_{pos} の値を x に更新する **クエリ1** は、以下のようにして処理することができます。

手順1 A_{pos} だけの区間に対応するセルを x に書き換える。
手順2 一個上のセルに移動し、$\max($ 左下のセル , 右下のセル $)$ に書き換える。
手順3 一個上のセルに移動し、$\max($ 左下のセル , 右下のセル $)$ に書き換える。
手順4 一番上のセルに移動するまで同様の操作を繰り返す。

下図は A_2 の値を 40 に更新する場合の流れを示しています。更新後も「区間に対応する最大値」が正しく記録されていることが分かるでしょう。

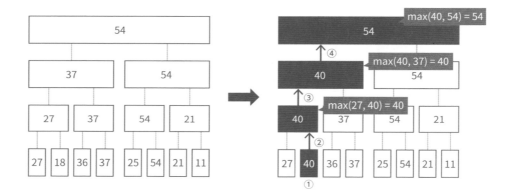

クエリ2の処理

まずは A_1 から A_6 までの最大値を求めることを考えましょう。下図の赤いセルだけで、A_1 から A_6 までの区間を過不足なく含んでいるため、答えは $\max(37,54) = 54$ だと分かります。直接計算すると6個のセルを見る必要があったところが、セグメント木では2個のセルで済みました。

他のケースでも同様に、$\log N$ 個程度のセルの最大値を計算するだけで答えが分かります（要素数 N のセグメント木の段数は約 $\log N$ です）。

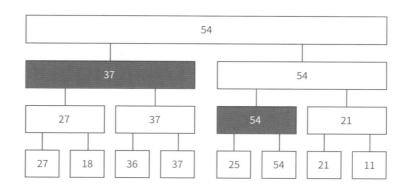

　ここまでの内容は理解できましたでしょうか。クエリ1・クエリ2を合わせた計算過程の例を以下に示しますので、ぜひご活用ください。なお、説明の都合上、1コマ目での配列 A の初期値がゼロになっていないことに注意してください。

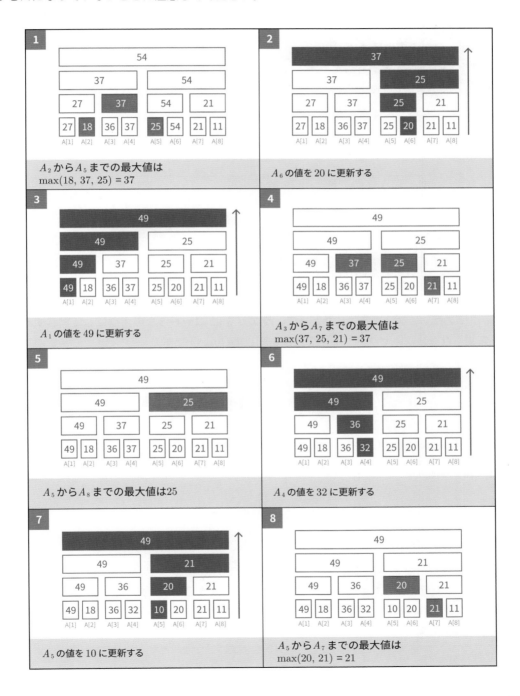

8章

データ構造とクエリ処理

327

セグメント木の実装：クエリ1

それではセグメント木を実装してみましょう。まず、配列を使ってセグメント木を管理できるようにするため、以下の規則に従って、各セルに番号を付けることを考えます。

- 一番上のセルの番号は 1
- セル u の左下の番号は $2u$
- セル u の右下の番号は $2u+1$

また、セグメント木の要素数 siz は 2^k の形で表されるのが望ましいので、siz を N 以上で最小の「2^k型整数」に設定します。たとえば $N=5$ のとき siz = 8 です。

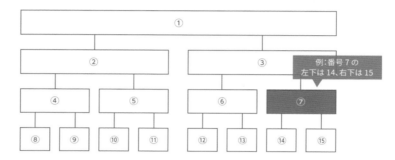

そうすると、A_{pos} のみに対応するセルの番号は pos + siz - 1 となり、セル u の一個上の番号は「$u \div 2$ の商」となります。したがって、**クエリ1** は **コード 8.5** のようにして実装することができます。計算量は、セグメント木の段数と同じ $O(\log N)$ です。

コード 8.5　クエリ1を処理する関数

```
1  void update(int pos, int x) { // セル i に書かれた整数を dat[i] で表す
2      pos = pos + siz - 1;
3      dat[pos] = x;
4      while (pos >= 2) {
5          pos /= 2;
6          dat[pos] = max(dat[pos * 2], dat[pos * 2 + 1]);
7      }
8  }
```

セグメント木の実装：クエリ2

クエリ2 には難易度の高い部分が一つあります。これは、「どのセルの最大値を計算すれば良いか」を求める部分です。たとえば半開区間 $[1,7)$ [*17] の最大値を求めたいとき、セル2とセル6の最大値を計算すれば良いということは、人間にはすぐ分かります。しかしプログラムで実装するとなると、難易度が一気に跳ね上がります。

[*17]　半開区間 $[l, r)$ は、A_l から A_{r-1} までの区間のことを指します。

　そこで役立つのが再帰関数（**→コラム4**）です。**コード8.6**のように再帰関数を使って実装すれば、区間の最大値を計算量 $O(\log N)$ で求めることができます。

コード8.6　クエリ2を処理する関数

```
 1    // u は現在のセル番号、[a, b) はセルに対応する半開区間、[l, r) は求めたい半開区間
 2    // 半開区間 [l, r) の最大値を求めるには、query(l, r, 1, siz+1, 1) を呼び出せば良い
 3    int query(int l, int r, int a, int b, int u) {
 4        if (r <= a || b <= l) return -1000000000; // 一切含まれない場合
 5        if (l <= a && b <= r) return dat[u];        // 完全に含まれる場合
 6        int m = (a + b) / 2;
 7        int AnswerL = query(l, r, a, m, u * 2);
 8        int AnswerR = query(l, r, m, b, u * 2 + 1);
 9        return max(AnswerL, AnswerR);
10    }
```

　この再帰関数は、**セルを半開区間 $[l,r)$ に完全に含まれるまで分解していく** という仕組みになっています。具体的には、以下の**操作1**を行うことで、半開区間 $[l,r)$ の最大値を求めます。

操作 u：

- セル u が $[l,r)$ に全部含まれる：そのセルに書かれた値を返す
- セル u が $[l,r)$ に一部含まれる：操作 $2u, 2u+1$ を再帰的に行い、最大値を返す
- セル u が $[l,r)$ に含まれない　：最大値に影響しない値 $-\infty$ を返す

たとえば半開区間 $[1,7)$ の最大値を求めたい場合、挙動は下図のようになります。

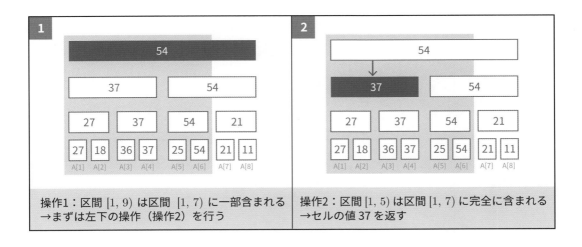

操作1：区間 $[1, 9)$ は区間 $[1, 7)$ に一部含まれる
→まずは左下の操作（操作2）を行う

操作2：区間 $[1, 5)$ は区間 $[1, 7)$ に完全に含まれる
→セルの値 37 を返す

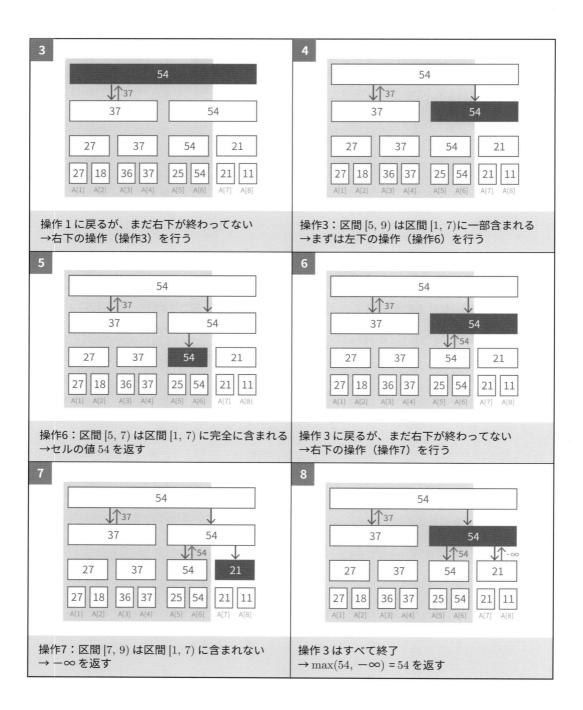

3

操作 1 に戻るが、まだ右下が終わってない
→右下の操作（操作3）を行う

4

操作3：区間 [5, 9) は区間 [1, 7)に一部含まれる
→まずは左下の操作（操作6）を行う

5

操作6：区間 [5, 7) は区間 [1, 7) に完全に含まれる
→セルの値 54 を返す

6

操作 3 に戻るが、まだ右下が終わってない
→右下の操作（操作7）を行う

7

操作7：区間 [7, 9) は区間 [1, 7) に含まれない
→ $-\infty$ を返す

8

操作 3 はすべて終了
→ $\max(54, -\infty) = 54$ を返す

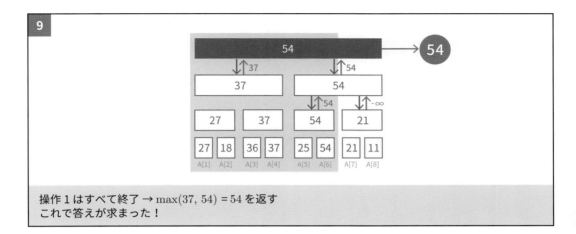

操作1はすべて終了 → $\max(37, 54) = 54$ を返す
これで答えが求まった！

解答例（C++）

```cpp
#include <iostream>
#include <algorithm>
using namespace std;

class SegmentTree {
    public:
    int dat[300000], siz = 1;

    // 要素 dat の初期化を行う（最初は全部ゼロ）
    void init(int N) {
        siz = 1;
        while (siz < N) siz *= 2;
        for (int i = 1; i < siz * 2; i++) dat[i] = 0;
    }

    // クエリ 1 に対する処理
    void update(int pos, int x) {
        pos = pos + siz - 1;
        dat[pos] = x;
        while (pos >= 2) {
            pos /= 2;
            dat[pos] = max(dat[pos * 2], dat[pos * 2 + 1]);
        }
    }

    // クエリ 2 に対する処理
    // u は現在のセル番号、[a, b) はセルに対応する半開区間、[l, r) は求めたい半開区間
    int query(int l, int r, int a, int b, int u) {
        if (r <= a || b <= l) return -1000000000; // 一切含まれない場合
        if (l <= a && b <= r) return dat[u];       // 完全に含まれる場合
```

```
31              int m = (a + b) / 2;
32              int AnswerL = query(l, r, a, m, u * 2);
33              int AnswerR = query(l, r, m, b, u * 2 + 1);
34              return max(AnswerL, AnswerR);
35          }
36  };
37
38  int N, Q;
39  int Query[100009], pos[100009], x[100009], l[100009], r[100009];
40  SegmentTree Z;
41
42  int main() {
43      // 入力
44      cin >> N >> Q;
45      for (int i = 1; i <= Q; i++) {
46          cin >> Query[i];
47          if (Query[i] == 1) cin >> pos[i] >> x[i];
48          if (Query[i] == 2) cin >> l[i] >> r[i];
49      }
50
51      // クエリ処理
52      Z.init(N);
53      for (int i = 1; i <= Q; i++) {
54          if (Query[i] == 1) {
55              Z.update(pos[i], x[i]);
56          }
57          if (Query[i] == 2) {
58              // 最初のセルに対応する半開区間は [1, siz + 1)
59              int Answer = Z.query(l[i], r[i], 1, Z.siz + 1, 1);
60              cout << Answer << endl;
61          }
62      }
63      return 0;
64  }
```

問題 B58　応用問題

N 個の足場が横一列に並んでおり、左から順に 1 から N までの番号が付けられています。足場 1 がスタート地点、足場 N がゴール地点であり、足場 i はスタート地点から X_i メートルの位置にあります。

あなたは 1 回で L メートル以上 R メートル以下の距離を右方向にのみジャンプできるとき、スタートからゴールまで最小何回のジャンプで行けますか。計算量 $O(N \log N)$ で解いてください。

ヒント 計算量 $O(N^2)$ の動的計画法（→ **4 章**）をセグメント木で高速化しましょう！

8.9 | セグメント木：RSQ

| 問題 A59 | RSQ [18] | （ 実行時間制限 3 秒、難易度 ★ 5 ） |

配列 $A = [A_1, A_2, \ldots, A_N]$ があり、最初は全ての要素が 0 になっています。以下の 2 種類のクエリを処理するプログラムを作成してください。

- **クエリ 1：** A_{pos} の値を x に更新する。
- **クエリ 2：** $A_l, A_{l+1}, \ldots, A_{r-1}$ の合計値を答える。

ただし、与えられるクエリの数は全部で Q 個であるとします。

入力形式

$Query_i$ は i 回目のクエリの情報を表します。クエリ 1 の場合は 1 pos x、クエリ 2 の場合は 2 l r という形式で与えられます。詳しくは入力例をご覧ください。

```
N   Q
Query_1
   :
Query_Q
```

出力形式

クエリ 2 の答えを、順番に出力してください。

制約

- $1 \leq N \leq 100000$
- $1 \leq Q \leq 100000$
- 配列 A の要素は常に 0 以上 1000 以下の整数である

入力例 1	出力例 1
8 4 1 3 16 1 6 24 2 4 8 2 1 7	24 40

＊18　RSQ は Range Sum Queries の略

問題の解説

前の例題では、セグメント木に区間の最大値を記録しました。一方、本例題では「A_l から A_{r-1} までの合計値を求めるクエリ」を処理するので、**区間の合計値** を記録することを考えます。

たとえば $A = [27, 18, 36, 37, 25, 54, 21, 11]$ の場合は下図のようになります。二段目の左側のセルには、A_1 から A_4 までの合計値 118 が記録されています。

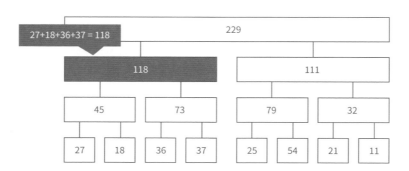

そうすると、前回とほぼ同等のアルゴリズムで **クエリ 1・クエリ 2** を処理することができます。たとえば **クエリ 1** で A_{pos} の値を x に変更する際のアルゴリズムは以下の通りです。

> **手順 1**　A_{pos} だけの区間に対応するセルを x に書き換える。
> **手順 2**　一個上のセルに移動し、(左下のセル + 右下のセル) に書き換える。
> **手順 3**　一個上のセルに移動し、(左下のセル + 右下のセル) に書き換える。
> **手順 4**　一番上のセルに移動するまで同様の操作を繰り返す。

下図は A_2 の値を 40 に変更する際の流れを示しています。

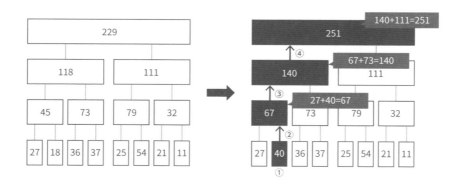

また **クエリ 2** についても、$\log N$ 個程度のセルの値を合計するだけで答えが分かります。以上の内容を実装すると **解答例** のようになり、前の例題と比べてわずか 3 行しか変わっていません（変わった部分にコメントを付しています）。

解答例（C++）

```cpp
1   #include <iostream>
2   #include <algorithm>
3   using namespace std;
4
5   class SegmentTree {
6       public:
7       int dat[300000], siz = 1;
8
9       // 要素 dat の初期化を行う（最初は全部ゼロ）
10      void init(int N) {
11          siz = 1;
12          while (siz < N) siz *= 2;
13          for (int i = 1; i < siz * 2; i++) dat[i] = 0;
14      }
15
16      // クエリ 1 に対する処理
17      void update(int pos, int x) {
18          pos = pos + siz - 1;
19          dat[pos] = x;
20          while (pos >= 2) {
21              pos /= 2;
22              dat[pos] = dat[pos * 2] + dat[pos * 2 + 1]; // 8.8 節から変更した部分
23          }
24      }
25
26      // クエリ 2 に対する処理
27      int query(int l, int r, int a, int b, int u) {
28          if (r <= a || b <= l) return 0; // 8.8 節から変更した部分
29          if (l <= a && b <= r) return dat[u];
30          int m = (a + b) / 2;
31          int AnswerL = query(l, r, a, m, u * 2);
32          int AnswerR = query(l, r, m, b, u * 2 + 1);
33          return AnswerL + AnswerR; // 8.8 節から変更した部分
34      }
35  };
36
37  int N, Q;
38  int Query[100009], pos[100009], x[100009], l[100009], r[100009];
39  SegmentTree Z;
40
41  int main() {
42      // 入力
43      cin >> N >> Q;
44      for (int i = 1; i <= Q; i++) {
45          cin >> Query[i];
46          if (Query[i] == 1) cin >> pos[i] >> x[i];
47          if (Query[i] == 2) cin >> l[i] >> r[i];
```

```
48        }
49
50        // クエリ処理
51        Z.init(N);
52        for (int i = 1; i <= Q; i++) {
53            if (Query[i] == 1) {
54                Z.update(pos[i], x[i]);
55            }
56            if (Query[i] == 2) {
57                // 最初のセルに対応する半開区間は [1, siz + 1)
58                int Answer = Z.query(l[i], r[i], 1, Z.siz + 1, 1);
59                cout << Answer << endl;
60            }
61        }
62        return 0;
63    }
```

問題 B59　応用問題

配列 $A = [A_1, \ldots , A_N]$ が与えられます。$A_i > A_j$ となるような組 (i,j) $[1 \le i < j \le N]$ の個数を出力するプログラムを作成してください。ただし、配列 A は1以上 N 以下の整数を並べ替えたものとなっています。計算量は $O(N \log N)$ であることが望ましいです。

ヒント $j = 1, 2, \ldots , N$ の順に「$A_i > A_j$ となる i の個数」を求めるにはどうすれば良い？

336

8.10 | チャレンジ問題

| 問題 A60 | **Stock Price** | （ 実行時間制限 1 秒、難易度 ★ 4 ） |

株式会社 KYOPRO-MASTER は上場から N 日が経過しており、i 日目の株価は A_i 円でした。太郎君は、それぞれの日について「株価が何日ぶりの高値を更新したか」を求めようと思いました。ここで d 日目に対する **起算日** を次のように定義します。

- $i < d$ かつ $A_i > A_d$ を満たす最大の i
- ただし、そのような i が存在しない場合、起算日はない

$d = 1, 2, ..., N$ について、起算日を計算するプログラムを作成してください。

入力形式

N
$A_1 \quad A_2 \quad \cdots \quad A_N$

出力形式

$d = 1, 2, \cdots, N$ のときの起算日を、空白区切りで出力してください。ただし、起算日が存在しない日については -1 と出力してください。

制約

- $1 \le N \le 200000$
- $1 \le A_i \le 10^9$
- $A_1, A_2, ..., A_N$ はすべて異なる

入力例 1	出力例 1
6 6 2 5 3 1 4	-1 1 1 3 4 3

たとえば 6 日目の起算日は 3 日目です。なぜなら、5 日目・4 日目は株価が $A_6 (= 4)$ 円以下であり、3 日目は株価が $A_6 (= 4)$ 円を超えているからです。

具体例から考えよう

まずは具体例として、$A = [6, 2, 5, 3, 1, 4]$ のケースを考えましょう。d 日目の起算日は「左側に進んだときに初めて株価が A_d 円を上回った日」ですので、6 日目の起算日は 3 日目です。

また、少し難しいですが、2, 4, 5 日目については 6 日目の起算日にならないだけでなく、もし 7 日目以降があってもその起算日にはなりません。したがって、7 日目以降のことを考えるときには、もはや 2, 4, 5 日目の情報を覚えておく必要はありません。

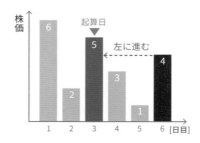

それでは一般のケースについてはどうでしょうか。d 日目から左側に進んだときに、株価の最高値を更新する棒を **レベル 2（青色）**、そうでない棒を **レベル 1（灰色）** としましょう。このとき、

- 一番右のレベル 2 が d 日目の起算日
- レベル 1 の日付は d 日目だけでなく $d+1$ 日目以降の起算日にもならない

という性質が成り立ちます。たとえば上図の例で $d = 6$ の場合、レベル 2 である 1, 3 日目だけに「将来起算日になるチャンスが残っている」といえます。他の d については下図の通りです。

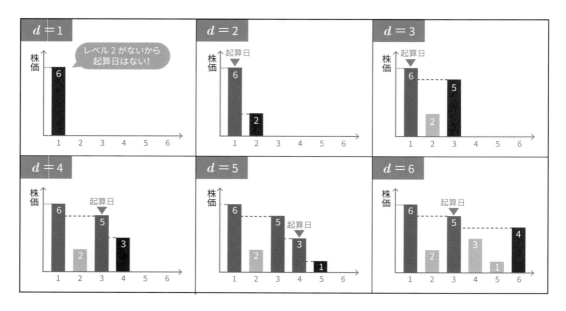

問題を解いてみよう

以上のことから、「1日目 → 2日目 → ・・・ → N日目」の順番に答えを求めていくとき、レベル1の棒はもはや覚えておく必要がないことが分かります。そこでレベル2の棒だけを記録することを考えましょう。具体的には、次の要素を日付の小さい順に記録したスタック Level2 を用意しましょう。

- レベル2の棒における (日付, 株価) のペア

このとき、スタック Level2 の変化は以下のようにして再現することができます。

- **1日目**：空のまま変化しない。
- **2日目**：$(1, A_1)$ を追加した後、一番上の株価が A_2 以下である間、削除を続ける
- **3日目**：$(2, A_2)$ を追加した後、一番上の株価が A_3 以下である間、削除を続ける
- **4日目**：$(3, A_3)$ を追加した後、一番上の株価が A_4 以下である間、削除を続ける
- **5日目** 以降についても同様

また、起算日は一番右のレベル2の棒ですので、d日目の起算日は「d日目時点におけるスタック Level2 の一番上の日付」となります。したがって、$A = [6, 2, 5, 3, 1, 4]$ のときの起算日は次図のようにして計算することができます。

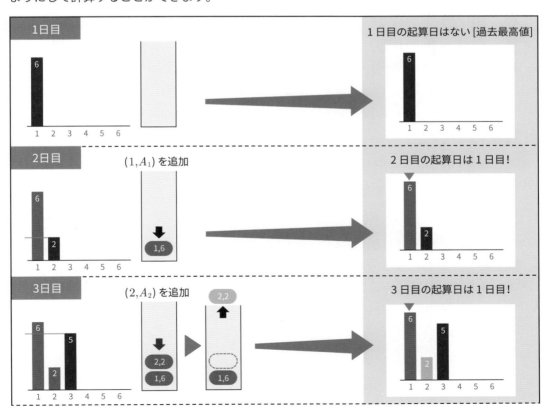

8章

データ構造とクエリ処理

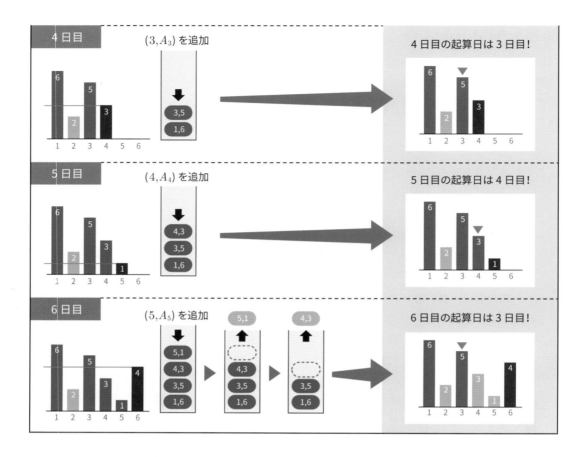

計算量について

さて、このアルゴリズムの計算量はどれくらいでしょうか。たとえば次のようなケースでは、最終日にスタックから $N-1$ 個の要素を取り除く必要があります。

- $A = [N-1, N-2, \ldots, 2, 1, N]$

そのため、毎日 $N-1$ 個を取り除いていたら合計削除回数が $N(N-1)$ 回になり、実行時間制限に間に合わないと誤解するかもしれません。しかし、スタックへの追加は明らかに合計 $N-1$ 回行われ、なおかつ同じ要素が二度削除されることはないため、合計削除回数も $N-1$ 回以下です。したがって、計算量は $O(N)$ です。

解答例（C++）

```cpp
#include <iostream>
#include <stack>
using namespace std;

int N, A[200009];
int Answer[200009];
stack<pair<int, int>> Level2;

int main() {
    // 入力
    cin >> N;
    for (int i = 1; i <= N; i++) cin >> A[i];

    // スタックの変化の再現
    for (int i = 1; i <= N; i++) {
        if (i >= 2) {
            Level2.push(make_pair(i - 1, A[i - 1]));
            while (!Level2.empty()) {
                int kabuka = Level2.top().second;
                if (kabuka <= A[i]) Level2.pop();
                else break;
            }
        }

        // 起算日の特定
        if (!Level2.empty()) Answer[i] = Level2.top().first;
        else Answer[i] = -1;
    }

    // 出力
    for (int i = 1; i <= N; i++) {
        if (i >= 2) cout << " ";
        cout << Answer[i];
    }
    cout << endl;
    return 0;
}
```

8章のまとめ

8.1 スタック

スタックで出来ること

- 一番上に要素 x を追加
- 一番上の要素を取得
- 一番上の要素を削除

実装方法

C++ では stack 型、Python では deque を使う

8.2 キュー

キューで出来ること

- 最後尾に要素 x を追加
- 先頭の要素を取得
- 先頭の要素を削除

実装方法

C++ では queue 型、Python では deque を使う

8.3 優先度付きキュー

優先度付きキューで出来ること

- 要素 x を追加
- 最小の要素を取得
- 最小の要素を削除

計算量

1 クエリ当たり $O(\log N)$

8.4 連想配列

連想配列とは

添字に制限がない配列
A[-100] や A["tanaka"] などにもアクセスできる

計算量

1 クエリ当たり $O(\log N)$

8.5 集合の管理

set 型で出来ること

- 要素 x を追加
- 要素 x を削除
- x の位置を二分探索 など

8.6 文字列のハッシュ

テクニックの概要

文字列ではなく「ハッシュ値」で比較することで文字列の一致判定を計算量 $O(1)$ で行う

ハッシュ値の求め方

文字列 T の i 文字目に対応する値を $T[i]$ とするとき (ハッシュ値) $= B^{K-1}T[1] + \cdots + B^0 T[K]$

8.7 ダブリング

ダブリングとは

1 手先・2 手先・4 手先・8 手先… を前計算して n 手先を高速に求める

具体例

13 手先は「8 手先の 4 手先の 1 手先」

8.8 セグメント木 (1)：RMQ

セグメント木とは

右図のように二分した構造を持つ
各セルには「区間の情報」を記録

セグメント木で出来ること (1)

- A_{pos} の値を計算量 $O(\log N)$ で更新
- $A_l, \cdots, A_{r-1}$ の最大値を計算量 $O(\log N)$ で求める

8.9 セグメント木 (2)：RSQ

セグメント木で出来ること (2)

- A_{pos} の値を計算量 $O(\log N)$ で更新
- $A_l, \cdots, A_{r-1}$ の合計値を計算量 $O(\log N)$ で求める

これを実現するには？

セルに「区間の合計値」を記録

9章

グラフアルゴリズム

9.0 | グラフとは

　皆さんは、「グラフ」という言葉を聞いて何を思い浮かべるでしょうか。多くの人は、棒グラフや折れ線グラフといった資料作成の必須ツールを想像するでしょう。下図左側に示した内閣支持率の円グラフも、確かにグラフの一種です。しかしアルゴリズムの文脈では、**モノとモノを結ぶネットワーク構造のようなもの** を指します。

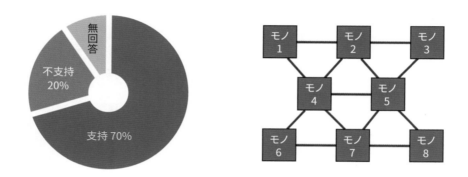

　グラフは **頂点** と **辺** からなります。頂点はモノを表し、図では円などで描かれます。一方、辺は繋がりを表し、図では線分などで描かれます。イメージが湧かない人は、鉄道路線図の駅を頂点、線路を辺として考えれば良いでしょう。なお、頂点同士を識別するため、各頂点には 1,2,3,… といった **頂点番号** を付けることがあります。

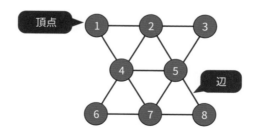

グラフの分類 (1)：無向グラフと有向グラフ

　グラフは「辺の向きの有無」で分類することができます。**無向グラフ** は辺に向きがないグラフであり、**有向グラフ** は辺に向きがあるグラフを指します。

　たとえば一般的な道路網は、無向グラフを使って表現することができます。しかし一方通行が存在する場合、有向グラフを使う必要があります。

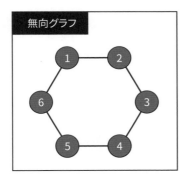
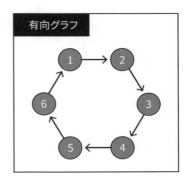

グラフの分類 (2)：重みなしグラフと重み付きグラフ

　グラフは「辺に重みや長さの情報が付いているか」でも分類することができます。**重みなしグラフ** は辺の重みがないグラフであり、**重み付きグラフ** は辺の重みがあるグラフです。

　たとえば、道路網だけを表現したいときは重みなしグラフで十分ですが、所要時間や移動距離などの情報も含めて表現したいときは重み付きグラフを使う必要があります。

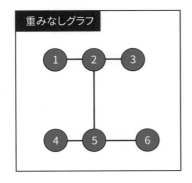
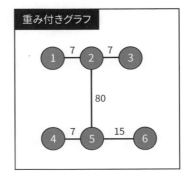

グラフの例

　ここまで解説してきたグラフは、友達関係や交通網をはじめとする様々な場面で応用することができます。実生活におけるグラフの例を次ページに 3 つ示しますので、ぜひご活用ください。

9章 グラフアルゴリズム

例1
友達関係

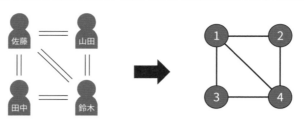

※すべて「双方向の友達関係」である場合

学校の中で生じる友達関係は、無向グラフで表現できます。ただし、「人 A が人 B を好きだと思っているが、人 B は人 A を好きだと思っていない」といった残念な状況がある場合、有向グラフを使う必要があります。

どんな問題で使うか?　最も友達が多い人は誰かを求める(→応用問題 9.1)

例2
鉄道の所要時間

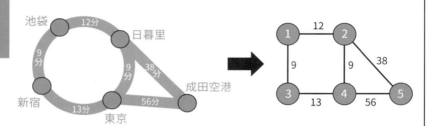

駅を頂点とし、路線を辺とするとき、東京近郊の鉄道路線図は重み付きグラフとして表現することができます。

どんな問題で使うか?　新宿駅から成田空港まで最短何分で移動できるかを求める(→9.4 節)

例3
上司部下の関係

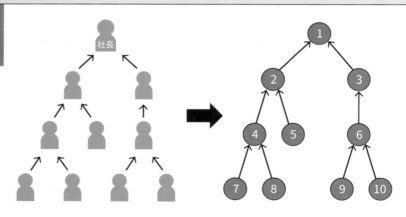

多くの会社に存在する「上司と部下」の関係も、有向グラフとして表すことができます。社員を頂点、関係を辺とみなせば良いです。

どんな問題で使うか?　各社員には何人の(間接的な)部下がいるかを求める(→9.5 節)

コラム5 グラフに関する用語

本コラムでは、グラフの問題を解くときに出てくる重要なキーワードをいくつか紹介します。用語を覚えるのはつらいかもしれませんが、必要になった時に確認しておくようにしましょう。

グラフの次数

無向グラフの場合、ある頂点に接続している辺の本数を **次数** といいます。たとえば下図左側の例では、頂点 1 に 3 つの辺が接続しているので、頂点 1 の次数は 3 です。

有向グラフの場合、ある頂点から出ていく辺の本数を **出次数**、ある頂点に入っていく辺の本数を **入次数** といいます。たとえば下図右側の例では、頂点 1 から 2 つの辺が出ているので、頂点 1 の出次数は 2 です。

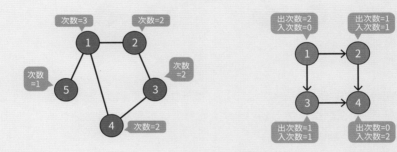

連結・隣接関係

グラフが **連結である** とは、どの頂点間も行き来可能であることを指します。たとえば下図のグラフの場合、頂点 1 と頂点 6 が行き来可能ではないため、連結ではありません。

また、**連結成分** とは、行き来可能な頂点だけが同一のグループになるように分類したときの、それぞれのグループを指します。たとえば下図のグラフには 3 つの連結成分 A・B・C が存在します。

さらに、頂点 u と頂点 v が **隣接している** とは、u と v が直接辺で結ばれていることを指します。たとえば下図の頂点 1 と 2 は隣接していますが、頂点 1 と 3 は隣接していません。

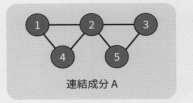
連結成分 A

連結成分 B

連結成分 C

パス・閉路

グラフ上の経路のことを **パス** といい、特に同じ頂点を複数回通らないパスを **単純パス** と呼びます。たとえば下図の $1 \to 2 \to 5 \to 8$ という経路は単純パスですが、$2 \to 5 \to 2 \to 5$ という経路は単純パスではありません。[*1]

また、スタートとゴールが同じであるパスのうち、同じ辺を二度通らず、なおかつゴール時を除いて同じ頂点を二度通らないものを **閉路** または **サイクル** といいます。たとえば下図の $1 \to 2 \to 7 \to 6 \to 1$ という経路は閉路です。

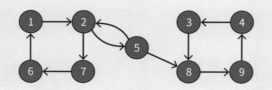

二部グラフ

隣接している頂点が同じ色にならないように、グラフの頂点を青と赤などの2色で塗り分けることが可能なグラフを **二部グラフ** といいます。たとえば下図左側は二部グラフですが、下図右側は二部グラフではありません。

二部グラフには、「長さが奇数である閉路」が存在しなかったり、マッチング問題（→ **9.9 節**）を容易に解けたりするなど、良い性質がたくさんあります。

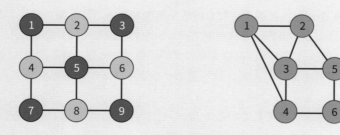

[*1] パスや単純パスについては、書籍によって定義が異なることに注意してください。たとえば参考文献 [10] では、パスのことをウォークと呼び、単純パスのことをパスと呼んでいます。

最短経路

　ある頂点からある頂点に向かうパスのうち、通る辺の本数（重み付きグラフの場合、通る辺の重みの総和）が最小となるものを **最短経路** といいます。

　たとえば下図のグラフの場合、頂点 1 から 2 までの最短経路は 1 → 3 → 4 → 5 → 2 であり、その長さは 26+24+39+11=100 です。最短経路の概念は、幅優先探索（**→ 9.3 節**）・ダイクストラ法（**→ 9.4 節**）などで使います。

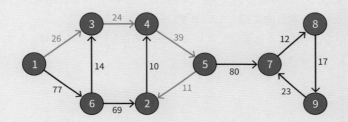

木構造

　連結な無向グラフのうち、閉路が存在しないものを **木** といいます。どのような木でも、頂点数を N とするとき、辺数が $N-1$ となることが知られています。

　木は、一つの頂点を固定してぶら下げた **根付き木** の形で表すことができます。固定した一番上の頂点を **根** といい、根以外の次数 1 の頂点を **葉** といいます。たとえば下図右側のグラフでは、頂点 1 が根であり、頂点 5,6,7 が葉です。

　また、根付き木における一個上の頂点を **親** といい、一個下の頂点を **子** といいます。たとえば頂点 4 の親は頂点 1 であり、頂点 4 の子は頂点 6,7 です。家系図と似ていますね。

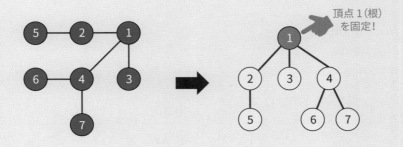

頂点 1（根）を固定！

9.1 グラフの実装方法

問題 A61 **Adjacent Vertices** （実行時間制限 1 秒、難易度 ★ 2）

頂点数 N、辺数 M のグラフが与えられます。頂点には 1 から N までの番号が付けられており、i 番目の辺は頂点 A_i と B_i を双方向に結んでいます。

それぞれの k について、「頂点 k と隣接している（→**コラム 5**）頂点の番号」をすべて出力するプログラムを作成してください。

入力形式

N M
A_1 B_1
A_2 B_2
$\vdots$
A_M B_M

出力形式

N 行にわたって出力してください。k 行目には、頂点 k と隣接している頂点の番号を、出力例の形式にならって出力してください（出力の順序は問いません）。

制約

- $2 \le N \le 100000$
- $1 \le M \le 100000$
- $1 \le A_i < B_i \le N$

入力例 1	出力例 1
5 4	1: {2}
1 2	2: {1, 3}
2 3	3: {2, 4, 5}
3 4	4: {3}
3 5	5: {3}

たとえば 2 行目については、2: {1, 3} ではなく 2: {3, 1} と出力しても正解となります。

グラフを実装する方法

コンピュータ上でグラフを表現する方法として、**隣接行列表現** と **隣接リスト表現** の二つが有名です。まず、隣接行列表現は、辺があるかないかの情報を、$N \times N$ の二次元配列を用いて表現する方法です。辺があるところに 1、辺がないところに 0 を記録します。

たとえば、下図の頂点 3 と頂点 4 の間には辺があるので $A[3][4] = 1$ となっています。また、頂点 2 と頂点 4 の間には辺がないので $A[2][4] = 0$ となっています。

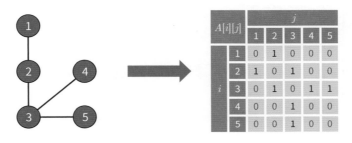

一方、隣接リスト表現は、各頂点に対して「隣接する頂点のリスト[*2]」だけを記録する方法です。具体的には、頂点 v と隣接している頂点のリストを $G[v]$ に記録します。たとえば、下図の頂点 3 と隣接している頂点は {2,4,5} ですので、$G[3]$ = {2,4,5} となっています。

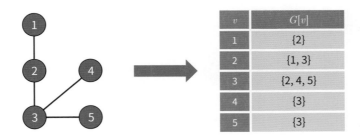

隣接リスト表現の大きな特徴は、**メモリ使用量の面で優れていることです**。隣接行列表現に必要なメモリ領域は $O(N^2)$ であり、頂点数と辺数が 100000 のグラフを記録するだけで数十 GB を使います。一方、隣接リスト表現に必要なメモリ領域は $O(N + M)$ であり、数 MB しか使いません。

このような理由で、9.1 節から 9.10 節までのすべてのソースコードでは隣接リスト形式が利用されています[*3]。まずは例題を解くプログラムを実装することで、隣接リスト形式に慣れましょう。

[*2] リストは、C++ の場合は vector 型、Python の場合は通常の配列を用いて実装できます。

[*3] もちろん実装するアルゴリズムによっては、隣接行列表現の方が好まれることもあります。コラム 7 で扱う **Warshall-Floyd 法** がその一例です。

解答例（C++）

```cpp
1   #include <iostream>
2   #include <vector>
3   using namespace std;
4
5   int N, M;
6   int A[100009], B[100009];
7   vector<int> G[100009]; // 隣接リスト
8
9   int main() {
10      // 入力
11      cin >> N >> M;
12      for (int i = 1; i <= M; i++) {
13          cin >> A[i] >> B[i];
14          G[A[i]].push_back(B[i]); // 「頂点 A[i] に隣接する頂点」として B[i] を追加
15          G[B[i]].push_back(A[i]); // 「頂点 B[i] に隣接する頂点」として A[i] を追加
16      }
17
18      // 出力
19      for (int i = 1; i <= N; i++) {
20          cout << i << ": {";
21          for (int j = 0; j < G[i].size(); j++) {
22              if (j >= 1) cout << ", ";
23              cout << G[i][j];
24          }
25          cout << "}" << endl;
26      }
27      return 0;
28  }
```

問題 B61   応用問題

情報大学の 1 年 A 組には N 人の生徒が在籍しており、1 から N までの番号が付けられています。このクラスには M 個の友達関係があり、各 $i\,(1 \le i \le M)$ について、生徒 A_i と生徒 B_i が互いに友達です。

最も友達の多い生徒の番号を出力するプログラムを作成してください。該当者が複数いる場合はどれを出力しても正解となります。

ヒント 生徒を「頂点」、友達関係を「辺」に置き換えて考えましょう。

9.2 深さ優先探索

問題 A62 | **Depth First Search** （実行時間制限 1 秒、難易度 ★ 3）

頂点数 N、辺数 M のグラフが与えられます。頂点には 1 から N までの番号が付けられており、i 番目の辺は頂点 A_i と B_i を双方向に結んでいます。グラフ全体が連結（→**コラム 5**）であるかどうかを判定してください。

入力形式

```
N   M
A_1   B_1
  :
A_M   B_M
```

出力形式

グラフ全体が連結である場合 The graph is connected.、そうでなければ The graph is not connected. を出力してください。

制約

- $1 \leq N \leq 100000$
- $0 \leq M \leq \min(100000, N(N-1)/2)$
- $1 \leq A_i < B_i \leq N$

入力例 1	出力例 1
6 6 1 2 1 3 2 4 3 4 4 5 4 6	The graph is connected.

深さ優先探索とは

深さ優先探索は、「進めるだけ進み、行き詰まったら一歩戻る」という猪突猛進的な考えに基づいてグラフを探索していくアルゴリズムです。英語では Depth First Search と書かれ、略してDFS と呼ばれることもあります。

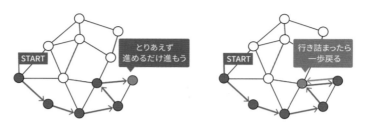

深さ優先探索のアイデアを使うと、以下のようにしてグラフの連結判定を行うことができます。このアルゴリズムでは、訪問した頂点に青色の印を付けていきます。

手順 1 最初は、すべての頂点が白色で塗られた状態にしておく。

手順 2 頂点 1 を訪問して青色で塗る。その後、以下の行動を繰り返す。

隣接する白色頂点がある場合	隣接する白色頂点がない場合
現在位置に隣接する白色頂点 nex を一つ選ぶ 頂点 nex に移動し、青色で塗る	一歩戻る。ただし頂点 1 にいる場合は戻れないので行動終了

手順 3 行動が終わった時点で全頂点が青色で塗られていた場合、グラフは連結。

入力例 1 での流れは下図の通りです。なお、この図では頂点 nex として「隣接する白色頂点のうち番号が最小のもの」を選んでいます。[*4]

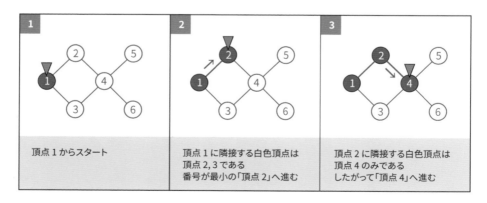

[*4] ここでは説明の都合上「最小の番号」を選んでいますが、実際は白色頂点であれば何を選んでも構いません。

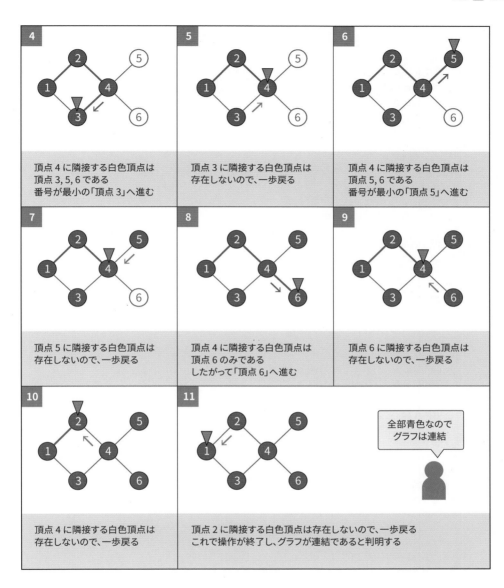

深さ優先探索の実装方法

深さ優先探索は、再帰関数（→**コラム4**）を使って次のように実装することができます。本質部分である関数dfsの実装はわずか8行です。その反面、再帰関数の挙動は少し複雑ですが、

- 頂点nexに進むときはdfs(nex)を再帰呼び出し
- 一歩戻るときはreturnする

と考えると理解しやすいでしょう。なお、プログラムの計算量は $O(N + M)$ です。

解答例（C++）

```cpp
1   #include <iostream>
2   #include <vector>
3   #include <string>
4   using namespace std;
5
6   int N, M, A[100009], B[100009];
7   vector<int> G[100009];
8   bool visited[100009]; // 頂点 x が青色の場合、visited[x] = true
9
10  void dfs(int pos) { // pos は現在位置
11      visited[pos] = true;
12      for (int i = 0; i < G[pos].size(); i++) {
13          int nex = G[pos][i];
14          if (visited[nex] == false) dfs(nex);
15      }
16      return;
17  }
18
19  int main() {
20      // 入力
21      cin >> N >> M;
22      for (int i = 1; i <= M; i++) {
23          cin >> A[i] >> B[i];
24          G[A[i]].push_back(B[i]);
25          G[B[i]].push_back(A[i]);
26      }
27      // 深さ優先探索
28      for (int i = 1; i <= N; i++) visited[i] = false;
29      dfs(1);
30      // 答えの出力
31      string Answer = "The graph is connected.";
32      for (int i = 1; i <= N; i++) {
33          if (visited[i] == false) Answer = "The graph is not connected.";
34      }
35      cout << Answer << endl;
36      return 0;
37  }
```

問題 B62 **応用問題**

頂点数 N、辺数 M の連結なグラフ（→**コラム 5**）が与えられます。このグラフについて、頂点 1 から頂点 N までの単純パスを一つ出力してください。

ヒント 移動経路の跡（前の図の青線部分）をどうやって記録するかが難所です。

9.3 | 幅優先探索

| 問題 A63 | **Shortest Path 1** | （ 実行時間制限 1 秒、難易度 ★ 3 ） |

重みなし無向グラフに対する最短経路問題を解いてください。具体的には、以下のようなグラフが与えられるとき、頂点 1 から各頂点までの最短経路長（→コラム 5）を求めてください。

- 頂点数は N、辺数は M である
- i 番目の辺は頂点 A_i と頂点 B_i を結ぶ

入力形式

$$N \quad M$$
$$A_1 \quad B_1$$
$$A_2 \quad B_2$$
$$\vdots$$
$$A_M \quad B_M$$

出力形式

N 行にわたって出力してください。k 行目には、頂点 1 から頂点 k までの最短経路長を出力してください。ただし、頂点 k まで移動できない場合は代わりに -1 と出力してください。

制約

- $1 \leq N \leq 100000$
- $0 \leq M \leq \min(100000, N(N-1)/2)$
- $1 \leq A_i < B_i \leq N$

入力例 1	出力例 1
6 6 1 2 1 3 2 4 3 4 4 5 4 6	0 1 1 2 3 3

幅優先探索とは

　幅優先探索は、**スタートに近い頂点から順番に探索していくアルゴリズム** です。たとえば頂点1 から各頂点までの最短経路長を求めたい場合、幅優先探索では頂点 1 に 0 を書き、0 の隣に 1 を書き、1 の隣に 2 を書き、2 の隣に 3 を書きます。

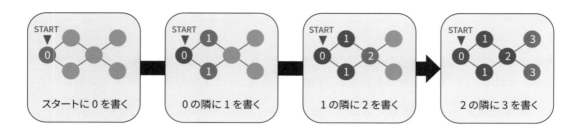

幅優先探索の実装

　それでは、幅優先探索はどうやって実装すれば良いのでしょうか。もちろん先程説明したように直接数を書き込んでも良いですが、キュー（→ **8.2 節**）を使った以下の方法が一般的です。

手順 1	頂点 1 から x までの最短経路長の確定値を、dist[x] = ? に初期化する。
手順 2	キューに頂点 1 を追加し、dist[1] = 0 にする。
手順 3	キューが空になるまで、以下の手続きを繰り返す。

- キューの先頭要素 pos を取得し、それを削除する
- pos と隣接するすべての未確定頂点 to に対し、「dist[to] = dist[pos] + 1 に変更した後、キューに to を追加する」という操作を行う

※ここでは、dist[x] = ? であるような頂点のことを **未確定頂点** と呼ぶことにする。

　たとえば入力例 1 での流れは下図の通りです。なお、この図では最短経路長が既に確定した頂点を緑色で、未確定頂点を灰色で、新たに確定する頂点を青色で示しています。

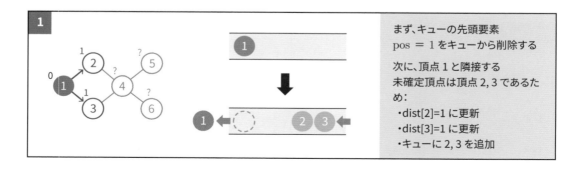

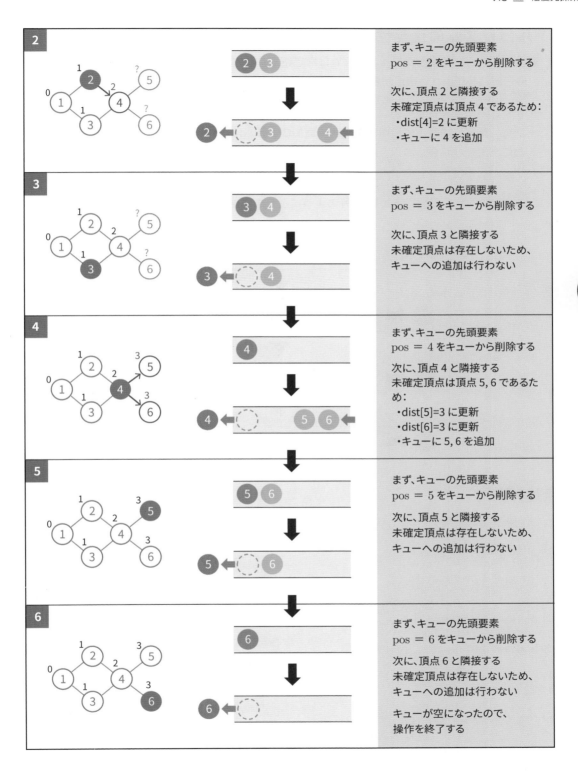

アルゴリズムの正当性と計算量

最後に、キューを使ったアルゴリズムはなぜ正しく動作するのでしょうか。これは以下のように、**最短経路長が小さい頂点からキューに追加されること**から説明できます。

- まず、最短経路長 0 の頂点がキューに追加される
- 次に、最短経路長 1 の頂点がキューに追加される（dist[pos]=0 のとき）
- 次に、最短経路長 2 の頂点がキューに追加される（dist[pos]=1 のとき）
- 次に、最短経路長 3 の頂点がキューに追加される（dist[pos]=2 のとき）

ここまでの内容を実装すると **解答例** のようになります。計算量は $O(N+M)$ です。

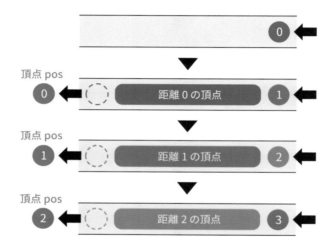

解答例（C++）

```cpp
1    #include <iostream>
2    #include <queue>
3    #include <vector>
4    using namespace std;
5
6    int N, M, A[100009], B[100009];
7    int dist[100009];
8    vector<int> G[100009];
9    queue<int> Q;
10
11   int main() {
12       // 入力
13       cin >> N >> M;
14       for (int i = 1; i <= M; i++) {
15           cin >> A[i] >> B[i];
```

```
16          G[A[i]].push_back(B[i]);
17          G[B[i]].push_back(A[i]);
18      }
19
20      // 幅優先探索（dist[i]=? ではなく dist[i]=-1 で初期化していることに注意）
21      for (int i = 1; i <= N; i++) dist[i] = -1;
22      Q.push(1);
23      dist[1] = 0;
24      while (!Q.empty()) {
25          int pos = Q.front(); Q.pop();
26          for (int i = 0; i < G[pos].size(); i++) {
27              int to = G[pos][i];
28              if (dist[to] == -1) {
29                  dist[to] = dist[pos] + 1;
30                  Q.push(to);
31              }
32          }
33      }
34
35      // 出力
36      for (int i = 1; i <= N; i++) cout << dist[i] << endl;
37      return 0;
38  }
```

9章 グラフアルゴリズム

問題 B63 応用問題

$H \times W$ のマス目で表される迷路が与えられます。左上マスから右下マスまで最短何手で行けるか、計算量 $O(HW)$ で求めるプログラムを作成してください。入力形式・出力形式は AtCoder の問題ページをご覧ください。

ヒント マス (i,j) の頂点番号を $(i-1) \times W + j$ に設定しましょう！

| 問題 A64 | Shortest Path 2 | （ 実行時間制限 3 秒、難易度 ★ 4 ） |

重み付き無向グラフに対する最短経路問題を解いてください。具体的には、以下のようなグラフが与えられるとき、頂点 1 から各頂点までの最短経路長（→**コラム 5**）を求めてください。

- 頂点数は N、辺数は M である
- i 番目の辺は頂点 A_i と頂点 B_i を結び、長さは C_i である

なお、以降の説明では、頂点 1 から頂点 k までの最短経路長を $\mathrm{dist}[k]$ とします。

入力形式

```
N    M
A_1  B_1   C_1
  :
A_M  B_M   C_M
```

出力形式

N 行にわたって出力してください。k 行目には $\mathrm{dist}[k]$ の値を出力してください。ただし、頂点 k まで移動できない場合は代わりに -1 と出力してください。

制約

- $2 \leq N \leq 100000$
- $1 \leq M \leq \min(100000, N(N-1)/2)$
- $1 \leq A_i < B_i \leq N$
- $1 \leq C_i \leq 10000$

入力例 1	出力例 1
6 7	0
1 2 15	15
1 4 20	77
2 3 65	20
2 5 4	19
3 6 50	27
4 5 30	
5 6 8	

ダイクストラ法の前に

重み付きグラフの最短経路長は、スタートに近い頂点から順に最短経路長を求めていくことで計算できます。まずは入力例 1 に対応した、以下のグラフを例として考えましょう。一番近い頂点は明らかに頂点 1 であり、$\mathrm{dist}[1] = 0$ となります。

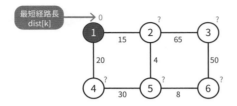

さて、二番目に近い頂点はどれでしょうか。頂点 1 から頂点 2 に移動すれば、累計距離が $\mathrm{dist}[1] + 15 = 15$ となります。一方、既に確定している頂点 1 から、未確定頂点に距離 14 以下で移動する方法はありません。したがって、次に近い場所は頂点 2 であり、$\mathrm{dist}[2] = 15$ です。

また、三番目に近い頂点はどれでしょうか。頂点 2 から頂点 5 に移動すれば、累計距離が $\mathrm{dist}[2] + 4 = 19$ となります。一方、既に確定している頂点 1 または 2 から、未確定頂点に累計距離 18 以下で移動する方法はありません。したがって、次に近い場所は頂点 5 であり、$\mathrm{dist}[5] = 19$ です。

四番目以降も同様に計算すると、下図のようになります。頂点 1 からの最短距離は、頂点 1 から順に $0, 15, 77, 20, 19, 27$ であることが分かります。

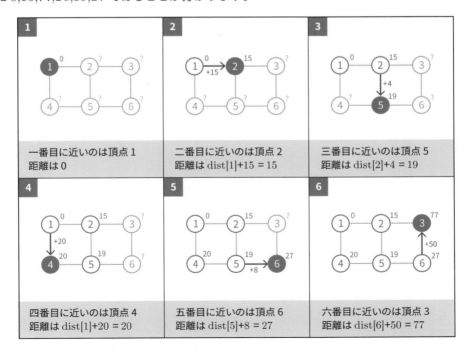

ダイクストラ法とは

たしかに前述の方法でも最短距離を求めることができますが、$N, M \leq 100000$ でも解ける高速なアルゴリズムには繋がりません。

そこで少し方法を変えて、**距離の確定値 dist の代わりに距離の暫定値 cur を更新する**ことを考えましょう。そうすると、入力例 1 における最短距離が下図のようにして求まります。動的計画法を既に習得している方は、「貰う遷移形式（→ **4.7 節**）が配る遷移形式になった」と考えると良いでしょう。

この図では、最初の時点では cur = $[0, \infty, \infty, \infty, \infty, \infty]$ となっており、各ステップでは「最短距離を確定させた頂点」に隣接する頂点の cur の値を更新しています。なお、3 コマ目ではその時点での cur[4] の値 20 より $19 + 30 = 49$ の方が大きいので、cur[4] の値が変わっていないことに注意してください。

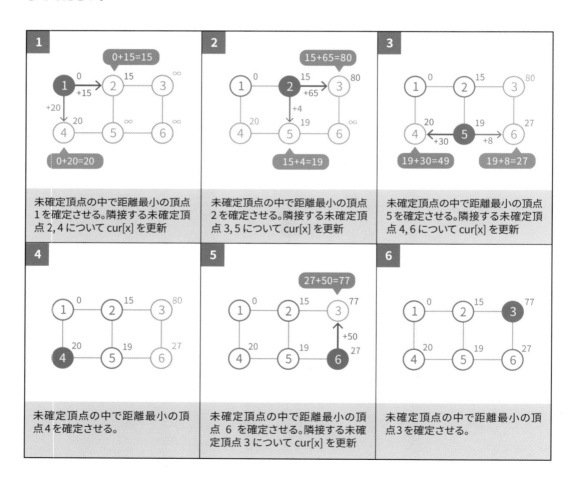

1 未確定頂点の中で距離最小の頂点 1 を確定させる。隣接する未確定頂点 2, 4 について cur[x] を更新

2 未確定頂点の中で距離最小の頂点 2 を確定させる。隣接する未確定頂点 3, 5 について cur[x] を更新

3 未確定頂点の中で距離最小の頂点 5 を確定させる。隣接する未確定頂点 4, 6 について cur[x] を更新

4 未確定頂点の中で距離最小の頂点 4 を確定させる。

5 未確定頂点の中で距離最小の頂点 6 を確定させる。隣接する未確定頂点 3 について cur[x] を更新

6 未確定頂点の中で距離最小の頂点 3 を確定させる。

ダイクストラ法の実装

このアルゴリズムは**ダイクストラ法**と呼ばれており、以下の2つの操作が基礎となっています。

- **操作A：** 未確定頂点の中で cur の値が最も小さい頂点 pos を求める
- **操作B：** 頂点 pos に隣接する頂点について、cur の値を更新する

これらの内容を実装すると**コード 9.1** のようになります。このプログラムでは重み付きグラフを扱うため、(*隣接する頂点の番号, 長さ*) のペアを要素とする隣接リスト $G[i]$ を使っています。（隣接リストの定義や入力などの部分は、368 ページの解答例の 1 ～ 22 行目をご覧ください）

コード 9.1 ダイクストラ法の実装

```
1   // 変数 kakutei[i] は、頂点 i の最短距離が決定したかどうかを表す
2   for (int i = 1; i <= N; i++) kakutei[i] = false;
3   for (int i = 1; i <= N; i++) cur[i] = 2000000000;
4
5   // 最短距離を更新していく
6   cur[1] = 0;
7   while (true) {
8       // [操作 A] 次に確定する頂点 pos を求める
9       int pos = -1;
10      int MinDist = 2000000000;
11      for (int i = 1; i <= N; i++) {
12          if (kakutei[i] == true || MinDist <= cur[i]) continue;
13          pos = i;
14          MinDist = cur[i];
15      }
16      if (pos == -1) break; // 次に確定する頂点がない場合、操作終了
17
18      // [操作 B] pos と隣接する頂点の cur の値を更新
19      kakutei[pos] = true;
20      for (int i = 0; i < G[pos].size(); i++) {
21          int nex = G[pos][i].first;   // 隣接する頂点の番号
22          int cost = G[pos][i].second;   // 隣接する頂点の長さ
23          cur[nex] = min(cur[nex], cur[pos] + cost);
24      }
25  }
```

9章

グラフアルゴリズム

ダイクストラ法の改良

コード 9.1 は確かに正しい答えを出しますが、計算量が $O(N^2)$ と遅いです。なぜなら、操作 A を一回行うのに計算量 $O(N)$ を要しているからです。

そこで、操作 A で「cur が最小の頂点」を高速に求めるために、優先度付きキュー（→ **8.3 節**）を使うという方法があります。具体的には、各種類の操作に対して以下のようなことを行います。

種類	行うべき操作	優先度付きキュー Q に対して行う操作
操作 A	未確定頂点の中で、cur が最小の頂点 pos を求める	まず、Q の最小値が確定済み頂点である間、Q の最小値を削除し続ける[*5] この操作を行った後の Q の最小値がペア (cur[pos], pos) である。
操作 B	隣接する未確定頂点について cur を更新	cur[x] が更新されるたびに、Q にペア (cur[x],x) を追加する

このアルゴリズムを入力例 1 のケースに適用させると下図のようになります。それでは、なぜこの方法で操作 A が上手くいき、pos が間違った値になることがないのでしょうか。この理由は、cur[x] = ∞ ではないすべての未確定頂点 x に対して、ペア (cur[x],x) が優先度付きキューに入っていることから説明できます。確定済み頂点が混ざっていることもありますが、これは操作 A の最初に削除してしまえば問題ありません。

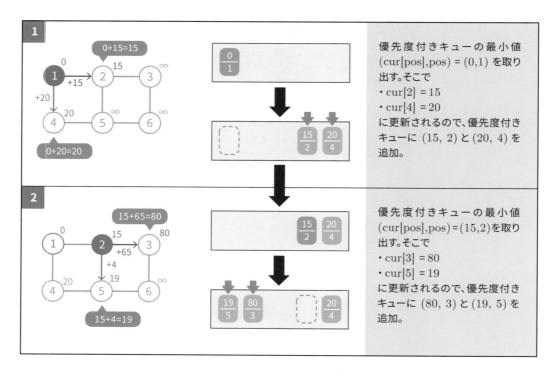

366

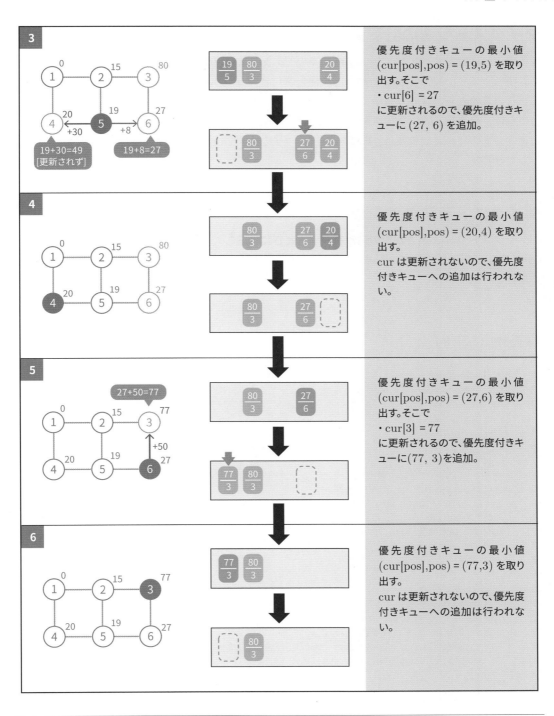

---

* 5 優先度付きキューの第一引数は cur ですので、cur が小さい頂点ほど「小さい」と判定されます。また、入力例1に対する図では、Q の最小値が確定済み頂点であるような場面は存在しないことに注意してください。

ダイクストラ法の計算量

　各頂点の次数をすべて足すと $2M$ になるので、配列 cur の値が変更される回数は、どんなに多く見積もっても $2M$ です。したがって、優先度付きキューへの追加も高々 $2M$ 回しか行われません。このことから、ダイクストラ法の計算量が $O(M\log M)$ であると分かります。

　さらに、多重辺（同じ 2 頂点間を結ぶ複数の辺）が存在しない場合、明らかに $M \le N^2$ を満たします。そのため、計算量は $O(M \times \log N^2) = O(M \times 2\log N) = O(M\log N)$ と上から抑えることもできます。

ダイクストラ法の注意点

　ダイクストラ法は**長さが負の辺が存在するときには正しく動作しない**ので、代わりに Bellman-Ford 法などを使う必要があります。Bellman-Ford 法について知りたい方は、**コラム 6** をご覧ください。

解答例（C++）

```
1   #include <iostream>
2   #include <queue>
3   #include <vector>
4   #include <algorithm>
5   using namespace std;
6
7   // 入力・グラフ
8   int N, M, A[100009], B[100009], C[100009];
9   vector<pair<int, int>> G[100009];
10
11  // ダイクストラ法
12  int cur[100009]; bool kakutei[100009];
13  priority_queue<pair<int,int>, vector<pair<int,int>>, greater<pair<int,int>>> Q;
14
15  int main() {
16      // 入力
17      cin >> N >> M;
18      for (int i = 1; i <= M; i++) {
19          cin >> A[i] >> B[i] >> C[i];
20          G[A[i]].push_back(make_pair(B[i], C[i]));
21          G[B[i]].push_back(make_pair(A[i], C[i]));
22      }
23
24      // 配列の初期化
25      for (int i = 1; i <= N; i++) kakutei[i] = false;
26      for (int i = 1; i <= N; i++) cur[i] = 2000000000;
```

```
27
28         // スタート地点をキューに追加
29         cur[1] = 0;
30         Q.push(make_pair(cur[1], 1));
31
32         // ダイクストラ法
33         while (!Q.empty()) {
34             // 次に確定させるべき頂点を求める
35             int pos = Q.top().second; Q.pop();
36
37             // Q の最小要素が「既に確定した頂点」の場合
38             if (kakutei[pos] == true) continue;
39
40             // cur[x] の値を更新する
41             kakutei[pos] = true;
42             for (int i = 0; i < G[pos].size(); i++) {
43                 int nex  = G[pos][i].first;
44                 int cost = G[pos][i].second;
45                 if (cur[nex] > cur[pos] + cost) {
46                     cur[nex] = cur[pos] + cost;
47                     Q.push(make_pair(cur[nex], nex));
48                 }
49             }
50         }
51
52         // 答えを出力
53         for (int i = 1; i <= N; i++) {
54             if (cur[i] == 2000000000) cout << "-1" << endl;
55             else cout << cur[i] << endl;
56         }
57         return 0;
58     }
```

9
章

グラフアルゴリズム

問題 B64   応用問題

頂点数 N、辺数 M の重み付き無向グラフが与えられます。頂点 1 から頂点 N までの具体的な最短経路を 1 つ出力してください。計算量は $O(M \log N)$ であることが望ましいです。

ヒント 動的計画法の復元 (→ 4.2 節) を思い出してみましょう。

9.5 | 木に対する動的計画法

問題 A65 | Road to Promotion （実行時間制限 1 秒、難易度 ★ 4）

株式会社 KYOPRO-MASTER には N 人の社員がおり、**地位順に** 1 から N までの番号が付けられています。社長（社員 1）以外には直属の上司が 1 人おり、社員 i の直属の上司は社員 A_i です。各社員について、部下が何人いるかを出力してください。ただし、社員 y が社員 x の部下であるとは、$x \neq y$ であり、なおかつ社員 y の直属の上司をたどって社員 x に到達できることを指します（以下に例を示します）。

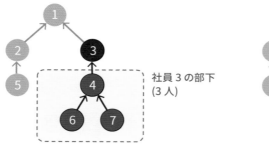

社員 3 の部下
（3 人）

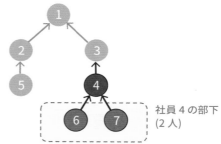

社員 4 の部下
（2 人）

入力形式

N
$A_2 \quad A_3 \quad \cdots \quad A_N$

出力形式

社員 $1, 2, \ldots, N$ の部下の数を、空白区切りで出力してください。

制約

- $2 \leq N \leq 100000$
- $1 \leq A_i \leq i - 1 (2 \leq i \leq N)$

入力例 1	出力例 1
7 1 1 3 2 4 4	6 1 3 2 0 0 0

まずは入力例で解いてみよう

社員 x の **直属の部下** が社員 $p_1, p_2, \ldots, p_k$ であるとき、社員 x の部下の数は次式で表されます。

- （社員 p_1 の部下の数 + 1） + ・・・ + （社員 p_k の部下の数 + 1）

たとえば、社員 A の直属の部下が社員 B・C・D であり、社員 B の部下の数が 3 人、社員 C の部下の数が 2 人、社員 D の部下の数が 2 人の場合、社員 A の部下の数は $(3+1) + (2+1) + (2+1)$ = 10 人 となります。以下に模式図を示します。

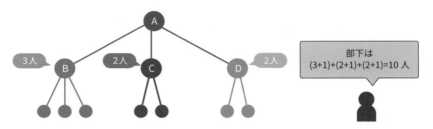

それでは入力例のケースで、分かるところから考えていきましょう。まず明らかに、社員 5,6,7 の部下の数は 0 人です。また、社員 4 の部下の数も、直属の部下（社員 6,7）の答えが既に分かっているので、$(0+1) + (0+1) = 2$ 人 と計算できます。

社員 3 以降も同様に計算すると下図のようになり、社員 3 の答えが 3 人、社員 2 の答えが 1 人、社員 1 の答えが 6 人だと分かります。

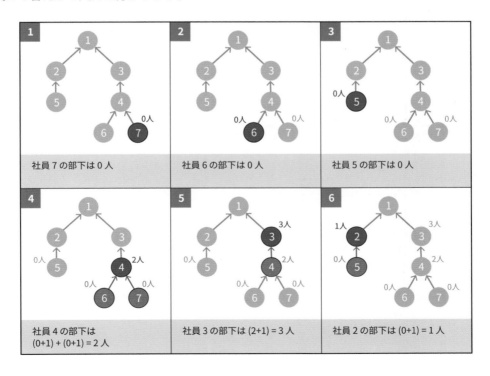

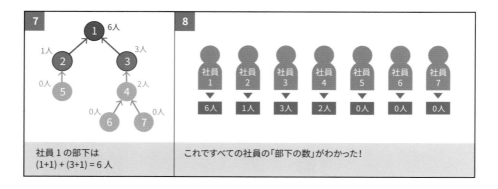

一般のケースでは？

　最後に、一般のケースで答えを求めるにはどうすれば良いのでしょうか。本問題では **直属の上司の番号は自分よりも小さい** という制約があるので、社員 $N, \dots ,2,1$ の順に部下の数を計算していけば上手くいきます。これを実装すると以下のようになります。計算量は $O(N)$ です。

解答例（C++）

```cpp
#include <iostream>
#include <vector>
using namespace std;
int N, A[100009], dp[100009];
vector<int> G[100009];

int main() {
    // 入力
    cin >> N;
    for (int i = 2; i <= N; i++) {
        cin >> A[i];
        G[A[i]].push_back(i); // 「上司→部下」の方向に辺を追加
    }
    // 動的計画法（dp[x] は社員 x の部下の数）
    for (int i = N; i >= 1; i--) {
        dp[i] = 0;
        for (int j = 0; j < G[i].size(); j++) dp[i] += (dp[G[i][j]]+1);
    }
    // 空白区切りで出力
    for (int i = 1; i <= N; i++) {
        if (i >= 2) cout << " ";
        cout << dp[i];
    }
    cout << endl;
    return 0;
}
```

補足：番号の制約がない場合は？

例題では「直属の上司の番号は自分よりも小さい」という制約がありましたが、このような制約がない場合、社員 $N, \ldots, 2, 1$ の順に答えを求められるとは限りません。

そこで、第 9 章の前半で取り上げたアルゴリズムが役に立ちます。たとえば、幅優先探索を使って社員 1 から社員 x までの最短経路長 $\mathrm{dist}[x]$ を計算し、この値の大きい社員から答えを求めると上手くいきます。また、深さ優先探索を使って解く方法もあります。サポートページ（**→ 0.4 節**）に実装例を掲載しておりますので、ぜひご活用ください。

問題 B65　応用問題

株式会社 KYOPRO-MASTER には $N (\leq 100000)$ 人の社員がおり、1 から N までの番号が付けられています。ライバル会社に勤務している太郎君は、以下の $N-1$ 個の情報を入手しました。

i **個目の情報**：社員 A_i と社員 B_i は直属の上司と部下の関係にある。ここで、社員 A_i と B_i のどちらが上司かは分かっていない。

社員 T が社長であり、それ以外の $N-1$ 人全員が誰か 1 人の直属の部下であるとき各社員の「階級」を求めるプログラムを作成してください。ただし、部下がいない社員の階級は 0 であり、部下がいる社員の階級は、直属の部下における階級の最大値に 1 を足した値であるとします。

ヒント 番号の制約がないので、深さ優先探索などを使う必要があります。

9.6 | Union-Find 木

問題 A66 | **Connect Query** （実行時間制限 1 秒、難易度 ★ 3）

頂点数 N のグラフに対して、以下の2種類のクエリを高速に処理してください。

クエリ 1： 頂点 u と頂点 v を双方向に結ぶ辺を追加する。
クエリ 2： 頂点 u と頂点 v は同じ連結成分に属するかを答える。

ただし、最初はグラフに辺が一本もなく、与えられるクエリの数は Q 個であるとします。

入力形式

$Query_i$ は i 回目のクエリの情報を表します。クエリ1の場合は 1 u v、クエリ2の場合は 2 u v という形式で与えられます。詳しくは入力例をご覧ください。

```
N   Q
Query_1
Query_2
  :
Query_Q
```

出力形式

クエリ2の答えを、順番に出力してください。

制約

- $2 \leq N \leq 100000$
- $1 \leq Q \leq 100000$

入力例 1	出力例 1
3 4 1 1 2 2 1 3 1 2 3 2 2 3	No Yes

374

Union-Find とは

Union-Find は[*6]、グループ分けを効率的に管理することができるデータ構造です。具体的には、以下の 2 種類のクエリを高速に処理することができます。

- **統合クエリ**：要素 u を含むグループと、要素 v を含むグループを統合する
- **回答クエリ**：要素 u と要素 v が同じグループにあるかを答える

ここで、**統合クエリ** は例題の **クエリ 1** に対応し、**回答クエリ** は例題の **クエリ 2** に対応しています。模式図は以下の通りです。

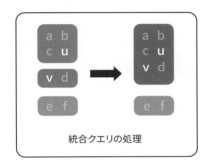

統合クエリの処理

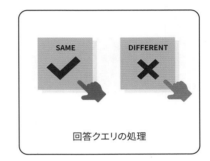

回答クエリの処理

Union-Find の構造

それでは、Union-Find ではどのような形でデータを扱っているのでしょうか。結論から書くと、以下の条件を満たすような **根付き木 (→コラム 5)** の構造になっています。

- 同一のグループに属する頂点の根は同じ
- 異なるグループに属する頂点の根は異なる

たとえば、1 から 7 までの整数が {1,5,7} と {2,3,4,6} に分かれていた場合、Union-Find の構造の例は下図のようになります。

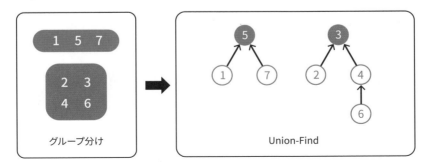

グループ分け

Union-Find

---

* 6 DSU (Disjoint Set Union) と呼ばれることもあります。

回答クエリの処理

まずは **回答クエリ** に答える方法から説明します。頂点 x の根を $\mathrm{root}(x)$ と表すとき、要素 u と要素 v が同じグループかどうかは次のようにして判定することができます。

- $\mathrm{root}(u) = \mathrm{root}(v)$ **の場合：**同一のグループ
- $\mathrm{root}(u) \neq \mathrm{root}(v)$ **の場合：**異なるグループ

たとえば下図のケースでは、要素 2 と 6 は同一のグループです。なぜなら、頂点 2 と 6 の根は両方とも頂点 3 であるからです。すなわち $\mathrm{root}(2) = \mathrm{root}(6)$ が成り立つからです。

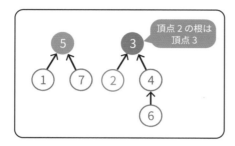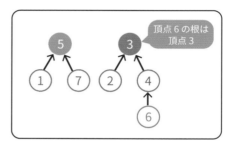

統合クエリの処理

次に、**統合クエリ** は「二つのグループの根を繋ぐ」という方法で処理することができます。たとえば下図の場合、頂点 5 の親（**→コラム5**）を頂点 3 に設定すれば良いです。

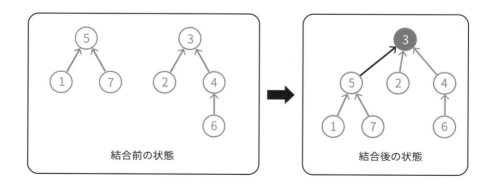

もう少し厳密に書きましょう。頂点 x の親を $\mathrm{par}[x]$ とするとき、「頂点 u を含むグループ」と「頂点 v を含むグループ」は次の処理によって統合することができます。

- $\mathrm{par}[\mathrm{root}(u)] = \mathrm{root}(v)$ とする

つまり、頂点 v を含むグループの根が、統合後の根になるということです。なお、逆パターンとして $\mathrm{par}[\mathrm{root}(v)] = \mathrm{root}(u)$ とすることもできます。

統合過程の例

　ここまでの内容は理解できましたでしょうか。**統合クエリ** を繰り返してグループがまとめられていく過程を下図に示しますので、ぜひご活用ください。なお、図の下から 2 番目のように要素 u と要素 v のグループが同一である場合、親を付け替える必要はありません。

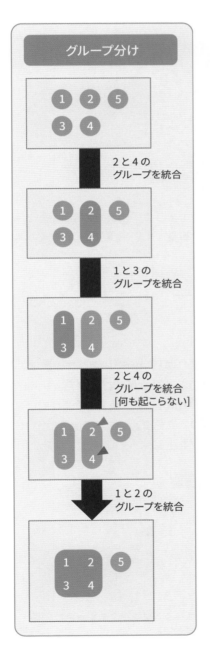

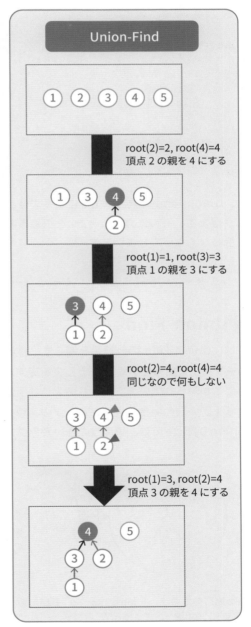

単純な Union-Find の計算量

それでは Union-Find の計算量を評価します。まず前述の通り、Union-Find は頂点 x の根を求める関数 $\mathrm{root}(x)$ が基礎となっています。これは **コード 9.2** のようにして実装することができ、計算回数は **(頂点 x から根までの距離)** に比例します。

コード 9.2 頂点 x の根を返す関数

```
1   // 頂点 x の根を返す関数
2   // 注：親を持たない頂点については「par[x] = -1」と記録する
3   int root(int x) {
4       while (true) {
5           if (par[x] == -1) break;   // 1 個先（親）がなければ、ここが根
6           x = par[x];                // 1 個先（親）に進む
7       }
8       return x;
9   }
```

しかし、Union-Find の統合クエリによっては、下図のように「根までの距離」が N-1 になることもあり得ます。そのため、$\mathrm{root}(x)$ を求めるのに計算量 $O(N)$ を要し、本問題の実行時間制限に間に合わなくなってしまいます。

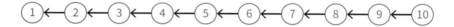

改良版 Union-Find

それでは、Union-Find の計算量を減らすにはどうすれば良いのでしょうか。実は、**頂点数の多いグループを上に持っていく** という工夫を施すだけで、計算量が $O(N)$ から $O(\log N)$ まで削減されることが知られています[*7]。このような手法は **「Union by Size」** と呼ばれています。

たとえば下図の例の場合、青色グループの頂点数が 9、赤色グループの頂点数が 2 です。したがって Union by Size では、頂点数の多い青色グループを上に持っていきます。

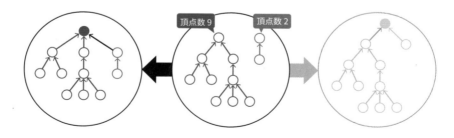

頂点数 9　頂点数 2

[*7]　本書の範囲外ですが、Union by Size と「経路圧縮」と呼ばれるテクニックを組み合わせると、計算量が $O(a(N))$ になります。ここで $a(N)$ はアッカーマン関数の逆関数であり、N=100000 でも 4 を超えません。

最後に、Union by Size のアルゴリズムは、以下の変数を使って実装することができます。

- $siz[x]$：「頂点 x を根とする木」の頂点数

統合クエリを処理する際に $siz[x]$ の値を更新する必要がありますが、9.5 節の例題と同じような足し算をすれば良いです。詳しくは、解答例中の unite 関数をご覧ください。

解答例（C++）

```cpp
#include <iostream>
#include <vector>
using namespace std;

class UnionFind {
    public:
    int par[100009];
    int siz[100009];

    // N 頂点の Union-Find を作成
    void init(int N) {
        for (int i = 1; i <= N; i++) par[i] = -1; // 最初は親が無い
        for (int i = 1; i <= N; i++) siz[i] = 1;   // 最初はグループの頂点数が 1
    }

    // 頂点 x の根を返す関数
    int root(int x) {
        while (true) {
            if (par[x] == -1) break;  // 1 個先（親）がなければ、ここが根
            x = par[x];               // 1 個先（親）に進む
        }
        return x;
    }

    // 要素 u と v を統合する関数
    void unite(int u, int v) {
        int RootU = root(u);
        int RootV = root(v);
        if (RootU == RootV) return; // u と v が同グループのときは処理を行わない
        if (siz[RootU] < siz[RootV]) {
            par[RootU] = RootV;
            siz[RootV] = siz[RootU] + siz[RootV];
        }
        else {
            par[RootV] = RootU;
            siz[RootU] = siz[RootU] + siz[RootV];
        }
    }

    // 要素 u と v が同一のグループかどうかを返す関数
    bool same(int u, int v) {
```

```
42              if (root(u) == root(v)) return true;
43              return false;
44          }
45      };
46
47      int N, Q;
48      int Query[100009], u[100009], v[100009];
49
50      int main() {
51          // 入力
52          cin >> N >> Q;
53          for (int i = 1; i <= Q; i++) cin >> Query[i] >> u[i] >> v[i];
54
55          // クエリの処理
56          UnionFind UF;
57          UF.init(N);
58          for (int i = 1; i <= Q; i++) {
59              if (Query[i] == 1) {
60                  UF.unite(u[i], v[i]);
61              }
62              if (Query[i] == 2) {
63                  if (UF.same(u[i], v[i]) == true) cout << "Yes" << endl;
64                  else cout << "No" << endl;
65              }
66          }
67          return 0;
68      }
```

発展：改良版 Union-Find の計算量解析

　まず、木の根から最も遠い頂点までの距離を **レベル** と呼ぶことにしましょう。たとえば以下の図では、頂点 5 を根とする木のレベルは 1 であり、頂点 3 を根とする木のレベルは 2 であり、頂点 8 を根とする木のレベルは 0 です。

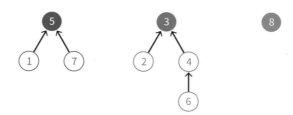

　それでは、各レベルの木を作るには最小で何頂点必要でしょうか。明らかにレベル 0 の場合は 1 頂点です。また $x \geq 1$ の場合、レベル x の木を作るには「レベル $x-1$ の木」と「別の木」を統合する必要があります。さらに、前者の頂点数の方が多くなってはならないので、

- **レベル1：**最小でもレベル 0 の 2 倍の 1 × 2 = 2 頂点
- **レベル2：**最小でもレベル 1 の 2 倍の 2 × 2 = 4 頂点
- **レベル3：**最小でもレベル 2 の 2 倍の 4 × 2 = 8 頂点
- **レベル4：**最小でもレベル 3 の 2 倍の 8 × 2 = 16 頂点

必要です。そして一般の x については 2^x 頂点必要です。以上のことから、レベル $\log N$ を超える木は絶対に作られず、1 クエリ当たりの計算量が $O(\log N)$ で抑えられることが分かります。

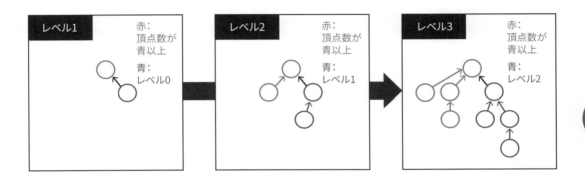

問題 B66　応用問題

ALGO 国には N 個の駅と M 本の鉄道路線があります。駅には 1 から N までの番号が付けられており、i 本目の路線は駅 A_i と駅 B_i を双方向に結んでいます。

さて、今日は ALGO 国に台風が上陸するため、いくつかの路線は運休になる場合があります。それについて、以下の 2 種類のクエリを処理してください。

- **クエリ 1：**x 本目の路線が運休になる。
- **クエリ 2：**現時点で駅 s から駅 t へ移動できるかを答える。

与えられるクエリの数を Q 個とするとき、計算量は $O((N + M + Q)\log N)$ であることが望ましいです。

ヒント どうすればクエリ 1 の「辺を消す操作」を「辺を追加する操作」に変えられるのでしょうか。

9.7 | 最小全域木問題

頂点数 N、辺数 M のグラフが与えられます。頂点には 1 から N までの番号が付けられており、辺 i は頂点 A_i と B_i を双方向に結ぶ長さ C_i の辺です。このグラフの **最小全域木（後述）** における辺の長さの総和を求めてください。

入力形式

```
N   M
A₁  B₁  C₁
  :
Aᴍ  Bᴍ  Cᴍ
```

$$N \quad M$$
$$A_1 \quad B_1 \quad C_1$$
$$\vdots$$
$$A_M \quad B_M \quad C_M$$

出力形式

最小全域木における辺の長さの総和を出力してください。

制約

- $2 \leq N \leq 100000$
- $1 \leq M \leq 100000$
- $1 \leq C_i \leq 10000$
- このグラフは連結（→**コラム 5**）である

入力例 1	出力例 1
7 9 1 2 12 1 3 10 2 6 160 2 7 15 3 4 1 3 5 4 4 5 3 4 6 120 6 7 14	55

最小全域木とは

全域木 は、M 個の辺の中からいくつかを選んで作った、すべての頂点が繋がっている木のことです。しかし同じグラフであっても、2 通り以上の全域木が考えられることもあります。

そこで、全域木の中でも「長さの合計」が最小となるものを **最小全域木** といいます[8]。たとえば下図の場合、合計長さが 55 である右側が最小全域木です。

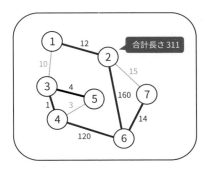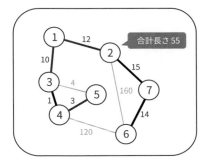

最小全域木の概念は難しいですが、頂点を「駅」、辺を「路線の建設コスト」と考えるとイメージしやすいでしょう。最小コストですべての駅を繋ぐ方法が、求める最小全域木です。

最小全域木を求めるアルゴリズム

それでは、最小全域木はどうやって求めれば良いのでしょうか。実は**「短い辺から追加していく」**という単純な貪欲法によって、必ず正しい答えを出せることが知られています。アルゴリズムの具体的な流れを下図に示します。

この方法は **クラスカル法** と呼ばれており、配列のソート（→ **3.1 節**）と Union-Find（→ **9.6 節**）を用いて実装することができます。計算量は $O(M \log M + N)$ です。

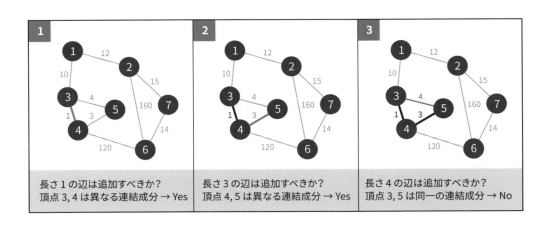

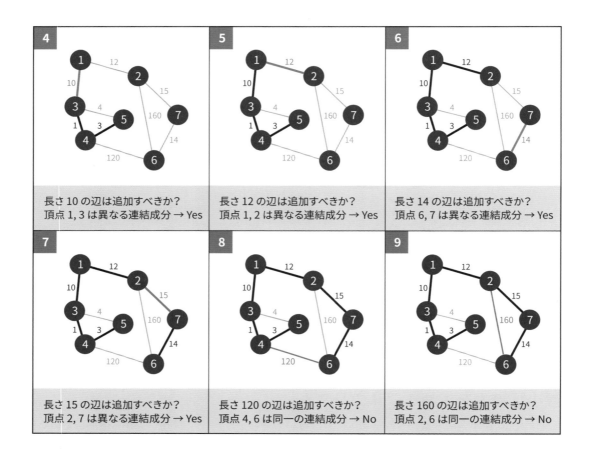

4
長さ 10 の辺は追加すべきか?
頂点 1, 3 は異なる連結成分 → Yes

5
長さ 12 の辺は追加すべきか?
頂点 1, 2 は異なる連結成分 → Yes

6
長さ 14 の辺は追加すべきか?
頂点 6, 7 は異なる連結成分 → Yes

7
長さ 15 の辺は追加すべきか?
頂点 2, 7 は異なる連結成分 → Yes

8
長さ 120 の辺は追加すべきか?
頂点 4, 6 は同一の連結成分 → No

9
長さ 160 の辺は追加すべきか?
頂点 2, 6 は同一の連結成分 → No

＊8　最小全域木の合計長さは一意に定まりますが、最小全域木を構成する辺の選び方が 1 通りとは限らないことに注
意してください。たとえば、すべての辺の長さが 1 であるようなグラフの場合、どんな辺の選び方をしても合計
長さが N-1 になります。

解答例（C++）

```cpp
1   #include <iostream>
2   #include <vector>
3   #include <algorithm>
4   using namespace std;
5
6   // Union-Find クラスの実装は 9.6 節参照
7   int N, M;
8   int A[100009], B[100009], C[100009];
9   UnionFind UF;
10
11  int main() {
12      // 入力
13      cin >> N >> M;
14      for (int i = 1; i <= M; i++) cin >> A[i] >> B[i] >> C[i];
15
16      // 辺を長さの小さい順にソートする
17      vector<pair<int, int>> EdgeList;
18      for (int i = 1; i <= M; i++) EdgeList.push_back(make_pair(C[i], i));
19      sort(EdgeList.begin(), EdgeList.end());
20
21      // 最小全域木を求める
22      int Answer = 0; UF.init(N);
23      for (int i = 0; i < EdgeList.size(); i++) {
24          int idx = EdgeList[i].second;
25          if (UF.same(A[idx], B[idx]) == false) {
26              UF.unite(A[idx], B[idx]);
27              Answer += C[idx];
28          }
29      }
30      cout << Answer << endl;
31      return 0;
32  }
```

問題 B67 | **応用問題**

頂点数 N、辺数 M のグラフが与えられます。このグラフの **最大全域木**（長さの総和が最大となる全域木）における、辺の長さの総和を出力するプログラムを作成してください。計算量は $O(M \log M + N)$ であることが望ましいです。

ヒント 最小全域木では短い辺から順に追加しました。最大全域木だとどうでしょうか？

9.8 | 最大フロー問題

問題 A68 | **Maximum Flow** （実行時間制限 1 秒、難易度 ★ 6 ）

N 個のタンクと M 本のパイプがあります。j 本目のパイプはタンク A_j からタンク B_j の方向に毎秒 C_j リットルまで水を流すことができます。

タンク 1 からタンク N まで毎秒最大何リットルの水を流すことができますか。ただし、タンクに水を貯めることはできないと考えてかまいません。

入力形式

```
N   M
A₁   B₁   C₁
   :
Aₘ   Bₘ   Cₘ
```

$$
\begin{array}{ccc}
N & M & \\
A_1 & B_1 & C_1 \\
& \vdots & \\
A_M & B_M & C_M
\end{array}
$$

出力形式

毎秒最大何リットルを流すことができるか、整数で出力してください。

制約

- $2 \leq N \leq 400$
- $1 \leq M \leq 400$
- $0 \leq C_j \leq 5000$（特に C_j は**整数**であることに注意）
- 答えは 5000 以下の**整数**である

入力例 1	出力例 1
6 7 1 2 5 1 4 4 2 3 4 2 5 7 3 6 3 4 5 3 5 6 5	8

最大フロー問題とは

最大フロー問題は、重み付き有向グラフで表されるパイプラインにおいて、スタートからゴールまで流せる水の総量を最大化する問題です。

最大フロー問題は「水の流れ」にとどまらず、実社会の様々な課題に応用することができます。たとえば各ネットワークの通信量の上限が与えられたとき、2つのコンピュータ間でより多くのデータを通信する方法を求める問題は、まさに最大フロー問題そのものです。

また、各交通手段の1日当たりの輸送能力が与えられたとき、東京から大阪まで1日最大何人を輸送できるかを求める問題も応用例の一つです。ゴールデンウィークなどの大型連休には、非常に重要となる問題ですね。

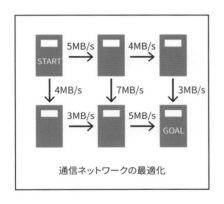

通信ネットワークの最適化

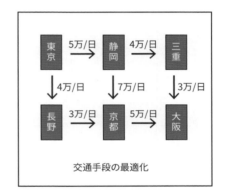

交通手段の最適化

最大フロー問題の定式化

最大フロー問題は、以下の2条件を満たすように、各パイプの**流量** f_j を求める問題として定式化することができます。流量以外の情報は一切考える必要がありません。

条件1：$0 \le f_j \le C_j \ (j=1,2,...,M)$
条件2：スタートとゴールを除く各頂点について、入る水量と出る水量は同じ

そのため、次ページ以降の解説では、各辺に対して「流量／上限値」を書いた図を使います。なお、スタートから出る水の量を **総流量** といい、その値を最大にする流し方を **最大フロー** といいます。たとえば入力例1に対応した下図の場合、総流量は8です。

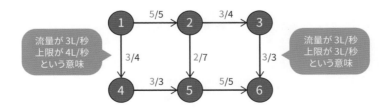

直感的な方法

それでは、最大フロー問題はどうやって解けば良いのでしょうか。直感的には、**「適当にパスを選び、流せるだけ流す」**という手続きを繰り返す、といった方法が考えられます。

しかし、その方法では入力例 1 の時点で失敗してしまいます。適切な方法を使えば毎秒 8 リットル流せるにも関わらず、最初に $1 \rightarrow 2 \rightarrow 5 \rightarrow 6$ というパスを選んだ場合、毎秒 5 リットルしか流せなくなってしまうのです。

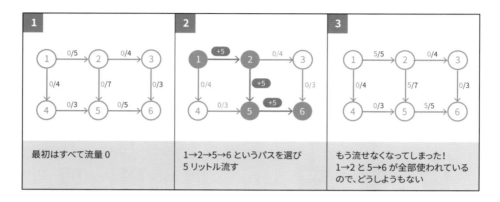

残余グラフについて

そこで重要になるのが **残余グラフ** というキーワードです。残余グラフとは、残り容量を順方向の辺として追加し、使用済み容量を逆方向の辺として追加したグラフのことを指します。上図の 3 コマ目に対応した具体例を以下に示します。

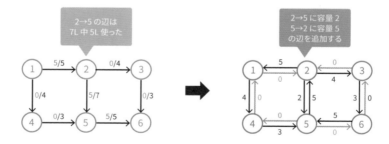

残余グラフのメリットは、**過去に流したフローを戻せる**ということです[*9]。たとえば上図の例で考えてみましょう。残余グラフ上には $1 \rightarrow 4 \rightarrow 5 \rightarrow 2 \rightarrow 3 \rightarrow 6$ というパスが存在し、パス上の重みの最小値は 3 ですので、「残余グラフの容量が負にならないギリギリ」の流量 3 だけ流します。

すると、次ページの図に示すように、逆方向の辺を通った辺 $2 \rightarrow 5$ の流量は 3 減少し、それ以外の辺の流量は 3 増加します。そして、総流量は 3 増加して 8 になります。

人によっては、フローを戻すという破壊的な操作をしても本当にフローとして成立するのか、と思うかもしれません。しかし、実は 387 ページの **条件 1・条件 2** 両方を満たしたままです。

　条件1については、残余グラフ上のどの辺も、容量が負にならないことから説明できます。**条件2**については、スタートとゴール以外のどの頂点についても、「入る水量の変化分」と「出る水量の変化分」が等しいことから説明できます。たとえば頂点3の場合、入る流量は3変化し、出る流量は3変化します。また頂点2の場合、入る流量は0変化し、出る流量は0変化します。

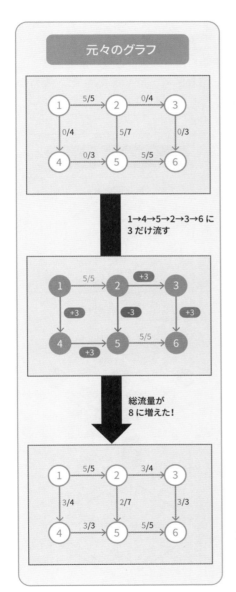
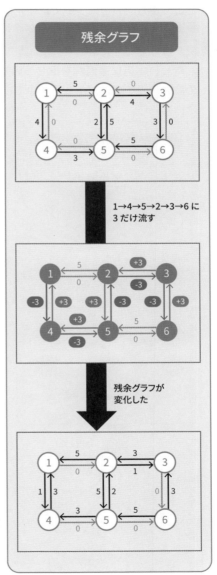

＊9　逆方向の辺を通ることは、元々のグラフの流量を減らす（＝戻す）ことに対応します。

Ford-Fulkerson 法とは

それでは、第 9 章における最大の難所である **Ford-Fulkerson 法**を説明します。Ford-Fulkerson 法は、次のような手続きによって最大フローを求めるアルゴリズムです。

> **手順 1**　残余グラフ上の（容量 0 の辺を通らない）頂点 1 から N までのパスを見つける
> **手順 2**　パスにおける容量の最小値を F とするとき、パス上に流量 F だけ流す
> 　　　　　ここで逆方向の辺については、元々のグラフの流量を F 減らすことに注意する
> **手順 3**　手順 1 でパスが見つからなくなるまで、**手順 1・手順 2** を繰り返す

フローを戻す操作が可能になったので、最初に説明した方法よりは良い解を出すことができそうですね。しかし、本当に最適解を出せるのでしょうか。答えは Yes です[*10]。入力例 1 とは別のケースでの計算過程を以下に示しますので、ぜひご活用ください。

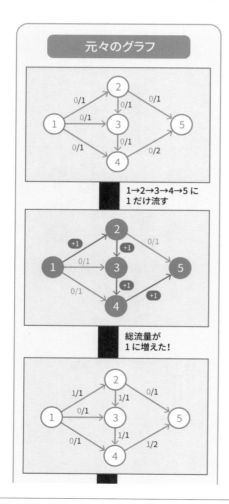
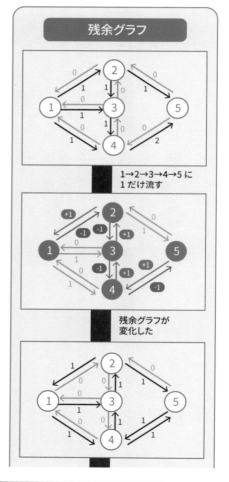

＊10　詳しい証明はインターネット等で調べてみてください。

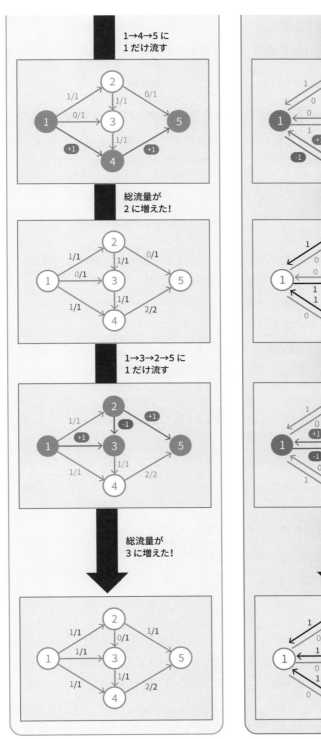

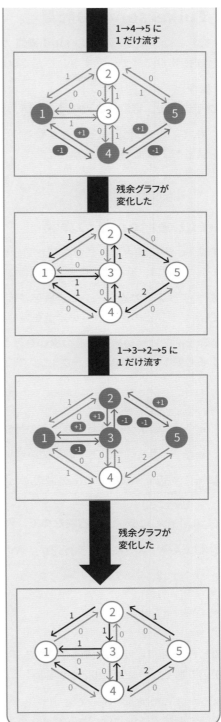

Ford-Fulkerson 法の計算量

Ford-Fulkerson 法は、以下の **Find 操作** が基礎となっています。この操作は、深さ優先探索を使うと計算量 $O(M)$ で処理することができます。

> **Find 操作**
> 残余グラフ上で、容量 0 の辺を通らない「頂点 1 から N までのパス」を見つける操作

一方、最大フローの総流量を F とするとき、Find 操作を行う回数は高々 F 回です。なぜなら、1 回で総流量が 1 以上増加するからです。したがって、Ford-Fulkerson 法の計算量は $O(FM)$ だと評価できます。

Ford-Fulkerson 法の実装

それでは Ford-Fulkerson 法を実装してみましょう。まず、重み付きグラフを隣接リスト形式で管理したいときは、基本的に行先と容量の 2 つを持つだけで十分です（**→ 9.4 節**）。しかし今回は

- 残余グラフ上の辺 $u \to v$ の容量を減らす
- 残余グラフ上の辺 $v \to u$ の容量を増やす

という操作を同時に行います。この操作を行うには、辺 $u \to v$ に対して逆辺 $v \to u$ を取得できるようにする必要があるので、以下の 3 つの情報を持つことにします。

変数名	管理する情報
$G[u][i].$to	（残余グラフ上での）辺の行先
$G[u][i].$cap	（残余グラフ上での）辺の容量
$G[u][i].$rev	辺 $u \to G[u][i].$to の逆辺 $G[u][i].$to $\to u$ が $G[G[u][i].$to$]$ の何番目に存在するか

特に $G[u][i].$rev については複雑なので、具体例を一つ挙げておきます。

> たとえば隣接リストにおける行先が、次のようになっているケースを考える。
>
> - $G[1] = \{2,4\}$
> - $G[2] = \{1,3\}$
> - $G[3] = \{2,4\}$
> - $G[4] = \{1,3\}$
>
> このとき、$G[2][1].$rev の値は 0 である。なぜなら、$G[2][1]$ で管理される辺は $2 \to 3$ であり、その逆辺である $3 \to 2$ が $G[3]$ の 0 番目[*11] に存在するからである。

このような 3 つの情報を持っておくと、辺 pos $\to G[\text{pos}][i].$to と逆辺 $G[\text{pos}][i].$to $\to$ pos の容量を同時に変更する操作は、**コード 9.3** のようにわずか 2 行で実装することができます。

コード 9.3 残余グラフの辺の容量を変更する（解答例 50 ～ 51 行目に対応）

```
50    G[pos][i].cap -= flow; // 辺の容量を flow 減少させる
51    G[G[pos][i].to][G[pos][i].rev].cap += flow; // 逆辺の容量を flow 増加させる
```

　以上のことを踏まえると、Ford-Fulkerson 法全体の実装は **解答例** のようになります。難易度が高いので、コンテスト等では解答例を写経して使うのも良いでしょう。

解答例（C++）

```
1    #include <iostream>
2    #include <vector>
3    #include <algorithm>
4    using namespace std;
5
6    struct Edge {
7        int to, cap, rev;
8    };
9
10   class MaximumFlow {
11   public:
12       int size_ = 0;
13       bool used[409];
14       vector<Edge> G[409];
15
16       // 頂点数 N の残余グラフを準備
17       void init(int N) {
18           size_ = N;
19           for (int i = 0; i <= size_; i++) G[i].clear();
20       }
21
22       // 頂点 a から b に向かう、上限 c リットル／秒の辺を追加
23       void add_edge(int a, int b, int c) {
24           int Current_Ga = G[a].size(); // 現時点での G[a] の要素数
25           int Current_Gb = G[b].size(); // 現時点での G[b] の要素数
26           G[a].push_back(Edge{ b, c, Current_Gb });
27           G[b].push_back(Edge{ a, 0, Current_Ga });
28       }
29
30       // 深さ優先探索（F はスタートから pos に到達する過程での "残余グラフの辺の容量" の最小値）
31       // 返り値は流したフローの量（流せない場合は 0 を返す）
32       int dfs(int pos, int goal, int F) {
33           // ゴールに到着：フローを流せる！
34           if (pos == goal) return F;
35           used[pos] = true;
```

＊11　C++ や Python の場合、配列やリストは 0 番目から始まります。

```
36
37             // 探索する
38             for (int i = 0; i < G[pos].size(); i++) {
39                 // 容量 0 の辺は使えない
40                 if (G[pos][i].cap == 0) continue;
41
42                 // 既に訪問した頂点に行っても意味がない
43                 if (used[G[pos][i].to] == true) continue;
44
45                 // 目的地までのパスを探す
46                 int flow = dfs(G[pos][i].to, goal, min(F, G[pos][i].cap));
47
48                 // フローを流せる場合、残余グラフの容量を flow だけ増減させる
49                 if (flow >= 1) {
50                     G[pos][i].cap -= flow;
51                     G[G[pos][i].to][G[pos][i].rev].cap += flow;
52                     return flow;
53                 }
54             }
55
56             // すべての辺を探索しても見つからなかった…
57             return 0;
58         }
59
60         // 頂点 s から頂点 t までの最大フローの総流量を返す
61         int max_flow(int s, int t) {
62             int Total_Flow = 0;
63             while (true) {
64                 for (int i = 0; i <= size_; i++) used[i] = false;
65                 int F = dfs(s, t, 1000000000);
66
67                 // フローを流せなくなったら操作終了
68                 if (F == 0) break;
69                 Total_Flow += F;
70             }
71             return Total_Flow;
72         }
73 };
74
75 int N, M;
76 int A[409], B[409], C[409];
77 MaximumFlow Z;
78
79 int main() {
80     // 入力
81     cin >> N >> M;
82     for (int i = 1; i <= M; i++) cin >> A[i] >> B[i] >> C[i];
83
84     // 辺を追加
85     Z.init(N);
```

```
86      for (int i = 1; i <= M; i++) {
87          Z.add_edge(A[i], B[i], C[i]);
88      }
89
90      // 答えを出力
91      cout << Z.max_flow(1, N) << endl;
92      return 0;
93  }
```

補足：最小カット問題

最後に、最大フロー問題と関連が深い **最小カット問題** を紹介します。

> 頂点数 N、辺数 M の有向グラフがあります。j 番目の辺は頂点 A_j から頂点 B_j に向かうものであり、この辺は C_j 円で削除することができます。頂点 1 から頂点 N まで到達できないようにするには、最小で何円を使う必要がありますか。

たとえば下図のケースの答えは 8 円です。辺 $1 \to 2$ および辺 $4 \to 5$ を削除すれば、$5 + 3 = 8$ 円の支払いで済みます。

それでは、この問題はどうやって解けば良いのでしょうか。少し衝撃的かもしれませんが、実は最小カット問題と最大フロー問題の答えが一致するという **最大フロー最小カット定理** が知られています。したがって、前述の **解答例** と全く同じプログラムで正解を出すことができます。

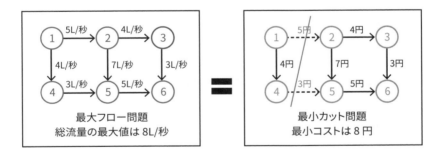

問題 B68　応用問題

ALGO 鉄道には N 個の駅があり、1 から N までの番号が付けられています。現在、ALGO 鉄道では特急列車を作るという計画があり、N 個の駅のうち 0 個以上を特急駅に指定しなければなりません。ここで、駅 i を特急駅に指定した場合は P_i 円の利益が見込めます（P_i は負であることもあり得ます）。

一方、特急列車を作るにあたって、利用者から M 個の提案が出されました。j 個目の提案は「駅 A_j を特急駅に指定するならば、駅 B_j も特急駅に指定するべきだ」というものです。すべての提案を守った場合、最大何円の利益を出すことができますか。

ヒント 難しい知識問題です。「燃やす埋める問題」で検索してみましょう。

二部マッチング問題

問題 A69	Bipartite Matching	（ 実行時間制限 1 秒、難易度 ★ 6 ）

情報高校の 1 年 A 組には N 人の生徒がおり、1 から N までの番号が付けられています。また、教室の席も N 個あり、1 から N までの番号が付けられています。

さて、今日はクラスで席替えを行うことになりました。「生徒〇〇は視力が悪いので前の方が良い」といった希望が与えられるので、最大何人の希望をかなえられるかを求めてください。

入力形式

生徒 i が席 j に座っても良い場合は $c_{i,j}$=# 、そうでない場合は $c_{i,j}$=. となります。

$$
\begin{array}{l}
N \\
c_{1,1} \quad c_{1,2} \quad \cdots \quad c_{1,N} \\
c_{2,1} \quad c_{2,2} \quad \cdots \quad c_{2,N} \\
\qquad \vdots \\
c_{N,1} \quad c_{N,2} \quad \cdots \quad c_{N,N}
\end{array}
$$

出力形式

最大何人の希望をかなえることができるか、整数で出力してください。

制約

- $1 \leq N \leq 150$
- $c_{i,j}$ は # または . である

入力例 1	出力例 1
5 #.... #.#.. ....# ....# ...##	4

二部マッチング問題とは

9.8 節で紹介した Ford-Fulkerson 法の応用例として **二部マッチング問題** があります。これは、二部グラフ（→**コラム 5**）が与えられたとき、同じ頂点から出る辺は 1 つしか選べないという条件下で、最大何本の辺を選ぶことができるかを求める問題です。

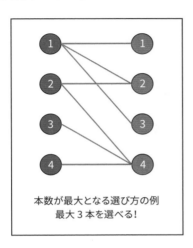

本数が最大となる選び方の例
最大 3 本を選べる！

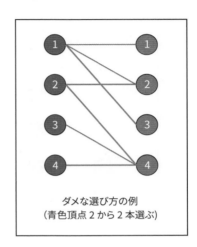

ダメな選び方の例
（青色頂点 2 から 2 本選ぶ）

二部マッチング問題は、実生活の様々な場面で応用することができます。たとえば「男性○○と女性△△ならば結婚しても良い」といった情報が与えられるとき、最大何ペアを結婚させることができるかを求める問題は、二部マッチング問題そのものです。

また、席替えも応用例の一つです。たとえば入力例 1 の場合、生徒と席の関係は下図右側のような二部グラフで表すことができます。この二部グラフにおけるマッチングの最大本数は 4 本であるため、最大 4 人の希望をかなえることができます。

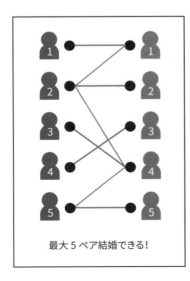

最大 5 ペア結婚できる！

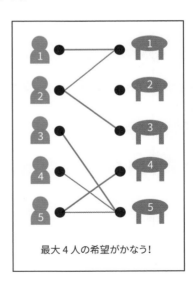

最大 4 人の希望がかなう！

二部マッチングを求める方法

　それでは、マッチングの最大本数はどうやって求めれば良いのでしょうか。まずは二部グラフの辺に向きを付け、さらに以下の操作を行います。

- スタート地点 s を追加し、s から青色頂点に向かう辺を追加する
- ゴール地点 t を追加し、赤色頂点から t に向かう辺を追加する

　このとき、マッチングの最大本数は、すべての辺の容量を 1 としたときの「s から t までの最大フローの総流量」と一致します[*12]。たとえば入力例 1 では下図のようになります。

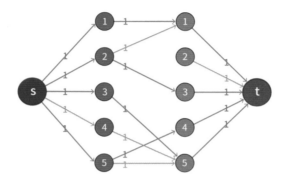

二部マッチングの計算量

　9.8 節で説明した通り、最大フローの総流量を F とし、辺の数を M とするとき、Ford-Fulkerson法[*13] で最大フローを求める際の計算量は $O(FM)$ です。

　また、この問題で作るグラフの場合、明らかに $F \leq N$ を満たします。なぜなら、もしスタート地点 s から出ている辺をフルパワーで使っても、総流量が N にしかならないからです。さらに、辺の数についても $M \leq N^2 + 2N$ を満たすため、計算量は $O(N^3)$ です。

二部マッチングの実装

　最後に実装上の注意点を説明します。最大フローを求める MaximumFlow クラス（→ **9.8 節**）では、頂点番号として「青色の 1」「赤色の 3」などをそのまま設定することができず、一つの整数にする必要があります。そのため、頂点番号を次表のように再設定しています。

i 番目の青色頂点	j 番目の赤色頂点	スタート地点 s	ゴール地点 t
i	$N+j$	$2N+1$	$2N+2$

[*12] この理由は、フローの流量 1 がマッチング 1 本に対応することから説明できます。たとえば図の $s \to 3 \to 5 \to t$ というパスは、青色頂点 3 と赤色頂点 5 のマッチングに対応します。

[*13] より高速な **Dinic 法** を使って最大フローを求めると、二部マッチング問題を計算量は $O(N^{2.5})$ で解けます。

解答例（C++）

```cpp
1   #include <iostream>
2   #include <vector>
3   #include <algorithm>
4   using namespace std;
5
6   int N; char c[159][159];
7   MaximumFlow Z; // MaximumFlow クラスは 9.8 節参照
8
9   int main() {
10      // 入力
11      cin >> N;
12      for (int i = 1; i <= N; i++) {
13          for (int j = 1; j <= N; j++) cin >> c[i][j];
14      }
15
16      // グラフを構成する
17      Z.init(2 * N + 2);
18      for (int i = 1; i <= N; i++) {
19          for (int j = 1; j <= N; j++) {
20              if (c[i][j] == '#') Z.add_edge(i, N + j, 1);
21          }
22      }
23      for (int i = 1; i <= N; i++) {
24          Z.add_edge(2 * N + 1, i, 1);        // 「s → 青色」の辺
25          Z.add_edge(N + i, 2 * N + 2, 1); // 「赤色 → t」の辺
26      }
27
28      // 答えの出力
29      cout << Z.max_flow(2 * N + 1, 2 * N + 2) << endl;
30      return 0;
31  }
```

問題 B69 | **応用問題**

KYOPRO 工場には $N (\leq 50)$ 人の社員が在籍しています。しかし、社員が全時間帯に勤務できるとは限りません。社員 i が働ける時間の情報は C_i で表され、j 時台 $(0 \leq j \leq 23)$ に働けるとき $C_{i,j} = 1$、働けないとき $C_{i,j} = 0$ となります。

また、社員をあまりに働かせると、ブラック企業という評価を受けてしまうため、どの社員も一日 10 時間までしか勤務させてはいけません。このような条件下で、どの時間帯にも M 人以上が勤務しているようにシフトを組むことは可能かどうかを判定してください。

ヒント 従業員を青色頂点、時間帯を赤色頂点とした二部グラフを考えましょう！

問題 A70	Lanterns	（ 実行時間制限 1 秒、難易度 ★ 5 ）

N 個のランプが机の上に置かれています。i 個目のランプの最初の状態は整数 A_i で表され、$A_i =$ 0 のとき OFF、$A_i = 1$ のとき ON です。

太郎君は、電灯に対して M 種類の操作を行うことができます。j 種類目の操作は、ランプ X_j, Y_j, Z_j の状態を同時に反転させるものです。ここで **反転** とは、OFF であるランプを ON にし、ON であるランプを OFF にすることを指します。

最小何回の操作で、すべてのランプの状態を ON にすることができるかを求めてください。ただし、同じ種類の操作を複数回行っても良いものとします。

入力形式

$$N \quad M$$
$$A_1 \quad A_2 \quad \cdots \quad A_N$$
$$X_1 \quad Y_1 \quad Z_1$$
$$\vdots$$
$$X_M \quad Y_M \quad Z_M$$

出力形式

答えを出力してください。ただし、何回操作を行っても、すべてのランプの状態を ON にすることが不可能である場合、代わりに - 1 と出力してください。

制約

- $3 \le N \le 10$
- $0 \le M \le 100$

入力例 1	出力例 1
4 2 0 1 1 0 1 2 3 2 3 4	2

1 種類目の操作を行った後、2 種類目の操作を行えば良いです。

解法の概要

　この問題は、本章で説明してきた「グラフアルゴリズム」とは何の関係もないように思えるかもしれません。しかし、これから説明する 2 つの工夫を行えば、重みなし有向グラフの最短経路問題に帰着することができます。

工夫 1：頂点をどうするか？

　第一の工夫は、2 進法を使ってランプの状態を整数値で表し、その整数を頂点番号にするというものです。具体的には、ランプ i の状態が c_i であるときの頂点番号を、「2 進法表記 $c_N \cdots c_2 \, c_1$ を 10 進法に変換した値」に設定します。

　以下に $N = 3$ の場合の例を示します。イメージが湧かない方は、選び方の整数表現（→**コラム 2**）に戻って確認しましょう。

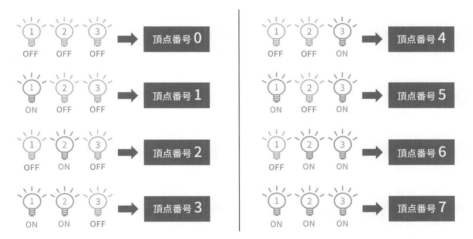

工夫 2：辺をどうするか？

　第二の工夫は、「一回の操作の状態遷移」を長さ 1 の辺で表すことです。たとえば入力例 1 のケースで、頂点 0 から出る辺はどう追加すれば良いかを考えてみましょう。すべてのライトが OFF の状態からは、一回の操作で

- **1 種類目の操作を行う**：状態 (ON, ON, ON, OFF) すなわち頂点 7[14]
- **2 種類目の操作を行う**：状態 (OFF, ON, ON, ON) すなわち頂点 14

のいずれかに遷移することができるため、頂点 0 からは頂点 7 および頂点 14 に向かう辺を追加

---

[14] ここで状態 (ON, ON, ON, OFF) とは、ランプ 1 が ON、ランプ 2 が ON、ランプ 3 が ON、ランプ 4 が OFF のことを指します。

すれば良いです。他の頂点についても同様のことを行うと、作られるグラフは下図のようになります。青い辺は 1 種類目の操作、赤い辺は 2 種類目の操作に対応しています。

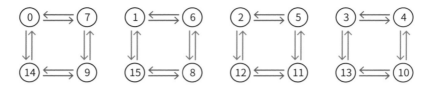

解法のまとめ

　最後に、本問題の答えはスタートからゴール（頂点番号 $2^N - 1$）までの最短経路長と一致します。なぜなら、1 回の操作は 1 本の辺に対応するので、「操作回数の最小値」は「通る辺の数の最小値」すなわち最短経路長に対応するからです。

　したがって、重みなしグラフの最短経路長を求めるアルゴリズムである幅優先探索（**→ 9.3 節**）を使うと、本問題を効率的に解くことができます。グラフの頂点数は 2^N、辺数は $2^N \times M$ ですので、計算量は $O(2^N \times M)$ となります。

解答例（C++）

```cpp
1   #include <iostream>
2   #include <vector>
3   #include <queue>
4   using namespace std;
5
6   int N, A[19];
7   int M, X[109], Y[109], Z[109];
8   int dist[1033];
9   vector<int> G[1033];
10
11  // 頂点 pos の状態から「idx 種類目の操作」を行ったときの頂点番号を返す
12  int GetNext(int pos, int idx) {
13      int State[19]; // State[i] はランプ i の状態
14
15      // 2 進法に変換する方法は 1.4 節を参照
16      for (int i = 1; i <= N; i++) {
17          int wari = (1 << (i - 1));
18          State[i] = (pos / wari) % 2;
19      }
20      State[X[idx]] = 1 - State[X[idx]]; // ランプ X[idx] を反転
21      State[Y[idx]] = 1 - State[Y[idx]]; // ランプ Y[idx] を反転
22      State[Z[idx]] = 1 - State[Z[idx]]; // ランプ Z[idx] を反転
23
24      // 10 進法に変換する方法も 1.4 節を参照
```

```
25      int ret = 0;
26      for (int i = 1; i <= N; i++) {
27          if (State[i] == 1) ret += (1 << (i - 1));
28      }
29      return ret;
30  }
31
32  int main() {
33      // 入力
34      cin >> N >> M;
35      for (int i = 1; i <= N; i++) cin >> A[i];
36      for (int j = 1; j <= M; j++) cin >> X[j] >> Y[j] >> Z[j];
37
38      // グラフに辺を追加
39      for (int i = 0; i < (1 << N); i++) {
40          for (int j = 1; j <= M; j++) {
41              int NextState = GetNext(i, j);
42              G[i].push_back(NextState);
43          }
44      }
45
46      // スタート地点・ゴール地点の頂点番号を求める
47      int Goal = (1 << N) - 1;   // (1<<N) は「2 の N 乗」
48      int Start = 0;
49      for (int i = 1; i <= N; i++) {
50          if (A[i] == 1) Start += (1 << (i - 1));
51      }
52
53      // 配列の初期化／スタート地点をキューに入れる
54      queue<int> Q;
55      for (int i = 0; i < (1 << N); i++) dist[i] = -1;
56      dist[Start] = 0;
57      Q.push(Start);
58
59      // 幅優先探索
60      while (!Q.empty()) {
61          int pos = Q.front(); Q.pop();
62          for (int i = 0; i < G[pos].size(); i++) {
63              int nex = G[pos][i];
64              if (dist[nex] == -1) {
65                  dist[nex] = dist[pos] + 1;
66                  Q.push(nex);
67              }
68          }
69      }
70
71      // 答えを出力
72      cout << dist[Goal] << endl;
73      return 0;
74  }
```

9章

グラフアルゴリズム

コラム 6 Bellman-Ford 法

9.4 節で説明したダイクストラ法では、「負の辺が存在するときに最短経路長を求められない」という問題点がありました。しかし Bellman-Ford 法を使うと、仮に負の辺が存在しても、頂点 1 から各頂点までの最短経路長を計算することができます[*15]。

なお、以降の説明では、グラフの頂点数を N、辺数を M とし、e 番目の辺は頂点 A_e から頂点 B_e に向かう長さ C_e の有向辺であるとします。また、頂点 1 から頂点 i までの最短経路長の暫定値を $\text{dist}[i]$ で表します。

Bellman-Ford 法とは

Bellman-Ford 法は、「最短経路長の暫定値を、隣り合う辺に伝播させる」という操作を繰り返し行うアルゴリズムです。すなわち、以下の伝播処理を何回も行います。

- **伝播処理**：$e = 1, 2, \ldots, M$ に対して、$\text{dist}[B_e]$ を $\min(\text{dist}[B_e], \text{dist}[A_e] + C_e)$ に更新

具体的な有向グラフに対して Bellman-Ford 法を適用すると、下図のようになります。5 回目の伝播処理では $\text{dist}[i]$ が変わっていないので、5 回目で操作を終えています。

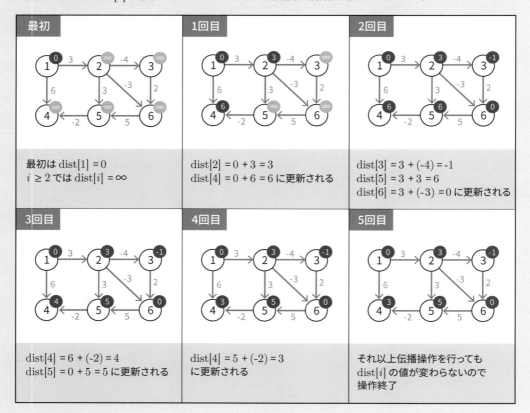

最初	1回目	2回目
最初は $\text{dist}[1] = 0$ $i \geq 2$ では $\text{dist}[i] = \infty$	$\text{dist}[2] = 0 + 3 = 3$ $\text{dist}[4] = 0 + 6 = 6$ に更新される	$\text{dist}[3] = 3 + (-4) = -1$ $\text{dist}[5] = 3 + 3 = 6$ $\text{dist}[6] = 3 + (-3) = 0$ に更新される
3回目	4回目	5回目
$\text{dist}[4] = 6 + (-2) = 4$ $\text{dist}[5] = 0 + 5 = 5$ に更新される	$\text{dist}[4] = 5 + (-2) = 3$ に更新される	それ以上伝播操作を行っても $\text{dist}[i]$ の値が変わらないので操作終了

Bellman-Ford 法の計算量と実装

それでは、何回の伝播処理を行えば、$\mathrm{dist}[i]$ の値が変わらなくなるのでしょうか。答えは $N - 1$ 回です。なぜなら、有向グラフに負の閉路が存在しない場合、最短経路は絶対に同じ頂点を通らず、すなわち高々 $N - 1$ 本の辺しか通らないからです[16]。

たとえば下図左側の $1 \rightarrow 2 \rightarrow 3 \rightarrow 4 \rightarrow 2 \rightarrow 5$ という経路は、頂点 2 を二度通っているため、最短経路になり得ません（$2 \rightarrow 3 \rightarrow 4 \rightarrow 2$ の部分をカットした方が得です）。

したがって、**コード 9.4** のような実装をすると、計算量 $O(NM)$ で頂点 1 から各頂点までの最短経路長を求めることができます。

コード 9.4 Bellman-Ford 法の実装

```
1    // dist[i] の値は ∞ の代わりに非常に大きい値に設定
2    dist[1] = 0;
3    for (int i = 2; i <= N; i++) dist[i] = 1000000000;
4
5    // Bellman-Ford 法
6    for (int i = 1; i <= N - 1; i++) {
7        for (int j = 1; j <= M; j++) {
8            dist[B[j]] = min(dist[B[j]], dist[A[j]] + C[j]);
9        }
10   }
11
12   // 答えを出力
13   for (int i = 1; i <= N; i++) cout << dist[i] << endl;
```

---

* 15　厳密には、頂点 1 から到達可能な**負の閉路**（辺の重みの合計が 0 未満となる閉路）が存在した場合、Bellman-Ford 法は通用しません。しかしこのようなケースでは、負の閉路を何度も周回することで、最短経路長を限りなく小さくすることができます。

* 16　逆に、N 回目の伝播処理でも $\mathrm{dist}[i]$ の値が変わった場合、グラフには負の閉路が存在します。

コラム7 Warshall-Floyd 法

このコラムでは、**全点対間最短経路問題**を考えます。これは、頂点数 N の重み付きグラフに対して、すべての 2 頂点間の最短経路長を求める問題です。どうすれば効率的に解けるのでしょうか。

まず、頂点 i から j までの最短経路長の暫定値を表す配列 $d[i][j]$ を用意します。ここで、$d[i][j]$ の初期値は以下のように設定します。

- $i = j$ のとき：$d[i][j] = 0$
- 頂点 i と j を直接結ぶ辺があるとき：$d[i][j] = ($ 辺の重み $)$
- それ以外のとき：$d[i][j] = \infty$

すると、**コード 9.5** のようなアルゴリズムで、最短経路長が計算できます（最終的な $d[i][j]$ の値が答え）。このような手法は Warshall-Floyd 法と呼ばれています[*17]。

コード 9.5 Warshall-Floyd 法の実装

```
1   for (int k = 1; k <= N; k++) {
2       for (int i = 1; i <= N; i++) {
3           for (int j = 1; j <= N; j++) {
4               d[i][j] = min(d[i][j], d[i][k]+d[k][j]);
5           }
6       }
7   }
```

それでは、なぜこの方法で解けるのでしょうか。少し難しいですが、各ループが終わった時点で $d[i][j]$ の値が以下のようになっていることから説明できます。

- $k = 1$ が終わった時点では、頂点 1 のみを経由して良いときの最短経路長
- $k = 2$ が終わった時点では、頂点 1,2 のみを経由して良いときの最短経路長
- $k = 3$ が終わった時点では、頂点 1,2,3 のみを経由して良いときの最短経路長
- $k = 4, 5, \ldots, N$ についても同様

特に、$k = N$ が終わった時点では「頂点 $1, 2, \ldots, N$ のみを経由して良いときの最短経路長」になっており、求めるべき答えと一致します。なお、ページ数の都合上、より詳しい証明はしませんが、興味のある方は本書巻末の参考文献 [10] などで調べてみてください。

[*17] ダイクストラ法でも解くことができますが、Warshall-Floyd 法の方が実装がシンプルです。なお、Warshall-Floyd 法は、重みが負の辺があっても上手くいきます。

9章のまとめ

9.0 グラフとは

グラフとは何か
モノとモノを結ぶ関係を表す構造である
頂点と辺からなる

グラフの種類
- 無向グラフ vs. 有向グラフ
- 重みなしグラフ vs. 重み付きグラフ

9.1 グラフの実装方法

隣接行列とは
二次元配列を使って、辺の有無を記録

隣接リストとは
各頂点に対して「隣接する頂点のリスト」を記録
メモリ使用量は $O(N+M)$ と効率的

9.2 深さ優先探索

深さ優先探索とは
進めるところまで進み、行き詰まったら一歩戻ることでグラフを探索するアルゴリズム

実装方法と計算量
再帰関数を使って $O(N+M)$

9.3 幅優先探索

幅優先探索とは
スタートに近い頂点から順にグラフを探索していくアルゴリズム（最短経路も求められる）

実装方法と計算量
キューを使って $O(N+M)$

9.4 ダイクストラ法

ダイクストラ法とは
重み付きグラフの最短経路長を求めるアルゴリズム
優先度付きキューを使うと計算量 $O(M\log N)$

9.5 木に対するDP

テクニックの概要
根付き木の下の方から計算していくと、木にも動的計画法が適用できる

9.6 Union-Find

Union-Findとは
以下の2つのクエリを効率的に処理するデータ構造
- 2つのグループを統合
- 2つの要素が同じグループかを判定

9.7 最小全域木問題

最小全域木とは
いくつかの辺を選んでできた「すべての頂点が繋がっている木」のうち、長さの合計が最小となるもの

最小全域木の求め方
短い辺から貪欲に追加

9.8 最大フロー問題

最大フロー問題とは
スタートからゴールまで毎秒何Lの水を流せるかを求める

Ford-Fulkerson法とは
残余グラフ上で貪欲に流す

9.9 二部マッチング

二部マッチング問題とは
同じ頂点から出る辺は1つしか選べないとき、二部グラフにおいて最大何本の辺を選べるか？
最大フロー問題に帰着できる

10章

総合問題

　本書では第1章から第9章までにかけて、様々なアルゴリズムと考察テクニックを解説してきました。ここまで長かったと思いますが、本当にお疲れ様でした。

　しかし、コンテストで出題される問題では、「どのようなアルゴリズムを使えば良いのか」を自分で探す必要があります。そのため、知識があっても解法が分からないということは誰もが通る道です。特に、複数のアルゴリズムを組み合わせて解く問題ではなおさらです。

　そこで筆者は、問題に挑戦するときに **少しずつヒントを見つけていくこと** が非常に大切だと考えています。第10章の最初に、ヒントを見つける方法として代表的なものをリストアップします。

特殊ケースを考える

　N が小さいケースや、$A=[1,1,1,\ldots,1]$ などの特殊なケースを考えると、一気に見通しが良くなることがあります。例として、2^N の一の位を計算量 $O(1)$ で求める問題を考えましょう。まずは N が小さいケースに対して答えを求めると、以下のようになります。

Nの値	1	2	3	4	5	6	7	8	9	10	11	12	13	14
答え	2	4	8	6	2	4	8	6	2	4	8	6	2	4

　この結果から、N が大きくなっても「$2 \to 4 \to 8 \to 6 \to \cdots$」と規則的に続くのではないか、という予測を立てることができます。このようなテクニックは **10.1節** で扱います。

問題設定から考える

　競技プログラミングでは、問題設定から解法を予測できることもあります。たとえば最短距離を求める問題であれば、幅優先探索（→ **9.3節**）やダイクストラ法（→ **9.4節**）が頭に浮かぶでしょう。このようなテクニックは **10.3節** で扱います。

制約から考える

　競技プログラミングの問題では、制約が解法のヒントになることも少なくありません。特徴的な具体例を以下に示します（このようなテクニックは **10.2 節** で扱います）。

　しかし、この法則が常に当てはまるとは限らないことに注意してください。過去には、$N \leq 20$ という制約にも関わらず、想定解法の計算量が $O(2^N)$ などではなく $O(N^7)$ だったという事例もあります。

制約	計算量の例	利用するアルゴリズムの例
$N \leq 20$	$O(2^N)$	ビット全探索など
$N \leq 30$	$O(2^{N/2})$	集合に対する半分全列挙など
$N \leq 400$	$O(N^3)$	for 文の全探索・動的計画法・ワーシャルフロイド法など
$N \leq 10^{18}$	$O(1), O(\log N)$	数学問題・繰り返し二乗法・二分探索など

単純な解法から考える

　もし実行時間制限に間に合わないものであっても、全探索などの「単純な解法」から考えていくことは大切です。なぜなら、単純な解法が正解へのヒントになることも少なくないからです。

　たとえば単純な解法の計算量が $O(N^2)$ だったとしましょう。もし制約が $N \leq 200000$ であれば不正解ですが、それをほんの少し改良するだけで計算量 $O(N \log N)$ の解法に至る場合もあります。このようなテクニックは **10.6 節** で扱います。

問題設定を変えてみる

　元の問題の解法が全然わからなくても、「設定を少し簡単にした問題」を考えることで、正解へのヒントが得られる場合があります。具体例を以下に示します。

- 「最大何問解けるか？」ではなく「全問解けるか？」を考える
- 「答えの最大値は何？」ではなく「答えは△△以上か？」を考える

このようなテクニックは **10.5 節** で扱います。

分解して考える

　競技プログラミングの問題では、二つ以上のものを同時に考えると難しくなることが多いです。そのため、分解できるものを分解する手法が効果的です。よくわからないと思いますが、具体例を含めて **10.4 節** で解説しますので、ぜひご覧ください。

| 問題 A71 | Homework | （実行時間制限 1 秒、難易度 ★ 3） |

あなたは夏休みの宿題 N 個を、毎日 1 つずつ終わらせなければなりません。宿題には 1 から N までの番号が付けられており、宿題 i の **難易度** は整数 A_i で表されます。

また、夏休み i 日目 $(1 \leq i \leq N)$ の気温は B_i 度になることが予想されています。「難易度×気温」の総和だけ労力がかかるとき、すべての宿題を終わらせるために必要な労力の最小値はいくつですか。

入力形式

N
$A_1 \quad A_2 \quad \cdots \quad A_N$
$B_1 \quad B_2 \quad \cdots \quad B_N$

出力形式

必要な労力として考えられる最小値を求めてください。

制約

- $2 \leq N \leq 60$
- $1 \leq A_i \leq 100$
- $1 \leq B_i \leq 45$

入力例 1	出力例 1
3 10 20 30 35 40 33	2090

1 日目に宿題 2、2 日目に宿題 1、3 日目に宿題 3 を終わらせた場合、必要な労力は $(20 \times 35)+(10 \times 40)+(30 \times 33) = 2090$ となり、これが最小です。

小さいケースで実験

まずは小さいケースとして、$N = 3, A = [10, 20, 30], B = [35, 40, 33]$ のときの答えを考えてみましょう。夏休みの宿題の終わらせ方は下図の 6 通りがありますが、

- 気温が 33 度の日に難易度 30 の宿題を終わらせる。
- 気温が 35 度の日に難易度 20 の宿題を終わらせる。
- 気温が 40 度の日に難易度 10 の宿題を終わらせる。

という方法を選択した場合、労力が 2090 となり、これが最小です。

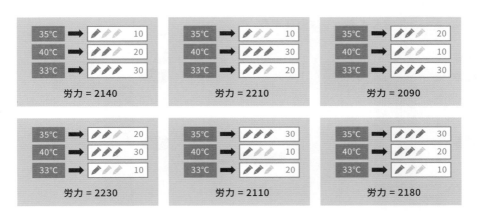

また、$N = 3, A = [1, 10, 100], B = [20, 30, 40]$ のケースでは、以下の方法が最適です。

- 気温が 20 度の日に難易度 100 の宿題を終わらせる。
- 気温が 30 度の日に難易度 10 の宿題を終わらせる。
- 気温が 40 度の日に難易度 1 の宿題を終わらせる。

この時点で、気温が高い日に簡単な宿題をやった方が得だ、という直感が働くと思います。

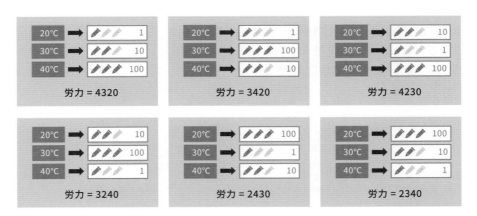

直感は成り立つか？

それでは、いかなるケースでも直感通りになるのでしょうか。答えは Yes であり、この理由は次のようにして説明することができます。

第一に、以下の 2 条件を両方満たすとき、x, y 日目の宿題を逆にした方が労力が小さい [*1]。

- 条件 1：(x 日目の気温) < (y 日目の気温)
- 条件 2：(x 日目の難易度) < (y 日目の難易度)

第二に、「気温が高い日ほど簡単な宿題をやる」以外の方法を選択した場合、両方の条件を満たす組 (x, y) が少なくとも一つは存在する。

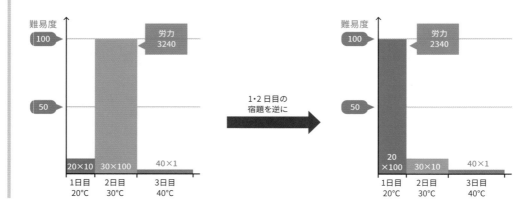

解法のまとめ

したがって、以下の手続きを行う **解答例** のようなプログラムを書くと正解が得られます。計算量はソートがボトルネックとなり $O(N \log N)$ です。

手順 1　配列 $[A_1, A_2, \ldots, A_N]$ を小さい順にソート
手順 2　配列 $[B_1, B_2, \ldots, B_N]$ を大きい順にソート
手順 3　$A_1 B_1 + A_2 B_2 + \cdots + A_N B_N$ の値を出力

[*1]　宿題の順序を逆にしない場合の（x, y 日目の）労力は $A_x B_x + A_y B_y$ となります。一方、逆にすると労力が $A_x B_y + A_y B_x$ となります。(前者) - (後者) の値を計算すると $(A_x - A_y)(B_x - B_y)$ となります。$A_x < A_y$, $B_x < B_y$ が成り立つとき、この値は正です。

解答例（C++）

```cpp
1   #include <iostream>
2   #include <algorithm>
3   using namespace std;
4
5   int N, A[69], B[69];
6   int Answer = 0;
7
8   int main() {
9       // 入力
10      cin >> N;
11      for (int i = 1; i <= N; i++) cin >> A[i];
12      for (int i = 1; i <= N; i++) cin >> B[i];
13
14      // 配列のソート（reverse 関数は配列を逆順にする関数）
15      sort(A + 1, A + N + 1);
16      sort(B + 1, B + N + 1); reverse(B + 1, B + N + 1);
17
18      // 答えを求める
19      for (int i = 1; i <= N; i++) Answer += A[i] * B[i];
20      cout << Answer << endl;
21      return 0;
22  }
```

10
章

総合問題

問題 A72 | Tile Painting （実行時間制限 1 秒、難易度 ★ 4）

縦 H 行、横 W 列のマス目があります。上から i 行目・左から j 列目のマス (i,j) の色は $c_{i,j}$ であり、$c_{i,j}=.$ のとき白色、$c_{i,j}=\#$ のとき黒色で塗られています。

あなたは「ある行またはある列を選び、すべて黒で塗り替える」という操作を K 回まで行うことができます。最大で何個のマスを黒くすることができますか。

入力形式

$$H \quad W \quad K$$
$$c_{1,1} \quad c_{1,2} \quad \cdots \quad c_{1,W}$$
$$\vdots$$
$$c_{H,1} \quad c_{H,2} \quad \cdots \quad c_{H,W}$$

出力形式

最大で何個のマスを黒くすることができるか、出力してください。

制約

- $1 \le H \le 10$
- $1 \le W \le 100$
- $1 \le K \le \min(H,W)$
- $c_{i,j}$ は . または # である

入力例 1	出力例 1
4 10 3 ##...#.##. .#....#... ##.####..# #..######.	37

単純な解法

まず考えられる解法は、操作方法を全探索することです。操作順序は結果に影響せず[*2]、同じ行や同じ列に対して二度操作するのは無駄なので、$H+W$ 個ある行・列の中から K 個の「操作する行・列」を選ぶ方法を全探索すれば良いです。

しかし $(H, W, K) = (10, 100, 10)$ の場合、110 個の中から 10 個を選ぶ方法は 10^{13} 通りを超えるため、それらを全部調べると 1 秒以内に実行が終わりません。

制約に着目する

そこで $H \leq 10$ という特徴的な制約に着目してみましょう。$2^{10} = 1024$ なので、行の選び方だけであれば全探索することも現実的だといえます。

また、行の選び方が決まれば、最適な列の選び方も簡単に決まります。「行に対する操作」を先に終えたマス目を D とするとき、D における「白マスの多い列」から順番に選べば良いです。

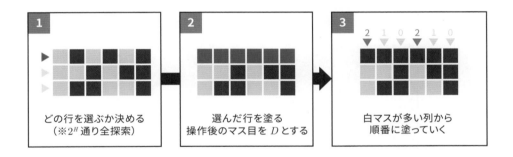

たとえば入力例 1 で「行に対しては 2 行目のみを黒く塗る[*3]」と決めたケースを考えます。このとき、2 行目を塗った後のマス目 D は下図のようになります。この時点での残り操作回数は 3-1=2 回ですので、白マスが多い上位 2 つの列である、3 列目・10 列目を黒く塗るのが最適です。黒マスの個数は 5 個増え、全部で 34 個になります。

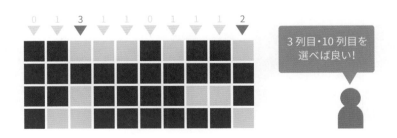

3 列目・10 列目を選べば良い！

したがって、行の選び方を 2^H 通り全探索し、それぞれに対して「最適な列の選び方」を求めると正解が得られます。関数 paintRow のようにソートを使った実装をした場合、最適な列の選び方を求めるのに計算量 $O(HW + W\log W)$ かかるので、全体では $O(2^H \times (HW + W\log W))$ です。なお、行の選び方を全探索する部分が難所ですが、ビット全探索（→**コラム 2**）を使えば比較的シンプルに実装することができます。

解答例（C++）

```cpp
1   #include <iostream>
2   #include <vector>
3   #include <algorithm>
4   using namespace std;
5
6   int H, W, K;
7   int Answer = 0;
8   char c[19][109], d[19][109]; // 配列 d はマス目 Ð に対応
9
10  // 残り remaining_steps 回の「列に対する操作」で、最大何個のマスを黒くできるかを返す関数
11  int paintRow(int remaining_steps) {
12      // 各列に対する「白マスの個数」を計算し、大きい順にソートする
13      vector<pair<int, int>> Column;
14      for (int j = 1; j <= W; j++) {
15          int cnt = 0;
16          for (int i = 1; i <= H; i++) {
17              if (d[i][j] == '.') cnt += 1;
18          }
19          Column.push_back(make_pair(cnt, j));
20      }
21      sort(Column.begin(), Column.end());
22      reverse(Column.begin(), Column.end());
23
24      // 列に対して操作を行う
25      for (int j = 0; j < remaining_steps; j++) {
26          int idx = Column[j].second;
27          for (int i = 1; i <= H; i++) d[i][idx] = '#';
28      }
29
30      // 黒マスの個数を数える
31      int ret = 0;
32      for (int i = 1; i <= H; i++) {
33          for (int j = 1; j <= W; j++) {
```

＊2　たとえば、1行目の後に2行目を操作しても、2行目の後に1行目を操作しても、最終的な黒マスの数は同じです。

＊3　入力例1の場合、本当は1, 2, 3行目を選ぶのが最適ですが、ここでは説明の都合上2行目だけを選んだパターンを考えています。

```
34              if (d[i][j] == '#') ret += 1;
35          }
36      }
37      return ret;
38 }
39
40 int main() {
41     // 入力
42     cin >> H >> W >> K;
43     for (int i = 1; i <= H; i++) {
44         for (int j = 1; j <= W; j++) cin >> c[i][j];
45     }
46
47     // ビット全探索
48     for (int t = 0; t < (1 << H); t++) {
49         // まずはマス目を初期盤面に設定
50         for (int i = 1; i <= H; i++) {
51             for (int j = 1; j <= W; j++) d[i][j] = c[i][j];
52         }
53
54         // 行に対して操作を行う
55         // 変数 remaining_steps は残り操作回数
56         int remaining_steps = K;
57         for (int i = 1; i <= H; i++) {
58             int wari = (1 << (i - 1));
59             if ((t / wari) % 2 == 0) continue;
60             remaining_steps -= 1;
61             for (int j = 1; j <= W; j++) d[i][j] = '#'; // i 行目を黒く塗る
62         }
63
64         // 列に対して操作を行う
65         if (remaining_steps >= 0) {
66             int SubAnswer = paintRow(remaining_steps);
67             Answer = max(Answer, SubAnswer);
68         }
69     }
70
71     // 出力
72     cout << Answer << endl;
73     return 0;
74 }
```

ALGO 市には N 個の交差点と M 本の道路があります。i 本目の道路は、交差点 A_i と交差点 B_i を双方向に結んでおり、長さは C_i メートルです。また、$D_i = 1$ であるような道路には、木が一本植えられています。

ALGO 市の市長である次郎君は、交差点 1 と交差点 N を結ぶマラソンコースを作ろうと思いました。彼は参加者を疲れさせたくないので、合計距離をできるだけ短くしたいです。また参加者に自然を楽しんでいただきたいので、合計距離が同じ場合、コース上に植えられている木の数をより多くしたいです。どのようなマラソンコースが考えられますか。

入力形式

N M
A_1 B_1 C_1 D_1
    :
A_M B_M C_M D_M

出力形式

マラソンコースの合計距離と、コース上にある木の数を空白区切りで出力してください。

制約

- $2 \leq N \leq 8000$
- $1 \leq M \leq 100000$
- $1 \leq C_i \leq 100$（特に C_i は**整数**であることに注意）
- D_i は 0 または 1 である

入力例 1	出力例 1
3 3 1 2 70 1 2 3 20 1 1 3 90 0	90 2

問題設定から考えよう！

　まずは問題文の情報からヒントを探しましょう。第一に、ALGO 市は重み付きグラフとして表現することができます。第二に、問題文中には「合計距離を短くする」というキーワードが出ています。ここで、重み付きグラフの最短経路といえば何でしょうか。**ダイクストラ法**ですね。

　しかし、この問題は単純な最短経路問題ではありません。もしマラソンコースの長さが同じ場合、コース上の木の数を最大化する必要があるのです。一体どうすれば良いのでしょうか。

木は"わずかなボーナス"

　実は、「木が植えられた道路」の長さを 0.0001 だけ減少させれば、木の多い経路が最短経路として選ばれるようになります。たとえば ALGO 市の構造が下図左側であるようなケースを考えます。このとき、マラソンコースの長さを最小にするような経路は以下の 2 つです。

- **経路 1**：交差点 $1 \rightarrow 2 \rightarrow 7 \rightarrow 8$（合計距離 23）
- **経路 2**：交差点 $1 \rightarrow 3 \rightarrow 6 \rightarrow 8$（合計距離 23）

　一方、下図右側のようにグラフを修正した場合、**経路 1** の合計距離は 23.0000、**経路 2** の合計距離は 22.9998 となり、木の多い **経路 2** の方が 0.0002 だけ短くなっています。

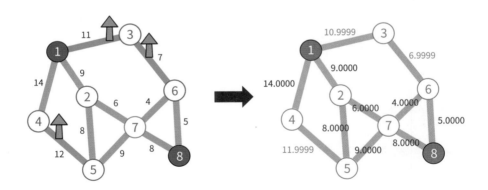

解法までの道筋

　グラフの辺を短縮させるという発想を思いつくのは容易ではありませんが、木が植えられた道路を通ることを「わずかなボーナス」として考えると、解法にたどり着きやすいです。

　ここで、ボーナスによる長さの減少分 ϵ はどの程度が適切なのでしょうか。たとえば $\epsilon = 0.01$ の場合、仮にマラソンコースの長さが 1 短くても、コース上の木の数が 101 少なければ、最短経路とみなされなくなってしまいます。一方、$\epsilon = 0.0001$ であれば問題ありません。なぜなら、本問題の制約から $N \leq 8000$ であるため、コース上の木の数が 8000 を超えることはあり得ないからです[*4]。

実装について

　最後に、実装上の注意点について記します。ここまでは「長さを 0.0001 減らす」という方針で説明しましたが、double 型などの浮動小数点型は誤差によるバグが発生しやすいため、もし可能であれば整数型を利用した方が安全です。

　そのため **解答例** では、「道路の長さをすべて 10000 倍した後、木が植えられている道路の長さを 1 減らす」という方針を使っています。

解答例（C++）

```cpp
1   #include <iostream>
2   #include <queue>
3   #include <vector>
4   #include <algorithm>
5   using namespace std;
6
7   // 入力・グラフを表す変数
8   int N, M, A[100009], B[100009], C[100009], Ð[100009];
9   vector<pair<int, int>> G[8009];
10
11  // ダイクストラ法で使う変数
12  long long cur[8009]; bool kakutei[8009];
13  priority_queue<pair<long long,int>, vector<pair<long long,int>>,
                 ➡ greater<pair<long long,int>>> Q;
14
15  int main() {
16      // 入力
17      cin >> N >> M;
18      for (int i = 1; i <= M; i++) {
19          cin >> A[i] >> B[i] >> C[i] >> Ð[i];
20          if (Ð[i] == 1) {
21              G[A[i]].push_back(make_pair(B[i], 10000 * C[i] - 1));
22              G[B[i]].push_back(make_pair(A[i], 10000 * C[i] - 1));
23          }
24          else {
25              G[A[i]].push_back(make_pair(B[i], 10000 * C[i]));
26              G[B[i]].push_back(make_pair(A[i], 10000 * C[i]));
27          }
28      }
29
30      // 配列の初期化
31      for (int i = 1; i <= N; i++) kakutei[i] = false;
```

＊4　これは、最短経路では同じ頂点を二度通らないことから説明できます。

```
32      for (int i = 1; i <= N; i++) cur[i] = (1LL << 60);
33
34      // スタート地点をキューに追加
35      cur[1] = 0;
36      Q.push(make_pair(cur[1], 1));
37
38      // ダイクストラ法
39      while (!Q.empty()) {
40          // 次に確定させるべき頂点を求める
41          int pos = Q.top().second; Q.pop();
42          if (kakutei[pos] == true) continue;
43
44          // cur[nex] の値を更新する
45          kakutei[pos] = true;
46          for (int i = 0; i < G[pos].size(); i++) {
47              int nex = G[pos][i].first;
48              int cost = G[pos][i].second;
49              if (cur[nex] > cur[pos] + cost) {
50                  cur[nex] = cur[pos] + cost;
51                  Q.push(make_pair(cur[nex], nex));
52              }
53          }
54      }
55
56      // 答えを出力
57      // マラソンコースの距離：cur[N]/10000 を小数点以下切り上げた値
58      // コース上の木の数：cur[N] と Distance*10000 の差分
59      long long Distance = (cur[N] + 9999) / 10000;
60      long long NumTrees = Distance * 10000 - cur[N];
61      cout << Distance << " " << NumTrees << endl;
62      return 0;
63  }
```

1 から N までの整数が一個ずつ書かれた $N \times N$ のマス目 P が与えられます。太郎君は、

- 隣接する 2 つの行を交換する
- 隣接する 2 つの列を交換する

という 2 種類の操作を繰り返すことで、すべての k に対して「整数 k が上から k 行目・左から k 列目のマスに存在する」ようにしたいです。最小何回の操作が必要ですか。

入力形式

$P[i][j]$ は上から i 行目・左から j 列目に書かれた整数を表します。ただし、$P[i][j] = 0$ のマスには整数が書かれていません。ここで、各行・各列には「整数が書かれたマス」がちょうど 1 個存在することが保証されています。

$$
\begin{array}{l}
N \\
P_{1,1} \quad P_{1,2} \cdots P_{1,N} \\
P_{2,1} \quad P_{2,2} \cdots P_{2,N} \\
\quad \vdots \\
P_{N,1} \quad P_{N,2} \cdots P_{N,N}
\end{array}
$$

出力形式

最小の操作回数を出力してください。

制約

- $2 \leq N \leq 100$

入力例 1	出力例 1
4 0 0 2 0 3 0 0 0 0 0 0 4 0 1 0 0	5

まずは入力例で考えよう

　いきなり一般のケースを考えるのは難易度が高いので、まずは入力例 1 の答えが何回であるかを考えてみましょう。下図のように操作すれば、5 回で目的通りの盤面になります。しかし、4 回以内が不可能であることを証明するのは、「行を交換する操作」と「列を交換する操作」の両方を同時に扱う必要があり難しいです。

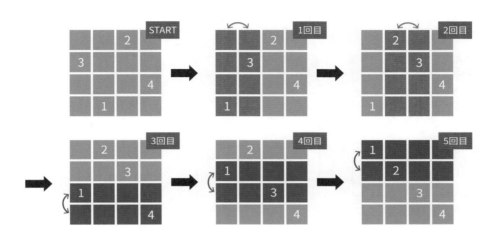

分解して考える

　そこで、行の操作と列の操作を何とかして分解できないかを考えましょう。まず、i 行目に書かれた唯一の整数を X_i、j 列目に書かれた唯一の整数を Y_j とするとき、以下の 2 点がいえます。

- **i 行目と $i+1$ 行目を交換した場合**：X_i と X_{i+1} のみが入れ替わり、Y は不変
- **j 列目と $j+1$ 列目を交換した場合**：Y_j と Y_{j+1} のみが入れ替わり、X は不変

　この事実は、「行に対する操作」と「列に対する操作」を分けて考えて良いことを意味します。入力例 1 での操作例を以下に示します。

また、目的通りの盤面になっていることと、$X = [1,2,3,4]$ かつ $Y = [1,2,3,4]$ になっていることは全く同じです。したがって、入力例 1 における最小操作回数は、

- **値 1：** 最小何回の「隣接要素の交換」で、配列 X を $[1,2,3,4]$ にできるか
- **値 2：** 最小何回の「隣接要素の交換」で、配列 Y を $[1,2,3,4]$ にできるか

の総和となります。ここで配列 X の初期値は $[2,3,4,1]$ なので、**値 1** は 3 回です。また、配列 Y の初期値は $[3,1,2,4]$ なので、**値 2** は 2 回です。よって答えは 3+2=5 回だと分かります。

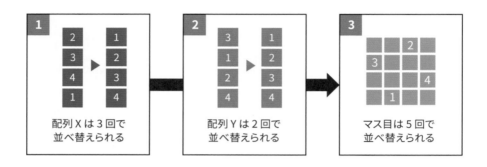

一般のケースで考える

いよいよ一般のケースにおける解法を説明します。まず、配列 X と Y は分けて考えることができるため、最小操作回数は以下の 2 つを足した値となります。

- **値 1：** 最小何回の「隣接要素の交換」で、配列 X を $[1,2,...,N]$ にできるか
- **値 2：** 最小何回の「隣接要素の交換」で、配列 Y を $[1,2,...,N]$ にできるか

また、**値 1** は配列 X の転倒数と一致し、**値 2** は配列 Y の転倒数と一致します（転倒数については後述）。したがって、配列 X, Y の転倒数を足した値を出力すると正解です。なお、以下の解答例では、全探索を使って転倒数を求めており、計算量は $O(N^2)$ です。

解答例（C++）

```cpp
1   #include <iostream>
2   using namespace std;
3
4   int N, P[109][109];
5   int X[109], InversionX = 0;
6   int Y[109], InversionY = 0;
7
8   int main() {
9       // 入力
10      cin >> N;
11      for (int i = 1; i <= N; i++) {
12          for (int j = 1; j <= N; j++) {
13              cin >> P[i][j];
14              if (P[i][j] != 0) { X[i] = P[i][j]; Y[j] = P[i][j]; }
15          }
16      }
17
18      // X の転倒数・Y の転倒数を求める
19      for (int i = 1; i <= N; i++) {
20          for (int j = i + 1; j <= N; j++) {
21              if (X[i] > X[j]) InversionX += 1;
22              if (Y[i] > Y[j]) InversionY += 1;
23          }
24      }
25
26      // 出力
27      cout << InversionX + InversionY << endl;
28      return 0;
29  }
```

10
章

総合問題

補足：転倒数について

順序関係が逆転しているペアの個数を **転倒数** といいます（**→応用問題 8.9**）。すなわち転倒数とは、$1 \le i < j \le N$ かつ $A_i > A_j$ を満たすような組 (i, j) の個数です。具体例は以下の通りです。

- [2,3,4,1] の転倒数は 3
- [3,1,2,4] の転倒数は 2
- [4,3,2,1] の転倒数は 6

転倒数は、配列を $[1,2,3,...,N]$ にするために必要な「隣接要素の交換回数」の最小値と一致します。なぜなら、$A_i > A_{i+1}$ を満たすような i について、A_i と A_{i+1} を交換すると、必ず転倒数が1だけ減少するからです。$A = [4,3,2,1]$ のときの具体例を下図に示します。

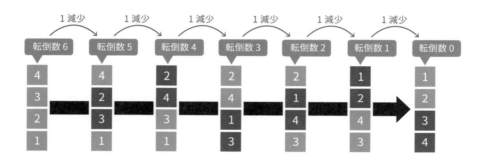

問題 A75　**Examination**　　　（ 実行時間制限 1 秒、難易度 ★ 6 ）

次郎君は N 問からなる期末試験を受けることになりました。各設問には 1 から N までの番号が
付けられており、設問 i は連続する T_i 分間を使って考えると正解にたどり着けます。
しかし、各設問には**締切**が定められており、設問 i は試験開始時刻から D_i 分後を過ぎると回答
できなくなります。次郎君が最適な行動をしたとき、最大で何問正解することができるかを求め
てください。

入力形式

N
T_1　D_1
　：
T_N　D_N

出力形式

最大で何問正解することができるか、整数で出力してください。

制約

- $1 \le N \le 100$
- $1 \le T_i \le 1440$
- $1 \le D_i \le 1440$（特に T_i, D_i は **整数** であることに注意）

入力例 1	出力例 1
4 20 70 30 50 30 100 20 60	4

設問 $2 \to$ 設問 $4 \to$ 設問 $1 \to$ 設問 3 の順に解けば、すべての設問に正解することができます。

問題設定を変えてみる

　いきなり「最大何問正解できるか」という元の問題から考察しても良いのですが、この場合は設問を解く順番・取り組む設問の選び方の 2 つを同時に考える必要があります。そのため、少し難しくなってしまいます。

　そこで、「最大何問正解できるか」ではなく「全問正解できるか」という判定問題を考えてみましょう。この判定問題は、**締切の早い設問から順番に取り組む（以下、方法 X とする）**という、非常に直感的な貪欲法で解くことができます。たとえばケース 1 の場合、方法 X を使ったときに全問正解しているので、答えは Yes です。しかしケース 2 の場合、方法 X を使っても設問 3 が締切に間に合っていないので、答えは No です。

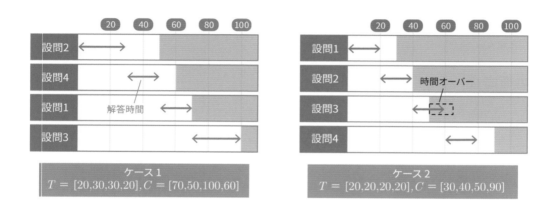

念のため、「この貪欲法を使って全問正解できなかった場合、どんな方法を使っても無理である」ということを証明してみましょう。**まずはケース 2 の場合を証明します。**

　そもそもケース 2 では、設問 1・2・3 のうち最後に取り掛かる設問は絶対に時間オーバーしてしまう。なぜなら、3 問を解くのに 20+20+20=60 分必要なのにも関わらず、3 問とも締切が 60 分より早いからである。

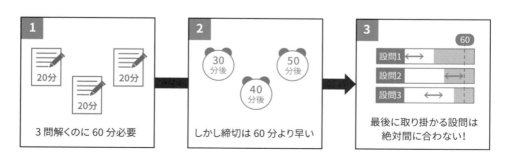

　一般のケースでの証明もほぼ同じです。もし方法 X を使って全問正解できない場合、初めて時間オーバーする設問がただ一つ存在します。この設問番号を ID とするとき、「締切が設問 ID と同じか早いもの」のうち最後に取り掛かる設問は絶対に時間オーバーします。以上のことから、どんな方法を使っても全問正解は不可能であることが証明されました。

そして動的計画法へ

　ここまでの考察により、「解く問題を決めれば、あとは締切の早い順に解いていくのが最適である」ということが判明しました。

　したがって、例題は次のような問題に言い換えることができます。なお、以降の説明では $D_1 \leq \cdots \leq D_N$ を仮定しています（締切の早い順に設問が並んでいます）。

> 次郎君は以下のことを順番通りに行わなければなりません。ただし締切をオーバーする場合、その設問を解答するという選択はできません。また、最初の現在時刻は 0 です。
>
> **手順 1**　設問 1 を解答するかどうかを決める。解答する場合、現在時刻が T_1 増える。
> **手順 2**　設問 2 を解答するかどうかを決める。解答する場合、現在時刻が T_2 増える。
> **手順 3**　設問 3 を解答するかどうかを決める。解答する場合、現在時刻が T_3 増える。
> **手順 4** 以降も同様の選択を行う。
>
> 適切な選択を行ったとき、次郎君は最大で何問を解答できるかを求めてください。

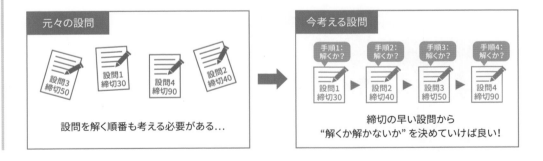

　これはナップザック問題（→ **4.4 節**）とよく似た、動的計画法の典型的な問題です。dp$[i][j]$ を「手順 i が終わった時点での現在時刻が j であるとき、既に最大何問解答できているか」とするとき、dp$[i][j]$ の値は次のようにして計算できます。

- dp$[i][j]$ = dp$[i$-$1][j]$（$j < T_i$ または $j > D_i$）
- dp$[i][j]$ = max(dp$[i$-$1][j]$, dp$[i$-$1][j$-$T_i]$+1)（$T_i \leq j \leq D_i$）

なぜなら、dp$[i][j]$ が指す状態に遷移する方法として、以下の 2 通りが考えられるからです。

方法 A	手順 i-1 時点で時刻 j であり、設問 i を解答しない
方法 B	手順 i-1 時点で時刻 $j-T_i$ であり、設問 i を解答する

　したがって、N 個の設問を D_i の小さい順にソートした後、動的計画法を行うと、正解が得られます。D_i の上限値を maxD としたときの計算量は $O(N \times \mathrm{maxD})$ です。

解答例（C++）

```cpp
1   #include <iostream>
2   #include <vector>
3   #include <algorithm>
4   using namespace std;
5
6   int N, T[109], D[109];
7   int dp[109][1449], Answer = 0;
8
9   int main() {
10      // 入力
11      cin >> N;
12      for (int i = 1; i <= N; i++) cin >> T[i] >> D[i];
13      // D[i] の小さい順に並べ替える
14      vector<pair<int, int>> Problems;
15      for (int i = 1; i <= N; i++) Problems.push_back(make_pair(D[i], T[i]));
16      sort(Problems.begin(), Problems.end());
17      for (int i = 1; i <= N; i++) {
18          D[i] = Problems[i - 1].first;
19          T[i] = Problems[i - 1].second;
20      }
21
22      // 配列の初期化
23      for (int i = 1; i <= N; i++) {
24          for (int j = 0; j <= 1440; j++) dp[i][j] = -1;
25      }
26      // 動的計画法
27      dp[0][0] = 0;
28      for (int i = 1; i <= N; i++) {
29          for (int j = 0; j <= 1440; j++) {
30              if (j>D[i] || j<T[i]) dp[i][j] = dp[i-1][j];
31              else dp[i][j] = max(dp[i-1][j], dp[i-1][j-T[i]] + 1);
32          }
33      }
34      // 答えを出力
35      for (int i = 0; i <= 1440; i++) Answer = max(Answer, dp[N][i]);
36      cout << Answer << endl;
37      return 0;
38  }
```

川幅が W メートルである KYOPRO 川には、N 個の足場が一直線上に並べられており、西から順に 1 から N までの番号が付けられています。足場 $i\,(1 \leq i \leq N)$ は西岸から X_i メートルの位置にあります。

太郎君は東方向のジャンプを繰り返すことで、西岸から東岸まで移動しようと思いました。しかし、一回のジャンプで飛ぶ距離は長すぎても短すぎてもダメであり、L メートル以上 R メートル以下でなければなりません。移動方法は全部で何通りありますか。

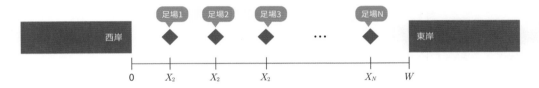

入力形式

$$N \quad W \quad L \quad R$$
$$X_1 \quad X_2 \quad \cdots \quad X_N$$

出力形式

答えを 1000000007 で割った余りを出力してください。

制約

- $1 \leq N \leq 150000$
- $0 < X_1 < X_2 < \cdots < X_N < W \leq 10^9$
- $1 \leq L \leq R \leq W$

入力例1	出力例1
5 65 7 37 5 15 30 50 55	7

この問題について

　この問題は、第 2 章「累積和」・第 3 章「二分探索」・第 4 章「動的計画法」・第 5 章「数学的問題」で取り上げたアルゴリズムを組み合わせて解く、総仕上げ的な問題になっています。本書で学んだ内容をこの問題で復習し、実力を確固たるものにしましょう。

単純な DP から考える

　まずは似た構造を持つ問題として、例題 4.10 を思い出してみましょう。例題 4.10 は動的計画法によって解くことができました。そこで本問題でも動的計画法を利用し、

- 足場 1 まで移動する方法の数 $\mathrm{dp}[1]$ を求める
- 足場 2 まで移動する方法の数 $\mathrm{dp}[2]$ を求める
- 足場 3 まで移動する方法の数 $\mathrm{dp}[3]$ を求める
- $\mathrm{dp}[4], \mathrm{dp}[5], ..., \mathrm{dp}[N]$ についても同様

といった順序で、答えを少しずつ計算していくことを考えます。

配列 dp の計算方法

　それでは、$\mathrm{dp}[i]$ の値はどうやって計算すれば良いのでしょうか。第 4 章で何度も説明した通り、最後の行動を考えると見通しが良くなります。たとえば足場 6 に移動するための最後の行動として

- 足場 3 から直接ジャンプする
- 足場 4 から直接ジャンプする
- 足場 5 から直接ジャンプする

の 3 つがある場合、$\mathrm{dp}[6] = \mathrm{dp}[3] + \mathrm{dp}[4] + \mathrm{dp}[5]$ となります。このような手続きを実装すると**コード 10.1** のようになり、計算量 $O(N^2)$ を要します。なお、実装を簡潔にするため、このプログラムでは西岸を足場 0、東岸を足場 $N+1$ とみなしています。

コード 10.1 動的計画法の実装

```
1    // 以下のプログラムでは X[0]=0, X[N+1]=W を仮定している
2    dp[0] = 1;
3    for (int i = 1; i <= N+1; i++) {
4        for (int j = 0; j < i; j++) {
5            // if 文の条件式は「足場 j から足場 i に直接ジャンプできるか」を判定する
6            if (X[i]-R<=X[j] && X[j]<=X[i]-L) dp[i] += dp[j];
7            dp[i] %= 1000000007;
8        }
9    }
10
11   // 答えを出力
12   cout << dp[N+1] << endl;
```

アルゴリズムの改善

本問題の制約は $N \leq 150000$ ですので、計算量 $O(N^2)$ ではまだ遅いです。そこで $\mathrm{dp}[i]$ の計算を高速化することを考えましょう。まず、

- **変数** posL：$X_j \geq X_i - R$ を満たす最小の j
- **変数** posR：$X_j \leq X_i - L$ を満たす最大の j

とするとき、「足場 i に移動する直前の足場」としてあり得るものは、足場 posL から足場 posR までの連続した区間になります。たとえば入力例 1 の場合、「足場 6 に移動する直前の足場」としては足場 3,4,5 があり得ます。確かに連続した区間になっていますね。

そして累積和へ

したがって、$\mathrm{dp}[i] = \mathrm{dp}[\mathrm{posL}] + \cdots + \mathrm{dp}[\mathrm{posR}]$ となります。この値は累積和（→ 2 章）を使って計算量 $O(1)$ で求められます。具体的には、$\mathrm{dp}[1]$ から $\mathrm{dp}[x]$ までの総和を $\mathrm{sum}[x]$ とするとき

$$\mathrm{dp}[i] = \mathrm{dp}[\mathrm{posL}] + \mathrm{dp}[\mathrm{posL}+1] + \cdots + \mathrm{dp}[\mathrm{posR}]$$
$$= \mathrm{sum}[\mathrm{posR}] - \mathrm{sum}[\mathrm{posL}-1]$$

となります。入力例 1 における計算過程を次ページに示しますので、ぜひご活用ください。

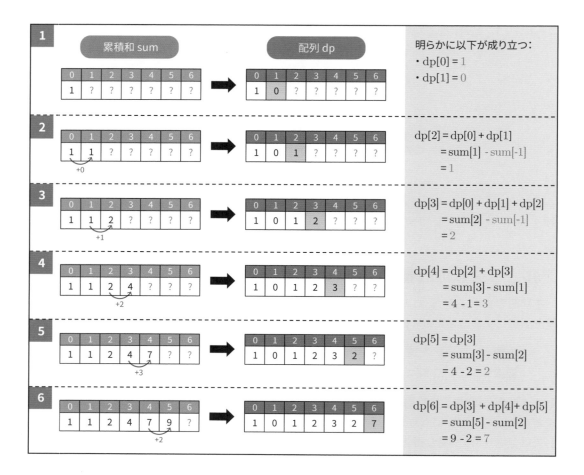

解法のまとめ

　最後に、前述の posL, posR の値は二分探索（→ **3.1 節**）によって求めることができるので、アルゴリズムの計算量は $O(N \log N)$ となります。なお、以下の **解答例** ではオーバーフローを防止するため、計算途中で毎回 1000000007 で割った余りをとっています。具体的な余りのとり方については **5.3 節** をご覧ください。

解答例（C++）

```cpp
#include <iostream>
#include <algorithm>
using namespace std;

const long long mod = 1000000007;
long long N, W, L, R, X[150009];
int dp[150009], sum[150009];

int main() {
    // 入力
    cin >> N >> W >> L >> R;
    for (int i = 1; i <= N; i++) cin >> X[i];

    // 西岸を足場 0、東岸を足場 N+1 とみなす
    X[0] = 0; X[N + 1] = W;

    // 動的計画法・出力
    dp[0] = 1; sum[0] = 1;
    for (int i = 1; i <= N + 1; i++) {
        int posL = lower_bound(X, X + N + 2, X[i] - R) - X;
        int posR = lower_bound(X, X + N + 2, X[i] - L + 1) - X; posR--;

        // dp[i] の値を累積和で計算（引き算の余りに注意！）
        if (posR == -1) dp[i] = 0;
        else dp[i] = sum[posR];
        if (posL >= 1) dp[i] -= sum[posL - 1];
        dp[i] = (dp[i] + mod) % mod;

        // 累積和 sum[i] を更新
        sum[i] = sum[i - 1] + dp[i];
        sum[i] %= mod;
    }
    cout << dp[N + 1] << endl;
    return 0;
}
```

| 問題 A77 | **Yokan Party** | （実行時間制限 2 秒、難易度 ★ 4 ） |

左右の長さが L [cm] のようかんがあります。N 個の切れ目が付けられており、i 番目の切れ目は左から A_i [cm] の位置にあります。あなたは N 個の切れ目のうち K 個を選び、ようかんを $K + 1$ 個のピースに分割したいです。

最も短いピースの長さを「スコア」とするとき、スコアとして考えられる最大値を出力してください。たとえば下図のような切り方をした場合、スコアは 12 です。

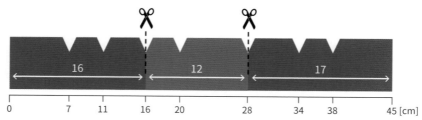

入力形式

$N \quad L$
K
$A_1 \quad A_2 \quad \cdots \quad A_N$

出力形式

スコアとして考えられる最大値を出力してください。

制約

- $1 \leq K \leq N \leq 100000$
- $0 < A_1 < A_2 < \cdots < A_N < L \leq 10^9$

入力例 1	出力例 1
7 45 2 7 11 16 20 28 34 41	12

この問題について

本書最後の例題「Yokan Party」は、競技プログラミングの中上級者向け教材[*5]「競プロ典型90問」（→ **11.4 節**）の 1 問目として出題された問題です。

振り返ってみれば、本書では累積和・二分探索・動的計画法をはじめとする、様々なアルゴリズムと考察テクニックを紹介しました。難しい部分があったかもしれませんが、何か一つでもためになる知見が得られれば、筆者としては本当に嬉しいです。しかし、競技プログラミングはこれだけではありません。本書で扱った内容の先には、さらに面白く広大な世界が待っています。ですから、本書を読み終えた後も、さらなるステップアップに挑戦していただければ幸いです。

解説：ステップ 1

この問題では、スコアの最大値を求める必要があります。しかし、いきなり最大値を考えると難しくなってしまいます。入力例 1 における切り方の例を下図に示していますが、最適に近そうな切り方だけでも沢山あるので、どこから手を付けて良いのか分からないという方もいると思います。

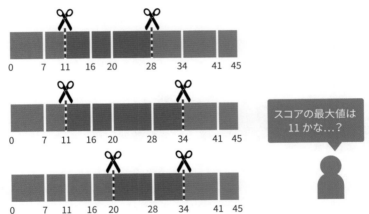

本書を読み進めていきます。

そこで、「スコアの最大値はいくつか？」ではなく「スコアの最大値は 12 以上か？」という判定問題を考えてみましょう。つまり、各ピースの長さが 12 以上になるという条件を守ったうえで出来る限り多く切ったとき、K 回以上切れるかどうかを考えましょう。

この判定問題は比較的簡単に解くことができます。なぜなら、**左から順番に見ていき、長さが12 以上になったら切る** という非常に直感的な貪欲法で、一番多く切ることができるからです。入力例 1 の場合を次ページに示します。

[*5]　この教材は難易度順に並んでいないので、1 問目が最も簡単な問題とは限りません（実際は全 90 問の中では中程度の難易度です）。そのため、自力で Yokan Party の解法が思いつかなくても、落ち込む必要はありません。

ただし、最後だけは注意が必要です。7コマ目では既に緑色のピースの長さが12に達していますが、ここで切ると最後のピースの長さが4になり、条件を満たさなくなってしまいます。そのため、残りの長さが12未満になったら切らないという工夫をする必要があります。

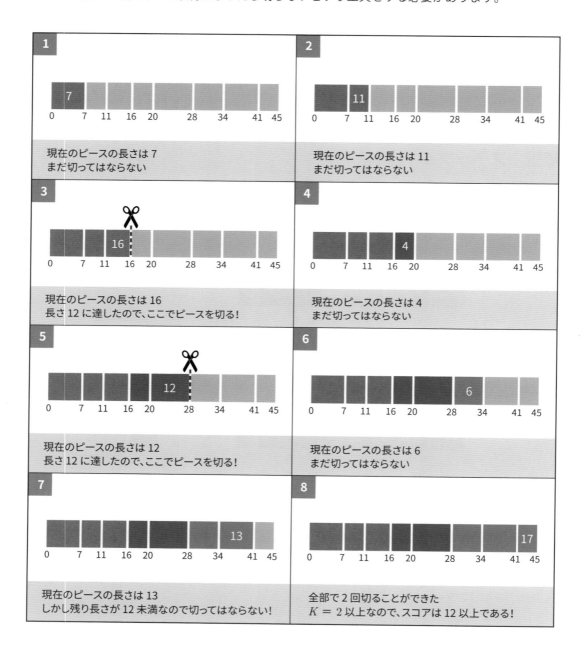

したがって、「スコアの最大値は x (=12) 以上ですか？」という判定問題に答える関数は、**コード 10.2** のようにして実装することができます。計算量は $O(N)$ です。

コード 10.2 スコアの最大値が x 以上かを判定する関数

```
1   // スコアの最大値が 12 以上かどうかを判定したい場合、check(12) を呼び出せばよい
2   bool check(int x) {
3       int Count = 0, Last_Kireme = 0; // Count は現時点で何回切ったかを表す
4       for (int i = 1; i <= N; i++) {
5           if (A[i] - Last_Kireme >= x && L - A[i] >= x) {
6               Count += 1;
7               Last_Kireme = A[i];
8           }
9       }
10      if (Count >= K) return true;
11      return false;
12  }
```

解説：ステップ2

次に、「スコアの最大値は x 以上か？」という形式の質問を何回か行うことで、効率的に答えを求めるにはどうすれば良いのでしょうか。結論としては**二分探索法**を使うと上手くいきます。たとえばスコアの最大値の範囲が 9 以上 16 以下であることが既に判明しており、実際の答えが 12 である場合、アルゴリズムの流れは下図のようになります。

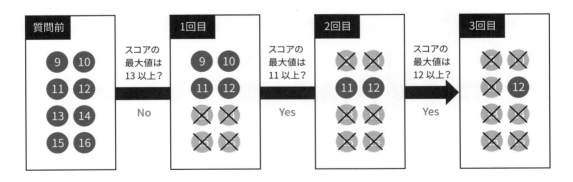

このアルゴリズムを実装すると次のようになります。なお、制約より、スコアの最大値の範囲は 1 以上 10^9 以下ですので、right=1000000000 に設定する必要があることに注意してください。

解答例（C++）

```cpp
1    #include <iostream>
2    using namespace std;
3
4    int N, L, K, A[100009];
5
6    bool check(int x) {
7        int Count = 0, Last_Kireme = 0;// Count は現時点で何回切ったかを表す
8        for (int i = 1; i <= N; i++) {
9            if (A[i] - Last_Kireme >= x && L - A[i] >= x) {
10               Count += 1;
11               Last_Kireme = A[i];
12           }
13       }
14       if (Count >= K) return true;
15       return false;
16   }
17
18   int main() {
19       // 入力
20       cin >> N >> L >> K;
21       for (int i = 1; i <= N; i++) cin >> A[i];
22
23       // 二分探索（left: 現在の下限／right: 現在の上限）
24       long long left = 1, right = 1'000'000'000;
25       while (left < right) {
26           long long mid = (left + right + 1) / 2;
27           bool Answer = check(mid);
28           if (Answer == false) right = mid - 1; // 答えが前半部分に絞られる
29           if (Answer == true) left = mid; // 答えが後半部分に絞られる
30       }
31
32       // 出力
33       cout << left << endl;
34       return 0;
35   }
```

総合問題のまとめ

　最後に第 10 章全体をまとめます。競技プログラミングでは難問が出題されることもありますが、必ずしも知らないアルゴリズムを要求するとは限りません。たとえ世界で十人しか解けないような超難問であっても、本書で取り上げたアルゴリズムと考察テクニックだけを組み合わせて解けるケースは決して少なくありません。

　しかし、どのようなアルゴリズムを選択するか、そしてアルゴリズムをどう組み合わせるかを考えることは、あらゆるプログラマにとって大きな関門です。そこで筆者は、**少しずつヒントを見つけていくこと**が大切だと考えています。10.0 節で紹介したような「ヒントの見つけ方」をフル活用し、より多くの問題に挑戦していきましょう。

10
章

総
合
問
題

本書のまとめ

01 アルゴリズムと計算量
- 競プロの問題形式 [1.1]
- for 文の全探索 [1.2, 1.3]
- 2 進法 [1.4]
- 全探索の工夫 [1.5]

02 累積和
- 一次元累積和 [2.1, 2.2]
- 二次元累積和 [2.3, 2.4]
- 累積的に考える [2.5]

03 二分探索
- 配列の二分探索 [3.1]
- 答えで二分探索 [3.2]
- しゃくとり法 [3.3]
- 半分全列挙 [3.4]
- 座標圧縮 [3.5]

10 総合問題
- 小さいケースを考える [10.1]
- 制約から考える [10.2]
- 問題設定から考える [10.3]
- 分解して考える [10.4]
- 問題を少し変える [10.5]
- 単純な解法を考える [10.6]

競技プログラミング
解法マップ

10
項目

実力UP!

04 動的計画法
- 基本的な DP [4.1]
- DP の復元 [4.2]
- 部分和問題 [4.3]
- ナップザック問題 [4.4]
- 最長共通部分列問題 [4.5]
- 区間 DP [4.6]
- 配る遷移形式 [4.7]
- ビット DP [4.8]
- 最長増加部分列問題 [4.9]
- 数え上げの DP [4.10]

09 グラフアルゴリズム
- グラフの実装 [9.1]
- DFS と BFS [9.2, 9.3]
- ダイクストラ法 [9.4]
- 木に対する DP [9.5]
- Union-Find [9.6]
- 最小全域木 [9.7]
- 最大フロー問題 [9.8]
- 二部マッチング問題 [9.9]

05 数学的問題
- 素数判定法 [5.1]
- 最大公約数 [5.2]
- 余りの計算 [5.3, 5.4, 5.5]
- 包除原理 [5.6]
- ゲームの必勝法 [5.7]
- ニムと Grundy 数 [5.8, 5.9]
- Minimax 法 [5.10]

08 データ構造とクエリ処理
- スタック [8.1]
- キュー [8.2]
- 優先度付きキュー [8.3]
- 連想配列 [8.4]
- 集合の管理 [8.5]
- ハッシュ [8.6]
- ダブリング [8.7]
- セグメント木 [8.8, 8.9]

07 ヒューリスティック
- 貪欲法 [7.1]
- 局所探索法 [7.2]
- 焼きなまし法 [7.3]
- ビームサーチ [7.4]

06 考察テクニック
- 偶奇を考える [6.1]
- 足された回数を考える [6.2]
- 上限値を考える [6.3]
- 一手先を考える [6.4]
- 個数を考える [6.5]
- 後ろから考える [6.6]
- 固定して全探索 [6.7]
- 問題の言い換え [6.8]
- データの持ち方 [6.9]
- 不変量 [6.10]

力試し問題

　本書の最後に、力試し問題を全 20 問掲載します。いわゆる「ボスラッシュ」に相当する部分です。基本的な問題もありますが、3 〜 4 段階の考察ステップを必要とし、上級者でも苦戦するような難問もありますので、解ける問題から取り掛かっていきましょう。なお、各問題には 1 〜 99 までの「レベル」が付けられていますので、参考にしてください。解説は 0.4 節に記した通り、著者のサポートページに掲載されています。

問題 C01　　Tax Rate　　　　　　　　　　　　　　　　（レベル 1）

ある商品の税抜価格は N 円です。消費税率が 10% であるとき、この商品の税込価格が何円であるかを出力するプログラムを作成してください。ただし、N は 100 の倍数であるとします。

問題 C02　　Two Balls　　　　　　　　　　　　　　　（レベル 10）

N 個のボールが机の上に置かれています。i 個目のボールの重さは A_i グラムです。2 つの異なるボールを選ぶとき、重さの合計として考えられる最大値は何グラムでしょうか。答えを出力するプログラムを作成してください。$N \leq 100$ を満たすケースで 1 秒以内に実行が終わることが望ましいです。

問題 C03　　Stock Queries　　　　　　　　　　　　　（レベル 20）

株式会社 KYOPRO-MARKET は上場から D 日が経過しました。1 日目の株価は X 円であり、$i = 2, 3, \ldots, D$ について、i 日目の株価は前日よりも A_i 円だけ高かったです（A_i が負の数である場合、安くなったことを意味します）。
「S_j 日目の株価と T_j 日目の株価はどちらの方が高いか？」という形式の質問が Q 個与えられるので、それぞれの質問に答えるプログラムを作成してください。計算量は $O(N + Q)$ であることが望ましいです。

問題 C04　　Divisor Enumeration　　　　　　　　　　（レベル 20）

N の約数を小さい順に出力するプログラムを作成してください。$N \leq 10^{13}$ を満たすケースで 1 秒以内に実行が終わることが望ましいです。

Lucky Numbers （レベル 30）

4,7 のみからなる 10 桁の整数をラッキー数と呼びます。小さい方から数えて N 番目のラッキー数はいくつですか。ただし、N の値は 1 以上 1024 以下であるとします。

Regular Graph （レベル 40）

N 頂点の連結な無向グラフであって、すべての頂点の次数が 2 であるものを一つ出力してください。$3 \le N \le 100$ を満たすケースで 1 秒以内に実行が終わることが望ましいです。

ALGO-MARKET （レベル 45）

ALGO-MARKET には N 個の品物が売られています。i 個目の品物は C_i 円です。「X_j 円を持っているとき、最大何個の品物を買えるか？」という形式の質問が Q 個与えられるので、それぞれの質問に対する答えを出力してください。$N, Q \le 100000$ を満たすケースで 3 秒以内に実行が終わることが望ましいです。

ALGO4 （レベル 50）

宝くじ「ALGO4」の抽選券には、0000 から 9999 までの 4 桁の番号が書かれています。この宝くじには 1 等から 3 等までがあります。1 等は、4 桁の番号のうちどれか 1 つです。2 等は、1 等の当選番号と異なる桁が 1 つだけある番号です。3 等（ハズレ）は、1 等・2 等以外のすべての番号です。たとえば 1 等の当選番号が「1234」である場合、「1534」や「1230」などは 2 等ですが、「4321」や「1253」などは 3 等です。

太郎君は、宝くじの抽選券を N（≤ 100）枚持っており、それぞれについて当たったかどうかを調べました。i 枚目の抽選券の番号は S_i であり、等級は T_i 等でした。1 等の当選番号はどれであるかを出力してください。ただし、答えが一つに定まらない場合、代わりに "Can't Solve" と出力してください。

Taro's Vacation （レベル 55）

太郎君の夏休みは N 日間あり、i 日目に勉強すると A_i だけ実力が上がることが分かっています。しかし彼は怠惰なので、2 日連続で勉強したくありません。太郎君が夏休みの間に実力をいくつ上げられるか、その最大値を出力するプログラムを作成してください。$N \le 500000$ を満たすケースで 2 秒以内に実行が終わることが望ましいです。

問題 C10	**A Long Grid**	（レベル 65）

縦 2 行、横 W 列のマス目があります。どの隣接する 2 マスも同じ色にならないように、マス目を 4 種類の色で塗る方法は何通りありますか。答えを 1000000007 で割った余りを出力してください。$W \leq 10^{18}$ を満たすケースで 1 秒以内に実行が終わることが望ましいです。

問題 C11	**Election**	（レベル 70）

今日、KYOPRO 国では総選挙が行われました。N 個の党が立候補し、i 番目の党は A_i 票を獲得しました。比例代表制にしたがって K 議席を配分するとき、各党は何議席を獲得しますか。ただし比例代表制では、以下の表のように「票数÷議席数」の大きい方から議席を割り当てていきます（ドント方式といいます）。$N \leq 100000, K \leq 10^9$ を満たすケースで 3 秒以内に実行が終わることが望ましいです。

問題 C12	**Taro the Novel Writer**	（レベル 70）

作家の太郎君は、N ページの小説を執筆しました。この小説には M 個の繋がり（伏線など）があり、i 個目の繋がりは A_i ページ目と B_i ページ目です。いま、彼は小説を K 個の章に分割しようとしています。同じ章に存在する繋がりの個数を「小説の良さ」とするとき、小説の良さの最大値はいくつですか。$N \leq 288, M \leq 50, K \leq 10$ を満たすケースで 3 秒以内に実行が終わることが望ましいです。

問題 C13	Select 2	（ レベル 75 ）

N 枚のカードがあり、それぞれ整数 $A_1, A_2, \ldots, A_N$ が書かれています。相異なるカードを 2 枚選ぶ方法のうち、2 枚のカードの積を 1000000007 で割った余りが P になるものは何通りありますか。$N \le 100000, 0 \le A_i \le 10^{18}, 0 \le P \le 1000000006$ を満たすケースで 1 秒以内に実行が終わることが望ましいです。

問題 C14	Commute Route	（ レベル 75 ）

KYOPRO 市には N 個の交差点と M 本の道路があり、i 本目の道路は都市 A_i と B_i を双方向に結ぶ、長さ C_i の道路です。太郎君は都市 1 から都市 N まで最短経路で移動したいです。太郎君が通る可能性のある都市の数はいくつですか（都市 1 と都市 N も数える）。$N, M \le 100000$ を満たすケースで 1 秒以内に実行が終わることが望ましいです。

問題 C15	Many Meetings	（ レベル 85 ）

株式会社 KYOPRO-MARKET では、今日は N 個の会議が予定されています。i 番目の会議は時刻 L_i [秒] に始まり、時刻 R_i [秒] に終了します。
$i = 1, 2, \ldots, N$ について、「i 番目の会議には絶対出席しなければならないとき、最大何個の会議に出席できるか？」という問いの答えを出力してください。ただし、会議は延長される可能性もあるので、2 つの出席する会議の間には K 秒以上空ける必要があります。$N \le 100000, 0 \le L_i < R_i \le 86400$ を満たすケースで 1 秒以内に実行が終わることが望ましいです。

問題 C16	Flights	（ レベル 85 ）

KYOPRO 王国には N 個の空港があり、それぞれ 1 から N までの番号が付けられています。今日は M 個のフライトが予定されています。i 番目のフライトは空港 A_i を時刻 S_i に出発し、空港 B_i に時刻 T_i に到着するものです。
太郎君は今日、できるだけ多くの飛行機に乗ろうと思いました。一回の乗り継ぎに K 分かかるとき、最大で何本の飛行機に乗ることができるかを出力してください。ただし、太郎君はどの空港からスタートしてもかまいません。$N, M \le 100000, 0 \le S_i < T_i \le 10^9$ を満たす制約で 5 秒以内に実行が終わることが望ましいです。

問題 C17 Strange Data Structure （レベル 90）

以下の 4 種類のクエリを処理するプログラムを作成してください。クエリの数を Q とするとき、計算量は $O(Q)$ であることが望ましいです。

- **クエリ A：** 行列の最後尾に X_i さんが並ぶ。
- **クエリ B：** 行列の中央に X_i さんが入る。すなわち、行列に並んでいる人が N 人であるとき、N が奇数のときは $(N+1)/2$ 人目の後ろに、N が偶数のときは $N/2$ 人目の後ろに X_i さんが入る。
- **クエリ C：** 行列の先頭にいる人が列から抜ける。
- **クエリ D：** 行列の先頭にいる人の名前を答える。

問題 C18 Pick Two （レベル 95）

長さ $2N$ の整数列 $A = [A_1, A_2, \dots, A_{2N}]$ があります。あなたはこの列に対して「隣り合う 2 つの要素を同時に削除する」という操作を N 回繰り返し、列を空にしたいです。整数 x,y を同時に削除するときにコスト $|x-y|$ がかかるとき、合計コストの最小値はいくつですか。$N \le 200$ を満たすケースで 2 秒以内に実行が終わることが望ましいです。（出典：競プロ典型 90 問 019 - Pick Two）

問題 C19 Gasoline Optimization Problem （レベル 95）

ALGO 街道は、全長 L キロメートルの直線状の道路です。この街道には N 個のガソリンスタンドがあります。街道の一方の端をスタート地点とし、もう一方の端をゴール地点とするとき、i 個目のガソリンスタンドはスタート地点から A_i キロメートルの位置にあり、価格は 1 リットル当たり C_i 円です。

燃費が 1km/L であり、最大 K リットルのガソリンを貯めることができる車を利用したとき、スタートからゴールまで行くためには最小何円を支払う必要がありますか。ただし、最初はガソリンが満タンであるとします。入力される値はすべて整数であり、$N, L \le 700000$ を満たすケースで 10 秒以内に実行が終わることが望ましいです。

KYOPRO 市は縦 N 行、横 N 列のマス目で表されます。この市には K 個の地区があり、i 番目の地区の人口は A_i 人、役所職員数は B_i 人です。また、上から i 行目・左から j 列目のマス (i,j) は $C_{i,j}$ 番目の地区に属しています（$C_{i,j} = 0$ のときは市の領域外）。ここで、KYOPRO 市全体およびすべての地区は連結になっています。ただし連結であるとは、どのマスからどのマスへも、上下左右に隣接するマスへの移動を繰り返して到達できることを指します。

KYOPRO 市の市長である三郎氏は、いくつかの地区を合併することで、市全体を L 個の "特別区" に分けることを考えています（下図は $K = 24, L = 4$ の例）。ここで、すべての特別区が連結である方が好ましいです（連結でなくても 0 点にはなりませんが、連結である方がスコアが高くなります）。

また、格差が生じるのはあまり良くないので、人口の差と役所職員数の差ができるだけ小さくなるようにしたいです。具体的には、特別区の人口の最大値を $p_{\max}$、人口の最小値を $p_{\min}$、役所職員数の最大値を $q_{\max}$、役所職員数の最小値を $q_{\min}$ とするとき、スコアは次式で計算されます。ただし、すべての特別区が連結である場合 $G = 1$、そうでない場合 $G = 0.001$ とします。

$$10^6 \times G \times \min\left(\frac{p_{\min}}{p_{\max}}, \frac{q_{\min}}{q_{\max}}\right)$$

市長の代わりに、スコアができるだけ大きくなるような特別区の分け方を出力するプログラムを作成してください。なお、この問題はヒューリスティック型課題であるため、必ずしも最適な答えを出力する必要はありません。また、テストケースの生成方法や目標スコアなどの情報は、自動採点システムをご覧ください。

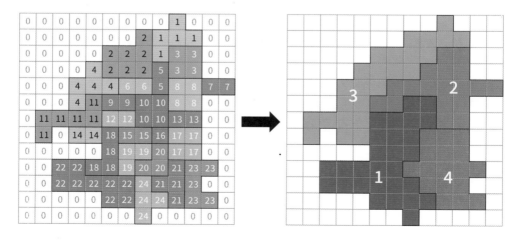

終章

さらに上達するには

終.1 様々なコンテストに参加しよう

　実力を上げる最も効果的な手段は、コンテストに出場し、実践的な演習を行うことです。特に、週に 1 回といった高頻度で開催される「定期コンテスト」に参加した場合[*1]、短期間で何度も演習を行うことができます。本節では、どのような定期コンテストがあるのかを見ていきましょう。

AtCoder に参加しよう

　最も有名なものは、毎週土曜または日曜の 21 時から定期的に開催される AtCoder です。0.2 節では AtCoder Beginner Contest について取り上げましたが、それ以外の種類もあります。2022 年 8 月現在、主に以下の 4 種類のコンテストが開催されています。

コンテスト	概要	時間
AtCoder Beginner Contest (ABC)	初級者・中級者向けのコンテストです	100 分
AtCoder Regular Contest (ARC)	上級者向けのコンテストです	120 分
AtCoder Grand Contest (AGC)	最上級者向けのコンテストです	180 分程度
AtCoder Heuristic Contest (AHC)	最適化系のコンテストです（→ **7 章**）	4 時間以上

その他の定期コンテスト

　世界では AtCoder 以外にも様々な定期コンテストが存在します。有名なものを以下にリストアップしますので、AtCoder だけでは物足りないという方はぜひご参加ください。

コンテスト	概要
CodeForces	世界最大級のプログラミングコンテスト（平均参加者数は 2 万人程度）。コンテスト頻度は高いが、日本時間の 23 〜 26 時頃に開催されることが多い。
TopCoder	参加者数は少ないが、定期的に開催される Single Round Match (SRM) では「撃墜フェーズ」があり面白い。
yukicoder	有志が日本国内で開催するプログラミングコンテスト。毎週金曜の 21 時頃からコンテストが行われる。問題文が日本語であるため、参加しやすい。

[*1]　0.2 節でも取り上げたように、競技プログラミングのコンテストには他にも日本情報オリンピック・大学対抗プログラミングコンテストなどがあります。（これらは年に 1 回開催されます）

終.2 過去問を解こう

　実力を上げるもう一つの手段は「過去問を解くこと」です。

　AtCoder などの多数のコンテストサイトでは、自動採点システム（→ **0.4 節**）が用意されており、24 時間いつでも過去問に挑戦することができます。そのため、忙しい人にもおすすめできる練習方法です。本節では、過去問を解く際に使える便利な Web サイトをいくつか紹介します。

AtCoder Problems（https://kenkoooo.com/atcoder/ ）

　AtCoder Problems は、AtCoder の過去問に関する情報を閲覧できる便利な Web サイトです。ユーザー ID を入力すると、自分の提出状況・正解状況などを確認することができます。

　また、各問題の難易度も色で表示されるため、「自分に合う問題はどれなのか」「この問題は自分にはレベルが高すぎるのではないか」といったことも分かります。色は AtCoder のレーティングと対応しており、簡単な順に **灰 < 茶 < 緑 < 水 < 青 < 黄 < 橙 < 赤** となっています。

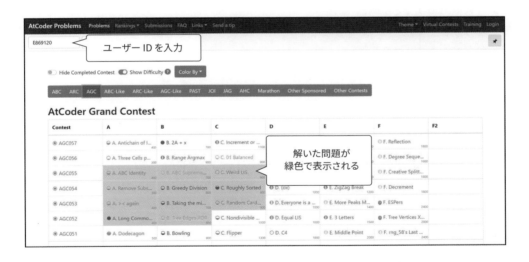

AOJ/AtCoder-JOI（https://joi.goodbaton.com/ ）

　AOJ/AtCoder-JOI は、日本情報オリンピック（→ **0.2 節**）の過去問の難易度や、自分の提出状況を確認できる Web サイトです。これも AtCoder Problems と同様、「自分のレベルに合った問題を解きたい！」といった場面で役に立ちます。

ライブラリを準備しよう

　競技プログラミングでは、問題を多く解くだけでなく、速く解くことも大切です。しかし問題によっては、プログラムの実装にかなりの時間を要することもあります。

　そこで、時間を少しでも節約する方法の一つとして、**ライブラリ**[*2]（プログラムの部品）をあらかじめ用意しておく方法があります。たとえば 8.8 節の解答例の SegmentTree クラスがあらかじめ用意されていたとします。このとき、セグメント木を利用する問題では、セグメント木をゼロから実装するのに必要な時間（おそらく 5 分以上）が節約できます。

AtCoder Library (ACL) の紹介

　一部のコンテストでは、ライブラリを自分で準備する必要はありません。たとえば AtCoder の場合、**AtCoder Library (ACL)** が無償で提供されています。本書で扱ったアルゴリズムとデータ構造のうち、ACL にも含まれているものの例を以下に示します。

- 余りの計算（→ **5.3 節**）
- 繰り返し二乗法（→ **5.4 節**）
- セグメント木（→ **8.8 節**）
- Union-Find（→ **9.6 節**）
- 最大フローの計算（→ **9.8 節**）

　その他にも多数の機能がありますので、詳しく知りたい方は以下の Web サイト（公式ドキュメント）をご覧ください。

- https://atcoder.github.io/ac-library/document_ja/index.html

ACL の注意点

　ACL は原則として AtCoder のコンテストに出場するとき、および AtCoder の過去問を解くときの利用が想定されています。他のコンテストでは使えない場合があることに注意してください。

[*2]　なお、日本情報オリンピックの最終選抜（→ **0.2 節**）など、そもそもライブラリの事前準備が禁止されているコンテストもあります。

終.4 「競プロ典型 90 問」への招待

AtCoder では、競技プログラミング（競プロ）で頻出のテクニックを 90 問にまとめた中上級者向け教材**「競プロ典型 90 問**[3]**」**が提供されています（https://atcoder.jp/contests/typical90）。

競プロ典型 90 問の特徴

本書はアルゴリズムなどの知識の習得を中心としている一方、典型 90 問は「アルゴリズムをどう使うか」に重点を置いています。そのため、基本知識を直接問うのではなく、考察に至るまでの思考テクニックや、アルゴリズムをどう組み合わせるかを問う問題が多いです。

第 10 章「総合問題」のような実戦レベルの問題が中心ですが、本書を読破してある程度の知識が身についた段階でこそ、ぜひ解いていただきたいと思っています。

演習の進め方

この教材では、難易度順や分野別に問題が並んでいるとは限りませんが、各問題には★ 1 〜 7 までの難易度が付けられています。そのため、問題番号順ではなく、難易度の低い順に解いていくことをお勧めします。

なお、解説は原則 1 ページで簡潔にまとめられているため、分かりづらい部分もあるかもしれません。しかし、解説の行間を読むのも練習です。本書を読破した皆さんなら大丈夫だと思うので、「競プロ典型 90 問」にも果敢にチャレンジしてみてください。

---

[3] 筆者が 2021 年 4 月から 7 月にかけて作成した教材です。

競技プログラミングで強くなることは多くの参加者にとっての夢ですが、簡単に実力が上がる人なんていません。筆者も練習の過程で、何度も挫折を経験しました。しかし、最終的にはそれを克服し、国際情報オリンピック（IOI）で金メダルを獲得するに至りました。そこで本書の最後に、上達までの過程について記します。

1 回目の挫折

私は中学1年の頃、日本情報オリンピック（JOI ／→ **0.2 節**）に参加したいと思ったことをきっかけに、競技プログラミングを始めました。本を読んでアルゴリズムを勉強したり、AtCoder や AIZU ONLINE JUDGE に収録されている問題を毎日5問解いたりしました。

その結果、当時は JOI の参加者数が今ほど多くなかったこともあり、予選・本選は運よく突破することができました。しかし、最終選抜では12問中1問も完答することができませんでした。春合宿参加者の中で20人中17位と下位の成績となり、日本の最上位選手達との実力差という厳しい現実を突きつけられました。

1 回目の挫折をどう克服したか

ここで諦めたら負けだと思ったので、選抜が終わったその日から敗因を分析してみることにしました。その結果、12問の中には「解法が分かったのにプログラムの実装が間に合わなかった問題」が数問あったため、**解くスピードに課題があること**が分かりました。

その後は、問題を解く際にタイマーで時間を測ったり、模擬コンテストの形式で練習したりすることによって、自分の苦手に特化した対策を行いました。そして中学2年の JOI では、順位を6位まで上げることができました。

2 回目の挫折

中学3年になってからも、AtCoder の過去問を解くなどの練習をしました。休日は1日15時間以上、競技プログラミングに費やしたこともありました。そしてついに努力が実り、AtCoder でレッドコーダー（→ **0.2 節**）になることができました。

しかし、その数日後に行われた JOI の最終選抜では5位となり、残念ながら次点で日本代表選手には選ばれませんでした。当時は「高確率で代表になれる」と楽観的に考えていたこともあり、大きなショックを受けました。

2回目の挫折をどう克服したか

　私は1回目と同様、敗因を分析してみることにしました。その結果、**AtCoderとJOIの問題傾向の差に課題があること**が分かりました。当時はAtCoder対策に重点を置いていたため、比較的実装量の多いJOIの問題が得意ではなかったのです。

　そこで、JOIおよび関連する大会（国際情報オリンピックなど）の過去問を集中的に解くことにしました。JOIに参加できる最後の年には、JOIの過去問15年分を一問も残さずすべて自力で解き、4〜5回解き直した問題もありました。その結果、最終選抜で1位を取ることができました。

　ここまでの話をまとめると、筆者は「失敗から苦手分野を分析し、それに特化した練習を繰り返すこと」によって、実力を徐々に伸ばしていくことができました。競技プログラミングの上達方法は人それぞれですが、一つの方法として参考になれば嬉しく思います。

読者へのメッセージ

　皆さんの中には、まだあまり力が付いていない人や本書が難しかった人もいると思います。しかし、みんな同じです。競技プログラミングでは、最初から強い人は滅多にいません。もちろん筆者も初学者だった時期があり、アルゴリズムとは何かを知ること（1章の内容！）から始めました。ですから、自信を持って練習を続けてみてください。自然と上達への道が開けてきます。

　最後に、皆さんが今後もより多くの知識を学び、競技プログラミングを楽しんでいただければ、筆者としては大きな喜びです。

　では、次のステップを、始めましょう。

終章

さらに上達するには

謝辞

　本書の執筆にあたっては、たくさんの方々のお力添えがありました。マイナビ出版の山口正樹様は、Qiita に投稿された記事や「競プロ典型 90 問」などの企画を見て、筆者に声を掛けてくださいました。これがなければ、本書が誕生することはありませんでした。

　また、以下の 19 名の方々には、お忙しい中、様々な視点から原稿に対するコメントを頂戴したほか、自動採点システムの作成にも協力していただきました。おかげさまで、本書のクオリティ・分かりやすさ・正確さが大幅に改善されたと思っています（氏名は五十音順に掲載しております）。

青山昂生氏　　揚妻慶斗氏　　池田和暉氏　　井上誠大氏　　上野貴映之氏

生平大悟氏　　大泉翼氏　　　杉江祐哉氏　　中村聡志氏　　西川智裕氏

平木康傑氏　　平塚駿也氏　　諸戸雄治氏　　山縣龍人氏　　山口勇太郎氏

米田寛峻氏　　綿貫晃雅氏　　kaede2020 氏　　kirimin 氏

　そして、執筆を行った 4 カ月間、継続的に励ましてくださった家族に感謝します。

　最後に、この本を手に取ってくださった読者の皆さん、本当にありがとうございます。

2022 年 8 月 30 日　米田優峻

参考文献リスト

本書の執筆にあたって、参考にした書籍を以下にまとめます。概ね難易度順になっています（本書の難易度は [9] ～ [10] と同程度です）。

[1]「**アルゴリズム図鑑 絵で見てわかる 26 のアルゴリズム**」石田保輝、宮崎修一 [著] ／ ISBN：978-4-7981-4977-6 ／翔泳社／ 2017 年

[2]「**アルゴリズム的思考力が身につく！プログラミングコンテスト AtCoder 入門**」大槻兼資 [著] ／ AtCoder 株式会社 [監修] ／ ISBN：978-4-04-604408-X ／ KADOKAWA ／ 2022 年

[3]「**JOI 公式テキスト Python で問題解決**」北村祐稀 [著] ／一般社団法人 日本情報オリンピック委員会 [監修] ／筧捷彦、山口利恵 [編集] ／ ISBN：978-4-407-35944-7 ／実教出版／ 2022 年

[4]「**問題解決のための『アルゴリズム×数学』が基礎からしっかり身につく本**」米田優峻 [著] ／ ISBN：978-4-297-12521-8 ／技術評論社／ 2021 年

[5]「**最強最速アルゴリズマー養成講座 プログラミングコンテスト TopCoder 攻略ガイド**」高橋直大 [著] ／ ISBN：978-4-7973-6717-1 ／ SB クリエイティブ／ 2012 年

[6]「**アルゴリズム実技検定 公式テキスト [エントリー～中級編]**」岩下真也、中村謙弘 [著] ／ AtCoder 株式会社、高橋直大 [監修] ／ ISBN：978-4-8399-7277-6 ／マイナビ出版／ 2021 年

[7]「**アルゴリズムビジュアル大事典**」渡部有隆、ニコライ・ミレンコフ [著] ／ ISBN：978-4-8399-6827-4 ／マイナビ出版／ 2020 年

[8]「**パズルで鍛えるアルゴリズム力**」大槻兼資 [著] ／ ISBN：978-4-297-12679-6 ／技術評論社／ 2022 年

[9]「**プログラミングコンテスト攻略のためのアルゴリズムとデータ構造**」渡部有隆 [著] ／ Ozy、秋葉拓哉 [協力] ／ ISBN：978-4-8399-5295-2 ／マイナビ／ 2015 年

[10]「**問題解決力を鍛える！アルゴリズムとデータ構造**」大槻兼資 [著] ／秋葉拓哉 [監修] ／ ISBN：978-4-06-512844-2 ／講談社／ 2020 年

[11]「**しっかり学ぶ数理最適化 モデルからアルゴリズムまで**」梅谷俊治 [著] ／ ISBN：978-4-06-521270-7 ／講談社／ 2020 年

[12]「**プログラミングコンテストチャレンジブック 第 2 版**」秋葉拓哉、岩田陽一、北川宜稔 [著] ／ ISBN：978-4-8399-4106-2 ／マイナビ／ 2012 年

また、本書の執筆にあたって、参考にしたインターネット上の記事などを以下にまとめます（最終閲覧日：2022 年 8 月 21 日）。

[13] 「**AtCoder**」 https://atcoder.jp/

[14] 「**AIZU ONLINE JUDGE (AOJ)**」 https://onlinejudge.u-aizu.ac.jp/home

[15] 「**アルゴ式**」 https://algo-method.com/

[16] 「**情報オリンピック日本委員会**」 https://www.ioi-jp.org/

[17] 「**高校数学の美しい物語**」 https://manabitimes.jp/math

[18] 「**アルゴリズムの世界地図**」／ Qiita https://qiita.com/square1001/items/6d414167ca95c97bd8b2

[19] 「**直感でわかる、ヒューリスティック問題の羅針盤 〜貪欲法から山登り法まで〜**」／ Qiita https://qiita.com/square1001/items/84604f79f55ff10d99b0

[20] 「**アルゴリズムで実社会を捉える 〜評価関数の作り方〜**」／ Qiita https://qiita.com/tsukammo/items/de70b49dcd8912e78505

[21] 「**競プロ解法紹介 〜レベル別マラソンの戦い方〜**」／ Qiita https://qiita.com/tsukammo/items/7041a00e429f9f5ac4ae

[22] 「**AtCoder に登録したら次にやること 〜これだけ解けば十分戦える！過去問精選 10 問〜**」／ Qiita https://qiita.com/drken/items/fd4e5e3630d0f5859067

[23] 「**レッドコーダーが教える、競プロ・AtCoder 上達のガイドライン【初級編：競プロを始めよう】**」／ Qiita https://qiita.com/e869120/items/f1c6f98364d1443148b3

[24] 「**厳選！C++ アルゴリズム実装に使える 25 の STL 機能**」／ Qiita https://qiita.com/e869120/items/518297c6816adb67f9a5

索引

索引

［著者プロフィール］

米田 優峻 （よねだ まさたか）

2002 年生まれ。2021 年に筑波大学附属駒場高等学校を卒業し、現在東京大学に所属。競技プログラミングでは「E869120」として活躍。2020 年までに国際情報オリンピック（IOI）で 3 度の金メダルを獲得したほか、世界最大級のオンラインコンテスト「AtCoder」でも最高ランクである赤色の称号を持っている。

また、Qiita で多数の記事を投稿したり、競技プログラミングの中上級者向け問題集「競プロ典型 90 問」を作成するなど、アルゴリズムや競技プログラミングの普及活動も行っている。著書『問題解決のための「アルゴリズム×数学」が基礎からしっかり身につく本』（技術評論社）は 2 万部突破。

［STAFF］
カバーデザイン：海江田 暁（Dada House）
制作：Dada House、島村龍胆
編集担当：山口正樹

競技プログラミングの鉄則
アルゴリズム力と思考力を高める77の技術

2022年　9月16日　初版第1刷発行
2024年11月11日　　　第8刷発行

著　者…………米田優峻
発行者…………角竹輝紀
発行所…………株式会社 マイナビ出版
　　　　　　　〒101-0003 東京都千代田区一ツ橋2-6-3一ツ橋ビル2F
　　　　　　　TEL：0480-38-6872（注文専用ダイヤル）
　　　　　　　　　　03-3556-2731（販売）
　　　　　　　　　　03-3556-2736（編集）
　　　　　　　E-mail：pc-books@mynavi.jp
　　　　　　　URL：https://book.mynavi.jp
印刷・製本…⋯シナノ印刷 株式会社

ISBN 978-4-8399-7750-4
©2022 米田優峻　　　Printed in Japan.